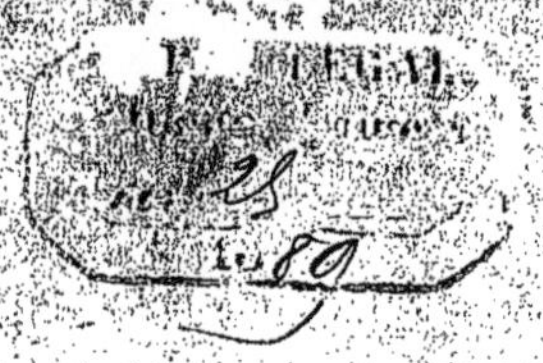

C. PARIS

CHARGÉ DE LA CONSTRUCTION DU TÉLÉGRAPHE EN ANNAM

VOYAGE D'EXPLORATION

DE

HUÊ EN COCHINCHINE

PAR LA ROUTE MANDARINE

AVEC 6 CARTES EN COULEUR ET 12 GRAVURES

PARIS
ERNEST LEROUX, ÉDITEUR
28, RUE BONAPARTE, 28

1889

VOYAGE D'EXPLORATION

DE

HUÊ EN COCHINCHINE

LE PUY. — IMPRIMERIE MARCHESSOU FILS

C. PARIS

CHARGÉ DE LA CONSTRUCTION DU TÉLÉGRAPHE EN ANNAM

VOYAGE D'EXPLORATION
DE
HUÉ EN COCHINCHINE
PAR LA ROUTE MANDARINE

AVEC 6 CARTES EN COULEUR ET 12 GRAVURES

PARIS
ERNEST LEROUX, ÉDITEUR
28, RUE BONAPARTE, 28

1889

TABLES

TABLE DES CHAPITRES

PREMIÈRE PARTIE

DE HUÊ A HOA-VAN, limite Sud du Quang-nam.

DEUXIÈME PARTIE

DE QUI-NHÔN A HOA-VAN

TROISIÈME PARTIE

DE BINH-DINH A PHAN-RANG

QUATRIÈME PARTIE

LE BINH-THUAN

APPENDICE

NOTES ETHNOGRAPHIQUES

TABLE DES GRAVURES

TABLE DES CARTES

PRÉFACE

L'Annam au sud de Huê est encore peu connu et attend toujours ses explorateurs.

Si l'on en excepte les monographies de MM. Navelle et Lemire sur le Binh-dinh et de M. Aymonier sur le Binh-thuan, aucune étude, aucune description de cette longue bande de terre qui ne compte pas moins de mille kilomètres n'a encore été publiée.

L'état de conflagration du Quang-nam et du Binh-dinh, la neutralité susceptible du Quang-ngai, l'absence de garnison au Khanh-hoa et au Binh-thuan, n'avaient encore permis à aucun voyageur de visiter fructueusement ces provinces quand l'Administration me confia la direction de l'établissement de la ligne télégraphique qui devait relier la Cochinchine à Huê et au Tonkin.

C'est à ce titre exceptionnel, vivant de la vie des Annamites, couchant chez eux, mangeant avec eux, que je pus reconnaître et lever la route mandarine et ses environs sur une longueur de 700 kilomètres, contrôler les noms des

2

villages et de toutes les unités administratives dans mes transactions avec les maires et les fonctionnaires indigènes, et recueillir une foule de détails ethnographiques qui seront de la plus grande utilité à ceux qui me suivront et qui auront le bonheur d'explorer les vallées que je n'ai fait qu'entrevoir.

Les six cartes que j'ai dressées sont intercalées dans le texte et permettent de suivre le voyage pas à pas.

Des gravures et dessins inédits représentent des traits de mœurs choisis parmi les plus singuliers.

Mon voyage s'étant limité à Phang-rang. M. Aymonier, ancien résident du Thuan-khanh, actuellement directeur de l'Ecole coloniale, a bien voulu m'autoriser à compléter mon ouvrage par de larges emprunts à ses notes sur le Binh-thuan.

Je n'ai eu qu'un but en élaborant ce livre qui représente deux années d'emploi fiévreux des loisirs qui me laissait mon service : *être utile à la Géographie,* et je n'ai qu'un désir en le livrant à la publicité : *être bientôt complété et dépassé.*

C. Paris.

VOYAGE D'EXPLORATION

DE HUÊ EN COCHINCHINE

PAR LA ROUTE MANDARINE

PREMIÈRE PARTIE

DE HUÊ A HOA-VAN, LIMITE DU QUANG-NAM

CHAPITRE PREMIER

DE HUÊ A CAU-HAI

SOMMAIRE. — Aperçu historique sur la citadelle de Huê. — Thuan-an. — Rivière de Huê. — Huê. — De Huê au tram de Thŭa-nông. — Le service des trams. — De Thŭa-nông au tram de Thŭa-hoá (Cau-hai). — Une soirée dans un sampan de lettrés.

Aperçu historique sur la citadelle de Huê. — Les annales les plus reculées donnent pour limite méridionale à l'Annam le royaume des Hô-tôn [1] et comme province frontière de ce royaume, celle de Việt-thŭờng qui comprenait à peu près les provinces actuelles de Quang-bình et de Quang-tri.

1. Ce royaume était appelé aussi Châm-thành. Aujourd'hui la plupart des Orientalistes donnant à ses habitants une origine Khmer les appellent Kiams et non Chams. Quelques auteurs les désignent aussi sous le nom évidemment francisé de Ciampois, et leur pays sous celui de Ciampa.

Huê appartint donc aux Kiams jusqu'en 1061, époque à laquelle Chê-cu céda cette ville et le pays jusqu'à Than-binh (Quang-Nam) au roi Ly-thánh-tông pour avoir la paix. Les souverains d'Annam firent alors de Huê leur capitale jusqu'à ce qu'en 1370, Trân-nghê-tông s'étant laissé surprendre par les Kiams, s'enfuit en leur abandonnant la ville qu'ils mirent à sac ainsi que ses palais. Les Kiams se retirèrent ensuite sur leur territoire gorgés de richesses, mais les rois d'Annam ne revinrent plus résider à Huê.

Huê, abandonné des rois, demeura en butte aux attaques de ses voisins qui dévastaient périodiquement la province, appelée à cette époque Hoá-châu. En 1383, les incursions des Kiams devinrent si pressantes que le roi envoya l'ordre de transporter en lieu sûr les portraits et les ossements de ses ancêtres pour les soustraire à la profanation de ces hordes guerrières.

Les invasions se succèdent jusqu'en 1403. Le roi Hô-hân-thüông voulant en finir une bonne fois, marche sur le Ciampa avec 150,000 hommes. Le roi Kiam Ba-dich-lai, effrayé, demande la paix et cède à l'Annam le territoire de Cô-lüy [1] qui comprenait alors deux arrondissements ; le Thàng-hoa [2] et le Tü-nghĩa [3].

Voilà donc Huê un peu éloigné de ses pillards séculaires, mais d'autres ennemis vont bientôt les remplacer. Quinze ans après la soumission de Ba-dich-lai, des Chinois commandés par le général Trüõng-phu poursuivent le roi Trùng-quan-dé jusque dans le Hoá-châu et s'emparent de la citadelle.

Cette province est de nouveau envahie par Bì-cai, roi des Kiams. Lé-nhôn-tông se décide à faire une expédition sérieuse. Il pénètre à la tête de 60,000 hommes dans le Ciampa et refoule les troupes de Bì-cai du phu de Than-binh à Cô-

1. Cô-lüy est encore aujourd'hui le nom donné à l'embouchure du plus grand fleuve de la province de Quang-Nghĩa.
2. Quang-nam.
3. Tü-nghĩa est actuellement une préfecture du Quang-nghĩa.

lũy. Il pousse jusqu'à Châ-bàn [1], leur capitale, et s'en empare.

En 1562, Huê change de maître : Nguyên-hoàng obtient de Trinh-Kiem, son oncle, tout puissant à la cour de Lê-anh-tông, l'autorisation d'aller s'établir dans les provinces de Thuân-hoa [2] et de Quang-nam avec le titre de seigneur feudataire. Ce ne sera plus désormais le roi d'Annam qui refoulera les Ciampois mais le « Seigneur du Sud ». Et ils auront affaire à un rude adversaire. L'un de ces seigneurs, Hiên-vũông, s'acharnera sur ses voisins de 1649 à 1662, il absorbera peu à peu le Ciampa, finira par prendre le roi qu'il laissera mourir de faim dans une cage, et reléguera sa veuve dans un petit douaire du Bình-thuân.

Après l'anéantissement final des Kiams, Huê se développa dans la paix pendant un siècle, mais il dut encore subir un bouleversement avant que les Nguyên lui rendissent son antique éclat. Les Tonkinois, profitant de la révolte des Tây-sõn, s'en emparèrent en 1774 et l'occupèrent pendant dix ans. Les frères Nhac, chefs des Tây-sõn, le leur reprirent en 1784 et se partagèrent le royaume. L'un d'eux, Huê, reçut comme apanage le territoire de Tourane au Tonkin, avec Huê comme capitale. Gia-long, descendant des Nguyên, l'en chassa en 1800 et s'y fit proclamer roi d'Annam.

Depuis cette époque, Huê est resté la capitale du royaume d'Annam.

La fourberie de la Cour dans nos affaires du Tonkin amena la prise de Thuan-an par l'amiral Courbet (20 août 1883). Cette prise eut pour conséquence le traité Harmand. Enfin, le 5 juillet 1885, le canon retentissait encore dans la vieille cité ; l'orgueil des ministres annamites râlait dans une dernière tentative armée contre notre influence. Attaquée brusquement de nuit, notre petite troupe prit d'assaut la citadelle et la mit au pillage [3].

1. Châ-bàn fut appelée ensuite Qui-nhõn, puis Bình-dinh. On voit encore son emplacement à 7 kilom. au nord de la citadelle actuelle de Bình-dinh.

2. Ou Hoá-châu.

3. La citadelle de Huê renferme les palais royaux et ceux des ministres.

L'art y perdit des merveilles : des diadèmes, des couronnes, des bagues enchâssées de pierres précieuses, furent enlevés, brisés, et vendus par morceaux. J'ai vu, acheté pour 180 francs, un coffret en jade, finement ciselé d'or, avec quatre diamants enchâssés sur des écussons d'or enserrant les angles.

Thuan-an. — De Haiphong à Thuan-an la distance est de 270 milles ; nous la franchissons en vingt-quatre heures. La rade n'existe pas, c'est à peine un mouillage possible pour la bonne saison, la barre est impraticable de fin octobre à fin mars. Pendant tout ce temps, les vaisseaux sont obligés d'aller débarquer leurs marchandises et leurs passagers à Tourane distant de Hué d'une centaine de kilomètres.

L'ancien nom de Thuan-an est Dai-an. Les Kiams l'attaquèrent souvent par mer ; sa situation à 14 kilomètres de Huê en fait, pendant l'été, le port de la capitale.

J'arrive en plein choléra. Mon collègue et sa famille m'offrent une gracieuse hospitalité, mais l'épidémie frappe chez lui en aveugle, et, pendant un arrêt de quelques jours, j'ai le temps de voir mourir le grand-père et le bébé de la maison [1].

Thuan-an serait le désert si quelques palmistes rabougris et des haies de pendanus ne lui donnaient un faux air d'oasis. Il y a pourtant sur cette bande de sable une garnison avec ses rouages administratifs, un bureau télégraphique et une cantine.

La vie n'y est toutefois pas trop monotone ; les officiers ont installé un cercle, le mouvement des vedettes à vapeur entre Huê et Thuan-an est incessant, les pêcheurs indigènes jettent leurs filets aux environs de l'appontement, on passe un moment ici, un moment là, quand on n'est pas en service, — car il n'y a pas encore de rentiers à Thuan-an, — et la journée s'écoule assez bien. La pêche est même bien

1. Maugé, chef du bureau du cable ; il y succomba aussi trois ans plus tard.

amusante. Le pêcheur et le marsouin sont deux amis qui s'approvisionnent mutuellement. C'est à qui attendra l'autre : le pêcheur attend le marsouin pour jeter son filet et le cétacé n'accourt que s'il voit le pêcheur. L'homme choisit naturellement l'endroit où il y a le plus de poissons, le marsouin qui le sait leur fait la chasse, poussant les plus agiles dans le filet, mais happant les retardataires. Il faut dire aussi que le pêcheur amorce à l'endroit qu'il a choisi. Quelquefois le marsouin se prend dans les mailles, alors le pêcheur le repousse à grands coups de bâton.

Rivière de Huê [1]. — La rivière de Huê est sinueuse, ses bords sont couverts du côté de Thuan-an, c'est-à-dire sur la rive gauche en partie par du sable. L'autre rive est plus verdoyante, on y remarque des rizières et des pâturages. Nous franchissons successivement, par les passes, deux barrages construits par les Annamites. Ce sont des estacades éparpillées en tous sens. On aperçoit aussi à mesure qu'on avance, une série de fortins; l'un d'entre eux, situé dans l'île Hai-do est encore muni de ses vieux canons. Non loin de ce fort, le patron de la vedette me montre sur l'autre rive, une jonque royale, à un étage avec fenêtres, couverte de fioritures laquées rouge et de chimères dorées. Cette jonque était remorquée par un vapeur quelques jours après la prise de Huê, lorsqu'à un certain moment, la plupart des soldats français qu'elle contenait se portèrent trop sur le même côté et la firent chavirer et échouer. On n'eut que le temps de couper les amarres qui la retenaient au remorqueur. Cinq malheureux s'y noyèrent.

Plus on approche de Huê, plus le paysage devient riant. A partir du village de Ba-truc et particulièrement sur la rive droite, ce ne sont plus qu'arbres majestueux ombrageant des pagodes aux faîtes surchargés de monstres en mosaïque

1. Quelques détails accidentels sont aujourd'hui disparus, mon voyage à Huê remonte au mois d'octobre 1885.

qui rampent et serpentent sur les arêtes, bambous penchés sur l'eau verdâtre qui laissent entrevoir derrière leurs troncs sveltes quelques *caí nhà* [1] en torchis, à l'aspect plutôt pittoresque que misérable, puis des maisons de mandarins dont l'architecture tient à la fois de la pagode et de la *caí nhà*. De ce fouillis de verdure s'échappent et divergent des porteuses d'eau, des con gái allant laver leur riz au fleuve, des porcs, des poules, des canards, des buffles qui se dodelinent dans l'eau avec des airs de sybarites, et jusqu'à des éléphants chargés d'énormes bottes d'herbe; tout cela crie, grouille, barbote et rumine au milieu des sampans, autres habitations encore et qui renferment parfois entre leurs quatre planches une famille nombreuse dont les rejetons nus ressemblent à de petits chimpanzés.

Huê. — Enfin, on aperçoit le quartier du Mang-ca, petite citadelle bastionnant la grande, puis quelques minutes après, un énorme polyèdre de maçonnerie : c'est la Légation française, séparée de la citadelle par la rivière de Huê.

Le seul véhicule possible pour errer par la ville est le sampan, on ne peut faire un pas sans se noyer dans un arroyo. L'aspect malheureux de cette vieille cité qui ne comprend guère en dehors de la citadelle où logent toutes les familles au service de l'État, qu'une file de cases agglomérées sur les quais du canal du Mang-ca, est rendu plus misérable encore par les cadavres des cholériques indigènes qu'on rencontre au coin des rues et qui séjournent là parfois jusqu'à douze heures sans que l'autorité annamite s'en émeuve. Aussi mon excursion n'est pas longue, et pour quitter plus vite ce foyer pestilentiel, je rentre par la citadelle.

Que de ruines! Il semble que nos boulets n'aient pu causer tous ces ravages. Il reste peu de maisons intactes.

La citadelle de Huê, construite d'après le système de Vau-

1. Case, maison ; prononcer *caïe gna*.

ban, est de forme carrée; ses côtés, flanqués chacun de six bastions, ont 2,400 mètres de longueur et sont percés chacun de quatre portes surmontées de tours, donnant passage à des routes bien dallées, se coupant à angle droit, bordées de lilas roses et bien entretenues. L'escarpe est en briques et est bordée par un fossé de 30 mètres de largeur. Le roi habite une seconde enceinte, également entourée de bastions, au milieu de son harem et des palais des grands mandarins »[1].

De Huê au tram de Thừa-nông. — Le 23 octobre, chargé d'une mission pour le service télégraphique, je quittais Huê en palanquin, à 3 h. du soir, accompagné de dix chasseurs à pied, commandés par un caporal; trente coolies portaient mes bagages et ceux de l'escorte. Notre petite troupe marchait allègrement, fusil en bandouillère, l'oreille au guet; la route était moins connue qu'aujourd'hui, on pouvait énumérer alors les européens qui y avaient passé. Il nous fallait donc de la prudence : les souvenirs de l'affaire de Huê

1. Bouinais et Paulus. — Je n'ai pas cité la date de la construction de cette citadelle dans la crainte de commettre un anachronisme. D'après Truŏng-vinh-Ky, Gia-long prit Huê le cinquième mois de l'année 1800, Victor Ollivier, officier du génie, était mort à Malacca le 22 mars 1799; ce serait donc plutôt Théodore Lebrun, ingénieur et collaborateur d'Ollivier, qui aurait construit la citadelle de Huê, et seulement à partir de l'an 1800. Les auteurs précités, dont je suis loin de méconnaître la compétence, disent qu'elle a été construite vers 1795 par le colonel Ollivier.

Huê est encore aujourd'hui ce qu'il était en 1885, époque à laquelle remonte ce récit. Cependant beaucoup de maisons chinoises et annamites se sont édifiées entre le mur de la citadelle et le canal du Mang-ca. L'industrie locale y est très active. L'art y reprend droit de cité. On sculpte, on laque, on fabrique des joyaux, des incrustations, des émaux sur cuivre, des broderies, des soies, on commerce des antiquités restaurées, souvent imitées, telles que sabres, potiches, monnaies, sur lesquels se jette passionnément l'amateur de bibelots. Les artistes travaillent à peu près exclusivement pour le roi et les grands mandarins, et s'ils nous vendent parfois quelques objets remarquables, c'est qu'ils les ont fabriqués en échappant à la surveillance de ceux qui les emploient.

Les fêtes ne manquent pas d'originalité. Le roi Dong-Khanh, un peu modernisé par nos résidents, a abdiqué cette espèce de mysticisme dans lequel se renfermaient ses ancêtres. Il se montre maintenant comme un simple mortel et boit le champagne aux réceptions avec nos fonctionnaires et officiers. Au 14 juillet

étaient encore récents. J'oubliais comme faisant partie de mon escorte, un mandarin de la citadelle.

Ce fonctionnaire paraissait bien inquiet de notre promiscuité et tout disposé à tirer ses grègues dès la première apparition d'une lance suspecte.

A peine avions-nous traversé le village d'Ang-cau et passé le pont de la rivière de Phu-cam, qu'il se tint prudemment à deux cents pas en arrière. Cependant la nuit approchait, le temps était couvert, les indigènes prenaient la tangente à notre approche, nos chasseurs n'avaient pas mangé depuis le matin; je décidai, de concert avec le chef d'escorte, que nous nous arrêterions aux premières cases en vue. A 6 h. 1/2, nous arrivions au village de Ya-lé, le hasard nous conduisit tout droit chez le maire. On forma aussitôt les faisceaux, le caporal plaça un factionnaire à la porte et nous attaquâmes résolument nos boîtes d'endaubage, assis ou couchés sur de la paille de riz.

Les Annamites accouraient des environs pour voir notre bivouac et entraient à flots pressés. Nous les eussions ren-

dernier, il assistait à la revue des troupes; ses ministres l'accompagnaient en tenue officielle.

Les environs de Huê sont charmants. Les champs de repos des rois Gia-long, Minh-mang, Thieu-tri, Tu-duc, sont de véritables merveilles qui joignent au pittoresque du lieu, l'agréable surprise des travaux artistiques que les dévotions princières y ont accumulés.

A une journée de marche, on chasse le paon, le cerf, le tigre, le buffle sauvage.

Huê est le siège de la Résidence de l'Annam, un colonel y commande les forces militaires, un bureau télégraphique communique avec le réseau universel.

Mais la colonisation française ne se manifeste pas. Elle n'est représentée que par quelques industriels ou commerçants qui alimentent l'armée et les employés des services civils. Ce stationnement n'est pas dû au manque de sécurité, celle-ci est absolue, mais à l'absence de moyens d'exportation. Le port de Thuan-an, accessible seulement pendant la moitié de l'année, ne possède pas de douane, un colon agricole ou forestier serait embarrassé de ses récoltes dans la province. Il n'y a pas longtemps encore que les ports au nord de Huê étant fermés au commerce, les exportateurs indigènes se voyaient dans la ruineuse nécessité de conserver en dépôt d'une durée indéfinie des produits qu'ils ne pouvaient pas sortir du port. Leurs jonques, non munies de passavants, eussent été saisies par une canonnière ou une chaloupe de douane croisant sur les côtes, et considérées comme se livrant à la contrebande. (Note de l'auteur, novembre 1888.)

contrés un quart d'heure plus tôt qu'ils se fussent couchés dans les rizières. Mais un des leurs nous donnait l'hospitalité, ils n'avaient donc plus rien à craindre. C'était un défilé de pseudo-maires, de quasi-lettrés, de soi-disant mandarins.

Comme il en venait toujours, au risque de me méprendre sur leurs intentions, je les fis tous sortir et donnai une consigne sévère à la sentinelle. La cour où nous allions passer la nuit était entourée par des arbres à feuillage épais, à sève abondante, portant des fruits sphériques oléagineux, de la grosseur d'une noix. Au pied de ces arbres appelés mü u [1] croissaient des pendanus, des cactus; des touffes de bambous fermaient ce rempart naturel.

Il est 9 heures, notre mandarin, rassuré au moins jusqu'au lendemain, déguste force tasses de thé et fume sa pipe à eau. Les gens de la maison l'entourent, accroupis sur de vastes phan [2]. Dans la cour, six coolies pilent du riz dans un mortier de granit, frappant à tour de rôle avec des pilons en bois dur. Sur le seuil de l'étable à buffles, un chasseur fait rire les bambins de la maison, sans connaître un mot de leur langue.

L'un après l'autre nous nous endormons au clair de lune. Les moustiques et les préoccupations troublèrent mon sommeil. Aussi ce fut moi qui, a 3 h. 1/2, réveillai pour nous faire le café, le chasseur institué cuisinier et que ses camarades avaient exempté du tour de garde.

Brûler le café dans une vieille marmite en terre, l'écraser avec une bouteille, faire bouillir l'eau dans la même marmite, y verser le café, le sucre et le tafia commun, remuer cette mixture bouillante et l'absorber, toutes ces opérations nous conduisirent à 4 h. 1/2. Nous nous mîmes en marche aussitôt.

La route est belle, ombreuse, bordée de caí nhà entou-

1. Prononcer *meu ou*.
2. Lit de camp sur lequel couche et s'assied l'Annamite.

rées comme celle du maire de Ya-lé. Les indigènes affectent un air d'aisance, leurs caí áo [1] sont propres et non déchirés. Ils possèdent buffles et basse-cour. Après une demi-heure de marche nous arrivons à Tham-lam, grand village sur le sông [2] Vuc qu'on traverse en bac. Le marché, appelé *Chŏ Vuc,* se trouve de l'autre côté. Mais les passeurs ont enfilé la venelle à notre approche et c'est un de mes coolies qui godille.

Les bords du sông Vuc sont couverts d'une végétation du plus bel aspect : les roseaux et les bambous s'inclinent mollement comme pour se mirer, puis des arbres plus touffus et plus élevés, le teck et le mŭ u, le manguier et le palmiste, confondent leur réflexion dans l'eau claire qui, sous une pleine lune de nacre, miroite ainsi que les feuilles des arbres et jusqu'aux troncs lisses des bambous.

Nous passons sans nous arrêter, à cause de l'heure matinale, devant la résidence du huyên, et nous ne tardons pas à nous engager sur un plateau sablonneux où la marche est assez pénible. La lune n'est pas couchée derrière les monts d'Occident que dejà le soleil apparaît au-dessus des dunes, mais les deux disques ne peuvent lutter longtemps et le dernier reste seul maître de l'horizon. La chaleur se fait bientôt sentir, avec cela, rien qui récrée la vue, si ce n'est bien loin, en avant, une lisière verte qui nous promet de l'ombrage et tout près, à droite, des monts brûlés d'où l'on désirerait presque voir sortir un félin.

Ce plateau a environ 5 kilomètres; nous sommes altérés en arrivant au bout et nous buvons avec délices une décoction brûlante et amère appelée *chè huê*, qui a la vertu de nous couper la soif rapidement. Le *chè huê* [3] est connu aujourd'hui d'un grand nombre de personnes qui, depuis, ont parcouru la route. On trouve cette boisson dans presque toutes les *caí nhà*, c'est le thé du pauvre.

1. Paletot.
2. Arroyo.
3. Prononcer *tie oué*.

La route redevient agréable, le paysage coquet, la verdure réapparaît sous la forme de bambous qui entourent les cases, de champs d'arachides et parfois de quinconces arrosés par un ruisseau.

A neuf heures, nous étions rendus à Thŭa-nông, premier tram. Les habitants refusant de nous vendre des poules, je prie le mandarin d'user de son influence pour faciliter nos transactions. Il me répond par un *da* [1] respectueux, se retire et ne revient plus.

Un chasseur qui avait participé à la prise de la citadelle de Huê et qui gardait rancune aux Annamites, me demande alors la permission d'aller acheter de la volaille à sa manière : « Ces canailles-là », me dit-il, « ça ne vaut pas la peine qu'on leur demande quelque chose. » Je lui accorde à moitié, pour ne pas pousser l'incorrection de notre conduite trop loin, c'est-à-dire, qu'on paiera les poules qu'il prendra au prix du marché, soit 4 tiens (0 fr. 32).

Aussitôt la fourragère commence à coups de bâtons à travers les haies, et, au lieu de six poules que nous désirions, mon chasseur aidé de ses camarades nous en apporte dix pour lesquels je donne quatre francs au maire.

Le service des trams. — Le tram est un vaste caravansérail quadrangulaire ou tout voyageur peut venir se reposer. Il est couvert en briques, entouré d'un fossé et d'un mur avec terrasse d'observation aux angles. Deux portes symétriques sur le milieu de deux côtés parrallèles donnaient autrefois accès dans l'établissement. Mais les Annamites en ont condamné une, soit avec des fascines, soit avec des poutres, et cette remarque s'étend aux six trams qu'on rencontre entre Huê et Tourane.

Le terrain d'enceinte est cultivé en arachides ou patates.

1. Prononcer *ya*. En annamite l'affirmation diffère suivant la personne à laquelle on s'adresse : à un supérieur on répond *ya*, à un égal, *phai*, à un inférieur ö (prononcer *fâïe*, *euü*).

Le service du tram comprend un certain nombre de coolies et de lettrés habitant les environs et qui se subdivisent en porteurs de fardeaux, guetteurs, coureurs à pied et à cheval, palefreniers, secrétaires et chefs de tram [1]. Ils sont exempts d'impôt et de service militaire et reçoivent une ration journalière de riz. On donnerait aussi aux coolies, d'après un interprète de la Légation, une solde mensuelle de 5 tiens (0 fr. 40).

Le gouvernement leur cède un terrain sur lequel ils bâtissent leur caí nhà et cultivent ordinairement de petits carrés de patates et de rizières. Ils doivent être prêts à partir à toute heure du jour et de la nuit.

Le secrétaire du tram tient un rôle pour que chacun parte à son tour. Un tronc desséché et creusé sert de tam-tam. Pour appeler, le secrétaire fait frapper sur ce tam-tam un certain nombre de coups cadencés d'une manière convenue. Ce bruit s'entend de loin et l'on voit sur le champ les coolies qui doivent quitter tous travaux, accourir au nombre demandé.

Le service des trams comprend le transport des mandarins et de leurs bagages, du matériel de l'Etat et surtout le port rapide des correspondances. Leur fidélité en matière de transport est à peu près sure, car on peut les retrouver par les rôles du tram et leur infliger une punition sévère. Les trams postaux ont une sonnette appendue à leurs ceintures. Ils portent en outre un petit drapeau annamite qu'ils déploient tout en courant, à chaque rencontre de nature à arrêter leur marche, et au passage des bacs pour avoir la priorité.

Cette institution qui remonte au IXᵉ siècle a toujours rendu de grands services. Elle est seule chargée de notre transport postal dans l'intérieur de l'Annam et il fonctionne régulièrement.

1. Au Tonkin, les trams sont des coolies fournis par chaque village comme imposition; en Annam ils forment un corps organisé militairement, les coolies de tram sont alors des *linh*, les chefs des *đôi*.

Tous les villages sièges d'un tram ont deux noms, celui qui désigne spécialement les caí nhà des gens du tram, et un autre pour désigner les caí nhà des coolies ordinaires cultivant leurs champs, soumis à l'impôt et qui ont leur ly-trŭŏng ou maire.

Cette distinction n'empêche pas les caí nhà d'être mélangées et de ne former qu'une seule agglomération répondant à deux noms suivant la qualité de l'indigène qu'on interroge.

Cette ambiguïté me fit commettre plus tard deux erreurs dans le rapport de la mission qui m'avait été confiée où je disais n'avoir pu trouver deux villages désignés et que j'avais réellement visités sous leur deuxième nom.

On ne saurait donc attacher trop d'importance à cette particularité, surtout au point de vue géographique.

Pour compléter les renseignements sur le tram de Thŭa-nông, je dirai qu'il possède actuellement deux chevaux qui sont montés en cas d'urgence, et qu'il peut fournir de vingt à ving-cinq coolies [1]. Le village est appelé Yen-nông. On appelle aussi également tram, le gîte, l'homme et la dépêche qu'il porte.

Sur tout le territoire de la province de Huê [2], les noms de tram commencent par le préfixe thŭa.

Après le déjeuner, j'étais sorti pour visiter le village, quand j'aperçus mon mandarin recevant dans un caí nhà de coolies un de ses collègues, que je reconnus plus tard pour être le huyên de Phu-Loc. A la porte de la case reposait sur des trépieds mobiles un superbe palanquin couvert de filets dorés, à la tête duquel était suspendu un sabre à fourreau émaillé d'argent et à poignée d'ivoire incrusté de même métal. Un petit drapeau français flottait à côté, sans doute à cause de notre présence. Dès qu'on m'aperçut, un coolie, sur l'ordre du huyên, détacha rapidement le sabre et s'enfuit à toutes jambes !

1. Je ne garantis pas l'exactitude de ce chiffre qui n'est que mon appréciation.
2. La province de Huê est appelée aussi Thŭa-thien.

De Thŭa-nông au tram de Thŭa-hoá (Cau-hai). — Thŭa-nông est situé sur le sông[1] Nông, rivière ressemblant à celle de Vuc, et qu'on passe également en bac.

A trois heures du soir, nous nous remettions en marche sans m'occuper de mon délegûé du roi qui paraissait plutôt me surveiller que me protéger. Il prenait maintenant l'avance et faisait le vide sur ma route.

De Thŭa-nông à Trŭŏi, pays bien cultivé, belle route bien habitée, plusieurs hameaux, une rivière avec pont à trois kilomètres de Trŭŏi, je m'attarde un peu à chasser. Les tourterelles, les ramiers et les bécassines abondent. Je tue un ramier aussi gros qu'une poule, d'une belle couleur gris-perle, avec le bec et les pattes écarlates.

Nous arrivons à Trŭŏi à six heures et demie. Nous passons le sông Trŭŏi en bac et nous nous faisons conduire à la résidence du huyên ou sous-préfet de Phu-loc, à quelques centaines de mètres de l'arroyo. Je reconnais dans ce fonctionnaire le mandarin qui craignait pour son sabre à Thŭa-nông. J'allais avoir besoin de son ministère.

Le gouvernement annamite avait dû fournir l'année précédente des bois pour la construction du télégraphe, mais il en manquait déjà une centaine de Tham-lam à Trŭŏi, et il s'agissait de les remplacer au plus vite. Muni d'un papier de recommandation du Có-mât[2], je demandai donc le concours du huyên près des maires des villages pour obtenir ces poteaux dont j'offrais de payer la main-d'œuvre deux fois sa valeur locale.

Réticences, minuties, ergotage dans la discussion, force d'inertie dans l'exécution, dérobement quand viennent les récriminations : telle est la diplomatie annamite.

Le huyên, dès le second jour, se fit remplacer par un de ses lettrés qu'on appelait *ông huyên*, ou *le monsieur du huyên*, encore plus retors que son maître.

1. Fleuve ou rivière.
2. Conseil secret du roi.

Quatre jours après, malgré les sourires et les flagorneries du ông huyên, je n'avais pas un poteau. Ce soir-là, je rôdais autour de la maison du huyên quand j'aperçus celui-ci qu'on disait en tournée, fumant l'opium dans son *buono-retiro* avec mon mandarin.

Je ne suis guère diplomate, j'en conviens, aussi je me démenai comme un diable et je criai comme quatre. Enfin la nuit portant conseil, j'essayai le lendemain de la monnaie trébuchante, c'est ce que le ông huyên attendait sans le dire. Au lieu de payer directement les coolies, je versai une provision de quinze piastres entre les mains de ce digne lettré, lui en promettant autant quand le travail serait terminé. Trois jours après, comme par enchantement, les poteaux coupés sans doute d'avance et tenus cachés, gisaient sur la route à cent pas l'un de l'autre ainsi que je l'avais indiqué. Il va sans dire que les coolies qui avaient dû travailler jour et nuit s'en retournèrent chez eux sinon légers de cœur, du moins légers de sapèques.

Trŭŏi est un village important sur le marché duquel on trouve toutes les denrées alimentaires du pays : poules, canards, œufs, poissons, crevettes grosses comme de petits homards, riz, poterie, bétel, arec, etc.

Dès le lendemain de notre arrivée, nos vitriers avaient capté la confiance des vendeuses qui les attiraient à leurs éventaires.

Pendant ces quelques jours je remontai le cours du sông Trŭŏi, mais seulement sur une distance de quatre à cinq kilomètres et plutôt comme chasseur que comme explorateur, car je ne pouvais m'absenter longtemps. A en juger par le rétrécissement de cette rivière, elle doit prendre sa source dans le premier rideau de montagnes qui forme comme une demi-ceinture à l'ouest.

La perruche y est très abondante ; j'en ai vu plus de deux cents sur un seul arbre et j'en ai tué six d'un coup de fusil. On rencontre aussi beaucoup de poules d'eau et de coqs de pagode, des tourterelles à foison et quelques bécasses dans les fossés qui entourent chaque caí nhà. Les champs de patates et d'arachides clos de haies vivaces, ont quelque chose de nos prés de Normandie.

Sur la rive gauche du sông Trüöi, et à une centaine de mètres en amont du bac, on remarque aussi une ancienne pagode, maintenant délaissée par le culte, et qui fut maintes fois occupée par nos petits détachements qui s'y reposaient quelques heures en passant.

De même qu'on peut aller de Huê à Trüöi en sampan par la rivière de Phu-cam, la lagune et le sông Trüöi, on peut se rendre de Trüöi à Cau-hai par le sông Trüöi, la lagune et le sông Cao-doi [1].

On éprouve bien quelques petits désagréments : l'échouage à marée basse et le tangage à marée haute, mais les échouages ne sont pas sérieux, le ménage sampanier met les pieds dans l'eau et repousse à flots son embarcation sans grands efforts, et, à marée haute, si le vent est bon, on franchit la distance de Trüöi à Cau-hai en deux heures.

Ma mission m'obligeait à suivre la route. Après une demiheure de marche, nous quittions le territoire de Trüöi pour côtoyer la lagune à peu de distance. Le chemin, sablonneux, est entrecoupé de flaques d'eau qui ont quelquefois plusieurs mètres de largeur. Mes chasseurs les franchissent à dos de coolies et moi en palanquin.

Jusqu'au col de Cao-doi, le mauvais état de la route obligeant mes porteurs à aller au pas, je ne me trouve pas trop mal dans mon véhicule, que j'utilise pour la première fois.

Au pied de ce col, nous rencontrons un petit hameau composé de quelques misérables caí nhà dont les habitants ne nous sont d'aucune ressource. Leur poisson même, séché au soleil, est d'une saveur désagréable. Je tue quelques pluviers pour alimenter la popote, mais nous nous promettons de ne les faire cuire qu'à Cau-hai, et nous accélerons le pas pour y arriver le plus tôt possible.

1. Ou rivière de Cau-hai.

Le col de Cao-doi mérite ce nom géographiquement, mais il n'est pas à craindre pour les jarrets du voyageur : il ne faut que quelques minutes pour le franchir.

Le tram de Cau-hai, ou plutôt de Thüa-hoá, pour lui conserver son appellation propre, est inhabitable [1], sa toiture est effondrée, et comme il ne pourrait guère être utile qu'aux Français, on ne le répare pas. Le palefrenier, qui est en même temps guetteur, y a logé les deux chevaux et couche dans l'écurie. Nous allons habiter une case voisine, entre le marché et le tram, sur le bord du sông Cao-doi qui coupe le village en deux. Ce cours d'eau est peu important quoiqu'il soit près de son embouchure.

On dirait du marché un rendez-vous d'ichtyophages. On peut y voir tout ce que le hasard ramène dans les filets, depuis la sèche jusqu'à la sole, des poissons aux couleurs bizarres et de formes plus singulières encore, ronds comme boules ou plats comme punaises, à la tête invisible ou plus grosse que le corps, des crabes bleu-marine et des crevettes d'une grosseur prodigieuse. Mais là, comme au Tonkin, point de langoustes ni de homards.

Si j'appuie sur ces détails culinaires, c'est qu'il est particulièrement utile à celui qui voyage dans cette région de connaître les lieux de ravitaillement.

1. Le tram d'alors est occupé aujourd'hui par un poste militaire; il a été restauré et divisé en six pièces dont l'une est occupée par le commandant du poste, une deuxième sert de bureau télégraphique, les autres sont réservées aux officiers ou fonctionnaires de passage. Cau-hai est devenu un point important sur l'itinéraire suivi par les convois qui se rendent de Huê à Tourane. Une chaloupe de l'Etat fait le service entre Huê et Cau-hai, avec escale à Thuan-an, et elle dépose régulièrement à Cau-hai d'après un graphique déterminé pour toute la route, les voyageurs et colis pour Tourane, et enlève ceux qui en arrivent. Mais la lagune n'est praticable pour une chaloupe que jusqu'à deux milles environ de l'embouchure du sông Cao-doi et le transbordement sur une jonque est nécessaire. Cette jonque à son tour, ne peut pas entrer en rivière ni aborder la plage, il faut encore transborder sur de petits sampans et faire porter les bagages à dos de coolies jusqu'au poste distant de 2 kilom. La chaloupe met une heure pour aller de Huê à Thuan-an et trois heures de Thuan-an à son mouillage de Cau-hai. Le tram a été relégué sous une paillote, au-delà du pont, à 500 m. de son ancien emplacement.

J'aurais bien voulu abandonner mon palanquin pour un des deux chevaux que possède le tram, mais la queue de ces pauvres bêtes ne tenait plus que par une fibre. La croupière annamite est une petite corde tendue sur la queue et qui doit produire indubitablement cet effet. La selle est en bois et les étriers seraient trop petits pour un élève de septième. Cela tient à ce que l'Annamite, même à cheval, tend à s'accroupir et que, en outre, il chevauche pieds nus et ne met que le pouce dans l'étrier.

Mon mandarin ne m'étant d'aucune utilité et manifestant une grande antipathie pour ma personne, je le remerciai et le laissai libre d'aller où bon lui semblerait.

C'est à Cau-hai qu'aboutit l'ancienne route de Tourane qui se faisait en partie par eau : rade de Tourane, sông Cu-dê, canal comblé par Tŭ-dŭc après la prise des forts de Tourane, en 1858, et monts de Cau-hai. Il ne serait pas extravagant de croire que le canal faisait communiquer le sông Cu-dè avec une rivière de la province de Huè.

Une soirée dans un sampan de lettré. — Nous avions effacé à Trŭŏi par nos libéralités la fâcheuse impression qu'y avait causé notre réputation d'acheteurs — quand même — et nous continuâmes à Cau-hai où nous ne manquâmes de rien.

Une autre influence allait faciliter mes transactions. Le ông huyên, arrivé en sampan un jour après nous, m'envoyait aussitôt gracieusement des poulets, des bananes et des œufs de canards, et m'informait que pour être agréable au ông quan dây thép [1], il me suivrait jusqu'aux confins de son huyên, et ferait disposer lui-même les poteaux télégraphiques sur le chemin. En même temps, il m'invitait pour le lendemain à aller passer la soirée dans son sampan. Je lui envoyai deux boîtes de sardines et lui fis répondre que j'acceptais l'invitation. J'étais si ébahi d'un tel revirement, que je ne pouvais l'attribuer qu'à la cupidité.

1. Mandarin fil de fer, fonctionnaire du télégraphe.

JONQUE ET SAMPANS

(Fac-simile d'un dessin annamite).

Une pluie diluvienne n'avait cessé depuis trente-six heures, la rivière débordait et envahissait peu à peu le village, le dépôt de bois flottait au caprice des eaux. Le ông huyên, quand il vint me chercher, n'eut qu'à faire donner quelques coups de rames pour accoster ma caí nhà que l'eau menaçait de submerger. L'escorte gagna le haut du village et moi, je restai le convive du ông huyên.

Il y a sampan et sampan. Celui du gamin qui va pêcher à la ligne dans les rizières est un petit panier fait de lamelles de bambou tressées; celui du pêcheur en lagune est une barquette, mais celui du fonctionnaire atteint les limites d'une petite jonque. Le sampan de notre ông huyên était divisé en deux compartiments par une natte. Des nattes aussi tapissaient le plancher et la voûte en paillote qui recouvrait la moitié de l'embarcation.

Le maire de Cau-hai, fumant déjà l'opium, m'offrit de m'allonger à ses côtés. Comme je ne pouvais rester debout sans courber l'échine, je m'exécutai.

Le ông huyên se mit à lire tout haut. Quelles variations de rythme et comme on reconnaît bien à l'audition la supériorité de la langue lettrée sur la langue populaire!

Il nous faudrait l'aide du solfège pour noter exactement les différents tons de ce purisme. N'allez pas croire cependant que je trouvai cette lecture mélodieuse. Oh non! pas plus que le chant qui suivit. Toutes les articulations ont quelque chose de rauque qui choque l'oreille et la fatigue bientôt. Je préfère même la lecture au chant. Le supplice est moindre. Le chant est nasillard et traînant, c'est une répétition incessante du même couplet et du même air. La lecture est mieux cadencée et plus rapide et cause un certain étonnement.

Nous fîmes des échanges de politesse; j'offris du rhum et des cigares, j'acceptai le thé et l'opium. La troisième pipe me procura une céphalalgie jusqu'au lendemain. De rêves dorés, point. Je ne recommencerai plus.

Le maire était tombé en abrutissement; le ông huyên,

plus fort, fumait toujours. Il roulait ses pipes avec une patience que je lui enviais.

La préparation d'une pipe d'opium dure huit minutes et l'aspiration une seconde seulement. L'attirail se compose d'un plateau supportant une petite boîte cylindrique d'ivoire qui renferme l'opium, d'une petite lampe entourée d'un globe, d'une paire de ciseaux, de longues aiguilles qui servent à brûler l'opium, d'une pipe à eau et d'une tabatière. Ces deux derniers instruments sont des corollaires de la fumerie d'opium.

Pour préparer sa pipe, le fumeur saisit quelques gouttes d'opium liquide ou plutôt sirupeux au bout d'une aiguille qu'il roule ensuite au-dessus de la flamme de sa petite lampe jusqu'à ce que l'opium ait pris une consistance molle de la grosseur d'un pois. Il l'enfonce alors dans un petit trou percé au centre du fourneau de la pipe, aspire trois ou quatre fois, baisse doucement les paupières pour concentrer son bonheur, et..... c'est tout.

Mais presqu'aussitôt un domestique lui présente la pipe à eau dont l'aspiration ne dure pas plus longtemps. Cette pipe, qui doit être remplie d'eau aux trois quarts, contient environ vingt centilitres. Un petit récipient percé s'adapte à la partie supérieure et reçoit une pincée d'un tabac très ténu et humide.

L'aspiration produit un glou-glou dans l'eau qui s'empare, paraît-il, de tous les principes pernicieux du tabac quand passe la fumée.

Fatigué, alourdi, je me glissai dans l'autre compartiment où je dormis mal jusqu'au jour.

Le ông huyên, les yeux caves, fumait encore.

CHAPITRE II

DE CAU-HAI A ANG-CO

SOMMAIRE : De Thŭa-hoá au tram de Thŭa-lŭu. — Le palanquin. — Un buffle récalcitrant. — De Thŭa-lŭu au col de Phú-gia. — L'honnêteté relative du ông huyên. — Mort du surveillant Joanny. — Ang-co, le village aux cochons.

De Thŭa-hoá au tram de Thŭa-lŭu. — Le village de Cau-hai s'éparpille et pousse ses dernières cases jusqu'à une rivière que nous passons en bac. Une pluie de canards sauvages venait de s'y abattre. Pan! pan! nous en aurons trois pour déjeuner. A signaler aux Saint-Hubertistes un petit mamelon boisé à l'angle formé par la route et la rive gauche, où je vis une demi-douzaine de poules sauvages grosses comme des poules sultanes et desquelles je pus approcher à la faveur d'un fourré. Mais la pluie et l'humidité avaient détrempé mes cartouches et le bruit sec d'un raté suffit à les faire fuir avec un battement d'ailes formidable.

Quel beau pays de chasse, et quel dommage qu'en ce moment les chemins soient transformés en fondrières et les rizières en marécages!

De la rivière à Quan-rap, le chemin est bordé d'arbres dont le feuillage recèle des myriades de pigeons verts qui semblent peu effarouchés à notre approche, les poules d'eau nageant, courant et volant, gagnent les buissons au plus vite, tandis que les bécassines nous regardent bêtement avec leur grand bec placé comme une ligne de mire entre leurs yeux.

Mais par-dessus tout, l'oiseau bavard, curieux, effronté, le merle noir, noir et blanc, et même, malgré les sceptiques, le merle blanc [1], vole partout, sur les arbres, sous nos

1. Il n'est blanc qu'à quelque distance. En réalité, quelques taches grises maculent son plumage.

pas ou sur le dos des buffles, mangeant leurs parasites. Et comme si l'on devait voir des oiseaux jusqu'aux limites de l'horizon, à des distances où le merle devient invisible, les rizières sont tiquetées de points blancs qu'on reconnaît sans peine pour des aigrettes.

Quan-rap est un petit village d'une vingtaine de cases à peu de distance du col de Thŭa-may [1]. Il faut s'abstenir d'y boire de l'eau qui est très mauvaise, et demander du chè-huê ou nŭoc-trà. Ce dernier mot désigne particulièrement une décoction de thé, l'annamite comprend ces deux expressions ou au moins l'une des deux.

On perd un peu haleine en grimpant le col rocailleux de Thŭa-mây, mais il a moins d'un kilomètre de longueur. Du sommet apparaît un nouveau panorama : plus de lagune, une plaine de brousses d'abord, au pied de contreforts, puis, jusqu'à Nŭoc-ngoc, des rizières formant un vaste échiquier dont les pièces sont représentées par des bouquets abritant les hameaux.

Le palanquin. — A Nŭoc-ngoc, les coolies s'arrêtent pour manger le riz. Je reçois enfin un cheval que me fait parvenir mon collègue de Huê et qu'il a été obligé d'envoyer acheter dans les montagnes de Thanh-hoa [2]. Et puisque je vais abandonner mon palanquin, deux mots sur cet instrument de torture.

Comme fond, un hamac tissé avec des filaments de rotin et dont les nœuds entrent dans la peau si l'on n'a soin d'y étendre une couverture. Un auvent cintré, en paille de maïs ou de riz garantit des rayons du soleil ; un bambou fixé dans le sens de la longueur entre l'auvent et le hamac repose sur l'épaule d'un coolie en avant et en arrière.

Au signal de la marche, les coolies se mettent à trottiner

1. Col de Choumay ; ce dernier mot est une corruption de Thŭa-mây.

2. Les chevaux de Huê avaient été réquisitionnés pour former une cavalerie indigène, et cette réquisition s'était ensuite étendue aux provinces avoisinantes.

et vous sautez dans votre hamac selon la cadence du trot. Un point de côté se fait bientôt sentir, c'est le mal de palanquin.

Et puis n'auriez-vous que juste la taille pour l'infanterie, le hamac sera toujours trop petit et vous devrez vous recroqueviller à moins de percer l'extrémité du hamac pour y passer vos pieds. Vous êtes alors à la cangue et si vous tombez, c'est la tête la première. Ce mode de transport a ses petits agréments. Vous ne tardez pas à pencher d'un côté et ne vous étonnez nullement de vous trouver à terre à moins que vous ne vous cramponniez désespérément.

Les changements d'épaule sont aussi à noter en ce que l'on est rejeté comme un colis en sens inverse. Il y a aussi les changements de place; on se trouve dans une situation analogue à celle d'un voyageur en chemin de fer qui change de banquette, on voit le panorama qui fuit et non celui qui vient.

Mais de tous ces maux ne vous plaignez pas si vos porteurs vous évitent le pire. A l'escalade des cols, gare à vous si un sentiment d'humanité ne vous fait pas descendre, vous aurez les pieds en avant à la montée et en arrière à la descente, au moyen d'un changement d'épaule suivi d'un demi-tour.

Comme il y a sampan et sampan, il y a aussi palanquin et palanquin. Celui dont je viens de parler est le palanquin ordinaire du tram, ou pour généraliser, du peuple. Les mandarins en ont de plus confortables, mieux tressés, plus vastes, avec rideaux et compartiments sous la toiture comme dans un wagon de première.

Les coolies peuvent aussi se mettre à quatre pour vous porter, mais il faut le demander. Alors le mal de palanquin est presque nul. Ils placent devant et derrière un bambou perpendiculairement au premier et s'emparent chacun d'une extrémité. Vous ne courez plus, vous volez; c'est le train express au lieu du train omnibus.

On franchit la rivière de Nüoc-ngoc sur un pont de bois. Une plaine de bruyères nous sépare de Thüa-lüu appelé aussi

Nŭoc-man et Tong-King [1]. C'est un village plus peuplé et plus riche que les précédents. Le tram est confortable, et comme je dois m'y arrêter quelques jours, je m'installe commodément. Le marché fournit des légumes et des fruits, du tabac, de la volaille et des œufs et même de la pacotille anglaise et allemande.

Le village s'étend à partir du pont du sông Nŭoc-man en une longue file de caí nhà propres et alignées de chaque côté de la route mandarine; une autre rue perpendiculaire la coupant par le milieu conduit par la droite au tram, par la gauche au marché et à l'habitation d'un capitaine annamite.

Le ông huyên, fidèle à sa promesse, me rejoint, mais c'est pour me demander de l'argent, une savonnette et du savon. Je n'ai rien à lui refuser, c'est le seul moyen de parvenir à mon but.

Pendant mon séjour à Thŭa-lŭu, je suis distrait par le passage de quelques officiers de la mission militaire qui n'ayant pu débarquer à Thuan-an se rendent à Huê par Tourane. Nous sommes heureux de nous rencontrer. L'isolement en pays hostile rapproche. Le colonel est aussi aimable que le sous-lieutenant; les fatigues endurées en commun ont fait oublier les rangs. Je m'empresse de me mettre à leur disposition pour leur servir d'intermédiaire autant qu'il m'est possible auprès des Annamites pour le recrutement des coolies et des palanquins, passant évidemment à mon tour par les bonnes grâces du ông huyên qui a fini par comprendre mon charabia et daigne descendre du Parnasse pour me parler vulgairement.

Un buffle récalcitrant. — Une aventure qui m'est arrivée pendant mon séjour à Thŭa-lŭu va montrer à quel point ceux qui croient à la décadence du prestige des mandarins sont dans l'aberration.

J'étais allé explorer la route de Phú-gia. On m'avait as-

1. *Tham-teou-tram* de la carte de Dutreuil de Rhins.

suré maintes fois que les buffles, malgré leurs regards féroces et leurs reniflements hostiles, n'étaient pas à craindre et fuyaient devant la menace. L'occasion se présentait sans la chercher. Un troupeau d'une vingtaine de buffles me barrait le passage. Le bouvier s'était enfui. Je prends le galop menaçant les buffles de ma cravache. Ils se précipitent en désordre dans la rizière, mais un buffletin n'ayant pu s'enfuir assez vite, sa mère retourne et fond sur mon cheval. Non armé, j'essaie de fuir à mon tour, mais l'animal m'atteint, son mufle est sous la queue de mon cheval, nous allons sauter. Je crie de toutes les forces que me donne ma situation critique et je lui applique sur les yeux un maître coup de cravache. La bête habituée au joug, prend une course désordonnée dans la rizière, je suis sauvé.

En arrivant au tram, je racontai l'incident au ông huyên, le priant d'avertir les villages que je ne sortirais plus sans mon revolver et que je tirerais sur le premier animal qui obstruerait ma route, avec d'autant plus de tranquillité d'esprit que chaque troupeau étant gardé pouvait éviter les passages publics.

Le soir, comme je me mettais à table, — pardon de la métaphore, nous mangions sur une caisse, — on vint me prévenir qu'à la porte du tram m'attendait un Annamite tenant en laisse une bufflesse et un buffletin remarquablement ligotés. Je fais entrer l'indigène qui se jette à mes pieds, et, m'offrant des poules et des œufs, me supplie de ne pas tuer ses animaux. Surpris, je demande des explications au ông huyên qui me dit les avoir envoyé chercher sur ma demande.

« Vous m'avez mal compris ou je me suis mal expliqué », lui répondis-je, « nous ne nous vengeons pas sur des animaux, mais nous nous défendons quand nous courons un danger ; si le buffle me poursuit de nouveau, je le tuerai. » La joie de l'Annamite était grande. Il se prosternait devant moi et me suppliait d'accepter son présent que je refusai net.

Mais quand il se fut éloigné, un coolie me rapporta les

poules et les œufs en me faisant entendre que son maître ne se croirait pas acquitté si je m'obstinais à refuser son offrande.

Si l'on se représente le ông huyện, un homme jeune encore mais voûté, brisé par les abus, simple lettré dépositaire seulement d'un pouvoir, n'ayant qu'un signe à faire sans même élever la voix pour retrouver à quatre kilomètres de distance un troupeau parmi tous ceux du territoire et amener le propriétaire à venir lui-même lui livrer ses animaux, et cela sans qu'il n'ait cessé de fumer son opiumfourni gratuitement par les opulents du village ; si l'on considère, en outre, que l'incident a eu lieu sans autres témoins que quelques pastoureaux solidaires et qui auraient pu opposer à l'enquête un système de dénégations qu'ils savent si bien appliquer avec nous, et qu'on mette en parallèle l'autorité du ông huyện avec celle que j'aurais pu avoir à l'aide de mes papiers et de mon escorte, on conclura que l'Annamite est plus chauvin que nous ne le pensons et qu'il préfère encore l'administration draconienne des lettrés qui sont des leurs, à un gouvernement étranger, quelque bienveillant qu'il soit.

Un soir, j'assistai à une cérémonie comparable aux Rogations catholiques. Dès la maturité du riz, appelé alors nếp [1], le propriétaire cueille les prémices et les répand sur une aire. Un buffle conduit par un enfant fait le tour de cette aire broyant sous ses pas le nếp pendant qu'un domestique l'arrose et que toutes les gens de la maison chantent des invocations à Bouddha, lui demandant de donner beaucoup de grains dans les épis.

De Thừa-lưu au col de Phú-gia. — La vallée de Phú-gia, qui va de Thừa-lưu au col de Phú-gia, est la mieux cultivée du huyện, la route est aussi la plus belle ; sur une longueur de 4 kilomètres, elle est bordée d'arbres séculaires dont les

1. Le nếp est ordinairement le riz de semence. Riz non décortiqué, lúa = décortiqué, gao = uit, cơm.

rameaux se confondent pour former un dôme de feuillage au-dessus du voyageur. Nous avons scié, élagué, mutilé en vandales ces arbres majestueux pour faire passer notre fil de fer. J'aborde sans plus tarder une discussion géographique qui me tient au cœur.

La seule carte donnant le tracé de la route mandarine de Huê à Tourane est celle de Dutreuil de Rhins. Il y a une quinzaine d'années de cela, cet éminent pionnier n'avait peut-être pas les moyens de recueillir et surtout de contrôler les noms qu'on lui donnait. Aussi sa carte, exacte comme relevé, est-elle très sobre de noms et parfois erronée. Je ne fais pas ces observations pour l'amer plaisir de critiquer un homme plus érudit que moi, mais pour combattre la routine, cette vieille ennemie du progrès. Je ne puis comprendre que des officiers de marine, du génie et autres qui ont fait depuis la route et ont pu s'assurer, *de visu et auditu*, de l'imperfection des noms donnés par Dutreuil, je ne comprends pas, dis-je, que ces hommes de savoir s'obstinent, parce qu'ils ont cette carte sous les yeux, à prononcer les mots tels qu'ils y sont écrits et pis que cela, font prendre l'habitude de ces mots à leurs interprètes qui les retiennent comme des mots français et les traduisent aux mandarins et aux Annamites par leur signification propre.

C'est ainsi que Năm-chŏn [1] devient Nam-hung ou Nam-toun, Ang-cŏ devient Lang-cô. On prend également Ké-nang pour Phú-gia parce qu'on croit Phú-gia sur la lagune, et, par une suite d'erreurs on appelle cette dernière, lagune de Phú-gia.

Phú-gia est le principal village d'une jolie vallée qui s'étend jusqu'à la baie de Thŭa-mây. Il est situé au pied du col auquel il a donné son nom, mais sur le versant opposé à la lagune.

Gia-long poursuivit, en 1796, les Tây-sôn jusqu'à ce col, mais n'osa le franchir.

1. Prononcer Nam-ti-eun, Ang-queu.

Du sommet on aperçoit deux panoramas bien distincts, deux pays bien différents d'aspect.

Vers Huê, la vallée de Phú-gia avec ses rizières et ses bouquets, une ligne verte, droite, la sépare en deux, c'est la route mandarine; à l'occident, une longue file de monts qui va rejoindre derrière Huê cette immense chaîne qui s'étend de Baria au Yu-nan, peuplée de tribus kiams, moïs, laos et mŭongs.

De l'autre côté du col, la lagune, une belle nappe bleue encadrée par les monts des Nuages et leurs rameaux qui lui forment une demi-ceinture boisée continuée par la langue broussailleuse d'Ang-cŏ. Une frange d'un beau sable doré sépare l'azur des flots du vert des monts. Au-delà des montagnes, la baie de Tourane; après la lagune, l'Océan. A l'est du col de Phú-gia, paysage marin avec Ang-cŏ commandant la lagune; à l'ouest, paysage champêtre dont Phú-gia est la partie animée. Le col est placé entre ces deux sites comme un écran.

Au pied du col sur la lagune, quatre cases dont l'ensemble est appelé Ké-nang par les Annamites, et Phú-gia par les Français. On ne peut commettre d'erreur plus indiscutable, puisque Phú-gia existe de l'autre côté. L'effet est ici pris pour la cause. Le col qui a reçu son nom du village de Phú-gia ne peut le transmettre à un autre.

A la passe qui fait communiquer la lagune avec la mer on rencontre un bourg important du nom d'Ang-cŏ. Les gens du tram l'appellent Thŭa-phŭŏc et les pécheurs Cŭa-hai (porte de la mer [1]). C'est le Lang-cô de Dutreuil. Ce village est le seul baigné par la lagune et rationnellement doit lui donner son nom de préférence à Phú-gia qu'on ne soupçonne même pas.

Un soir, M. Deramond, notre sympathique chef de mission qui était alors à Thŭa-lŭu, m'envoya chercher pour dîner avec lui. Je m'attardai et quand je voulus regagner mon

1. Prononcer Theu-a-pheu-oc, Queu-a ail.

cantonnement, la nuit était si sombre que mon cheval n'osait mettre un pied devant l'autre. Je demandai un guide avec une torche. Alors commença une course nocturne fantastique; mon cheval ne quittait pas l'aire éclairée, suivant fidèlement le coolie et modelant son pas sur le sien, lui, courant toujours de son petit trot particulier à tous les Annamites et faisant fuir les chats sauvages qui bondissaient à notre passage : *ôi! cha oi! con mèo xâu!* [1] s'écriait-il sans interrompre sa course. De temps en temps, il secouait sa torche dont les mille étincelles nous enveloppaient alors; je devais ressembler à l'idéal qu'on se fait du roi des ténèbres.

Le coolie fit ainsi ses cinq kilomètres en courant, reçut une ligature à Phú-gia (0 fr. 80), et repartit du même trot.

Je ne peux cependant pas quitter Phú-gia sans parler d'un cottage, transition entre la forêt vierge et la plaine, où des cris discordants retentissent du matin au soir. Et si vous montez au sommet du col pour voir d'où viennent ces cris, vous apercevez à vos pieds, dans une clairière, de gros points noirs qui changent de place. Vous redescendez, vous entrez trop étourdiment dans cette clairière et vous voyez avec désespoir une envolée de paons splendides, à la longue queue d'émeraude et d'or, prendre leur essor vers les hautes futaies. Vous tirez, l'écho répercute formidablement le coup, mais c'est la seule satisfaction que vous éprouviez, car en admettant que vous ayiez tué l'oiseau, vous ne pouvez pénétrer dans cet enchevêtrement inextricable de ronces et de lianes qui constitue le sous-bois. Vous entendrez désormais, matin et soir, le cri du paon jusqu'à la baie de Tourane.

L'honnêteté relative du ông huyên. — Jusqu'à présent je n'avais pas cherché à entraver le commerce du ông huyên avec ses coolies. Ceux-ci venaient travailler en nombre suffisant et j'avais des raisons de croire qu'ils étaient payés rai-

1. *Oïe! tia oïe! conn méo sa ou!* Hélas! un chat sauvage!

sonnablement. Je donnais au ông huyên 25 cents par jour et par coolie, la piastre était alors de huit ligatures ou huit francs annamites. 25 cents représentant 1/4 de piastre avaient donc une valeur de deux ligatures [1]. Mais chaque coolie préférait encore recevoir du ông huyên une ligature comme sujet du roi que deux de ma part comme suspect.

Un jour à Thüa-lüu, M. Deramond et moi nous assistâmes à une distribution de sapèques. Les malheureux ne recevaient plus environ que six sous par jour. Cette cynique exploitation me décida à me passer de tout intermédiaire. Dès le lendemain, à Phú-gia, je fis annoncer par le maire à tous les coolies qui voudraient venir travailler pour les Français qu'ils recevraient chaque soir une piastre pour quatre que je leur paierais moi-même, et que le ông huyên étant un fripon, j'avais dû le renvoyer chez lui. Le cai [2] ou surveillant de coolies, qui arrivait à ce moment, oubliant son chapeau et son rotin, reprit sa course jusqu'à Thüa-lüu.

Ce serviteur fugace ayant conté l'aventure à son maître, tous deux prétextèrent à M. Deramond une lettre de rappel pour se retirer sans esclandre.

La moitié de notre effectif habituel de coolies répondit à mon appel, soit de quinze à vingt.

Sur ces entrefaites, nous allâmes cantonner à Ké-nang. M. Deramond nous y rejoignit; un menechme du ông huyên aussi. Il ne valait pas mieux que l'autre. Décidément on nous surveillait. Ces délégués étaient envoyés pour annihiler la bonne impression que l'argent que nous laissions dans les villages eût pu causer sur leurs habitants.

1. La sapèque étalon est la sapèque tonkinoise en zinc ; il en faut 600 pour une ligature. La sapèque d'Annam en cuivre vaut 6 sapèques de zinc. Chaque ligature de zinc forme une liasse. Les liasses de cuivre comprennent également 600 sapèques mais valent alors 6 fois plus que celles de zinc, c'est-à-dire 6 ligatures. Maintenant le taux commercial de la piastre varie suivant les provinces de 5 à 8 ligatures. Je rappelle ici que ce n'est pas la liasse qu'on nomme ligature, comme bien des gens le croient, mais un certain nombre de sapèques en métal quelconque dont la valeur égale 600 sapèques de zinc.

2. Prononcer caye comme dans Biscaye.

Mort du surveillant Joanny. — A Ké-nang commence une ère de tribulations et de malheurs. Notre surveillant, un brave qui avait mis la main à toutes les constructions télégraphiques du Tonkin et qui recevait d'une humeur égale la pluie et le soleil du haut de ses poteaux, était atteint depuis Cau-hai d'une dyssenterie qu'il se refusait à déclarer sérieuse. Son état s'aggrava d'une hépatite. Nous le forçâmes à partir. Une jonque venue d'Ang-cŏ le conduisit de Ké-nang à Tourane, mais il y expira vingt-quatre heures après son arrivée sans un de nous pour lui fermer les yeux et recueillir ses derniers vœux.

Les humbles qui meurent au devoir, stoïquement, comme toi, Joanny, ont droit au respect : Je te salue !

Cette mort changea la division de notre travail. Il fut convenu que je resterais désormais avec M. Deramond pour prendre ma part de la surveillance générale des travaux. Il nous restait un aide-surveillant qui remplaça Joanny.

Ang-cŏ, le village aux cochons. — Ké-nang est un pays sans ressources que nous quittâmes bien vite pour Ang-cŏ et ses cocotiers. Quelques centaines de mètres après le col de Phú-gia la route quitte un instant la lagune pour couper en escaladant un nouveau petit col, une identation broussailleuse qu'il eut été trop long de contourner. Ce col peut être appelé Ké-nang pour le distinguer de son voisin le col de Phú-gia. Puis, jusqu'à Ang-cŏ, c'est le maquis d'où s'échappent des myriades de pigeons verts. Mais on marche sur le sable; c'est pénible. Les voyageurs qui vont de Tourane à Hué pourront éviter cette langue qui a huit kilomètres, et le col de Ké-nang, en louant à Ang-cŏ un sampan qui pourra les conduire à Ké-nang en deux heures.

Ang-cŏ est un grand village que les soldats appelèrent longtemps le village aux cochons. Cet animal était, lors de mon premier passage, sa caractéristique. On le rencontrait partout, dans les rues, dans les caí nhà, au tram, sous les phan, sur le bord de la lagune. Ils courent la nuit comme des ombres, errent en liberté et nichent partout ; chacun reconnaît les siens comme il peut.

Quand nous voulûmes en acheter un, il y eut entre propriétaires une contestation tranchée par le maire qui est en même temps percepteur et juge de paix.

Les détachements qui vont et viennent chaque hiver entre Huê et Tourane ont épuisé Ang-cŏ avec leurs exigences. Je me trouvais un jour dans le tram quand arriva un détachement commandé par un adjudant. Les hommes demandaient ce qu'ils allaient manger : Eh ! débrouillez-vous, leur dit le chef, il y a des cochons par ici. — Ce fait dont je certifie la véracité absolue comme témoin oculaire n'a pas dû évidemment rester isolé et Ang-cŏ qui, édifié tout entier sur le sable, ne peut se livrer à aucune culture, eut pu devenir, s'il y eut trouvé des moyens d'existence, un village de ravitaillement d'autant plus précieux que tous les voyageurs y passent la nuit, qu'ils aillent à Huê ou à Tourane. Et derrière certains détachements venaient des « chacals » comme il y en a toujours derrière les armées et dans les pays nouvellement conquis.

J'ouvre ici une parenthèse. En Annam, à part la voie fluviale, tout transport se fait à dos d'homme, le Français et l'indigène au service des Français ne doivent, par respect humain, porter aucun fardeau, quelque petit qu'il soit, à l'exception des armes ou sacoches. Il s'en suit qu'il faut à chaque soldat partant pour 4 ou 5 jours, un coolie porteur, à chaque officier ou fonctionnaire six coolies au moins, lesquels sont changés à chaque tram, sans autre formalité que la sommation du chef de convoi ou de la personne escortée. Le dôi du tram, craignant d'avoir affaire à un personnage influent donne toujours, quand il le peut, les coolies qu'on lui demande. Les cantiniers et commerçants recevaient des autorisations de profiter des convois pour voyager, il leur était alors facile de se faire considérer près des autorités indigènes locales comme des fonctionnaires escortés, le chef de convoi étant un simple caporal auquel on payait à boire

fermait les oreilles. Et si ces convoyés à titre gracieux eussent tenté d'arrêter les plaintes des porteurs par une bonne solde, le mal n'eut pas été irréparable, mais c'était souvent de coups de bâton qu'ils payaient leur salaire. Je n'avance rien qui ne puisse être appuyé de faits. Un jour que j'arrivais à Ang-cŏ, dont le nom de tram est *Thŭa-phŭoc*, comme nous l'avons déjà vu, je demandai, en ayant l'autorisation, les lính du tram pour m'aider à réparer la ligne télégraphique. Le doi me pria d'attendre trois jours parce que le capitaine borgne qui était passé la veille avait emmené tous les lính à Tourane. Or, comme je venais de Tourane, j'avais rencontré ce capitaine borgne qui n'était autre qu'un garçon de cantine, qui avait profité du convoi.

Le moyen eût été bien simple cependant de protéger les indigènés contre les exactions de ce genre. Il eut suffi : 1° d'exiger la présentation au dôi du tram d'une autorisation en caractères délivrée par la Résidence supérieure; 2° l'inscription sur un registre déposé dans chaque tram, par le fonctionnaire à gauche et par le dôi à droite, du nombre de coolies fournis et de la somme qui leur aurait été payée. Une fois par mois, un commis de résidence fut venu viser le registre et recevoir les réclamations, notre administration se serait en même temps affirmée. Un avis affiché dans chaque tram aurait interdit à tout individu voyageant pour son propre compte les menaces ou abus de force pour exiger quoi que ce fut, en même temps, qu'une invitation eût été adressée aux autorités indigènes pour fournir à ces passagers des victuailles ou des porteurs suivant une mercuriale débattue entre les autorités françaises et indigènes.

Ang-cŏ est aussi un parc aux huîtres inépuisable. Pour môt tiên (deux sous annamites) on nous apporte un bol de chair d'huîtres; mais elles sont petites et peu savoureuses.

La seule industrie des habitants est la pêche.

Le village est tout entier édifié sur le sable. Il possède une allée de tecks admirables avec un puits carré dont les parois sont en granit, et quelques belles pagodes. L'une d'elles, face à la mer, renferme les débris d'un énorme cétacé. Les ossements sont pétrifiés. Les pêcheurs vont y faire des dévotions quand la mer est mauvaise.

Le service du tram peut fournir quarante coolies. Le caravansérail, qui est habitable, se trouve à l'extrémité du village, près de la passe [1]. Celle-ci, très étroite, oppose pendant la mauvaise saison une résistance aux flots pressés qui se succèdent et s'escaladent, formant une série ininterrompue de murailles et de gouffres liquides sur lesquels ne peuvent s'aventurer les jonques.

La plus petite largeur de la passe à marée basse est de 85 mètres, à marée haute de 205 mètres. Mais le bac, poussé par le courant de marée, remonte toujours dans le sens opposé à ce courant pour se laisser ensuite dériver obliquement vers l'autre rive. Il parcourt ainsi de 500 à 600 mètres et met un quart d'heure pour cette opération.

1. Les linh du tram ont construit un autre refuge à l'autre extrémité du village et nous ont abandonné l'ancien où les passagers continuent à coucher.

CHAPITRE III

D'ANG-CŎ A TOURANE

SOMMAIRE : Le col des Nuages. — Surpris par les pluies. — La porte Hai-ven-Quang. — Encore les pluies. — Le massacre du capitaine du génie Besson et de son escorte. — De Nam-chŏn à Tourane.

Le col des Nuages. — Un dernier mot sur les trams de la province de Huê avant de quitter le dernier. Le mot Thŭa-nông est également compris des Français et des Annamites. On connaît plus particulièrement le 2e tram sous le nom de Cau-hai et le 3e sous celui de Thŭa-lŭu. Les lettrés préfèrent pour ce dernier l'appellation Nŭŏc-man. Ang-cŏ, 4e tram, est plus connu des Français sous le nom de Lang-co et des indigènes sous celui de Thŭa-phŭŏc.

On est à peine débarqué sur l'autre rive de la lagune que l'œil prend un avant-goût des jouissances qui attendent le jarret. Un escarpement raide, long de 600 mètres, granitique, crevassé en maints endroits, sert d'introduction au col des Nuages.

Quand on parvient en haut, on se retourne pour s'asseoir et s'éponger.

Alors apparaît aux pieds du voyageur le village d'Ang-cŏ, avec ses cases de torchis grosses comme des jetons et la lagune entière, irisée par la réfraction du soleil sur les bancs de sable qui se trouvent sous l'eau à différentes profondeurs et qui font prendre à l'onde une teinte d'opale. Deux ou trois voiles de pêche glissent sur les eaux tranquilles. Au fond, le col de Phú-gia coupé par une ligne grisâtre qui est la route mandarine.

Retournons-nous. Voici une pagode ombragée par des pins gigantesques. La vue s'arrête tout d'abord sur une niche placée en avant, et dont le fond est couvert de papiers bariolés. Sur un petit autel et déposés confusément, deux petits chevaux de bois, trois dragons de terre, une sébille, deux aigrettes en bois, deux bouquets artificiels, un brûle-parfums en faïence, un autre en étain, deux sabres et une lance de bois et des baguettes parfumées à moitié consumées : attributs et holocaustes qui font rire bien des passants, mais que je trouve peu différents de ceux qu'on rencontre dans tous les coins du monde. Qu'il y ait plus ou moins de diversité dans la forme et de richesse dans la matière, c'est toujours la manifestation de l'être humain qui, ayant besoin d'un être surnaturel, le crée à son idéal, lui assigne un logement et cherche à se le rendre favorable en lui déférant les honneurs dus au mortel le plus puissant de la contrée.

Quatre colosses, deux tigres et deux éléphants, gardent l'entrée du sanctuaire qui est en outre cachée aux profanes par un paravent. Tout cela maçonné en briques et recouvert de débris de faïence donnant à l'ensemble un aspect de mosaïque grossière.

Un petit plateau couronne l'escarpement, mais on arrive bientôt à la contrepente qui donne accès à un palier sur lequel le chemin est assez praticable, à part quelques ravines qu'on méprise déjà.

Signalons d'abord la rencontre d'une source délicieuse. Tout près d'elle un teck énorme offre son ombre bienfaisante au voyageur fatigué, tandis que de la source elle-même, garantie des ardeurs du soleil par une chevelure de feuillage vierge, jaillit une eau toujours fraîche. Elle vient des roches, et, s'infiltrant en terre à mesure qu'elle tombe, fuit aussi mystérieusement qu'elle est venue en fécondant un petit gazon émaillé de myosotis.

Le panorama change à vue d'œil. On aperçoit maintenant l'Océan avec la ligne de dunes qui conduit au cap Est de Thũa-mây. A deux pas devant soi, un ravin insondable à cause de la végétation exubérante qui le recouvre, va jusqu'à la mer dont on entend le grondement des flots qui se brisent contre les éboulis rocheux.

Nous arrivons bientôt au premier hameau et nous n'avons parcouru que trois petits kilomètres. Tous ceux qui font cette route pour la première fois doublent la distance en la jugeant d'après le temps mis à la parcourir et surtout d'après leur fatigue. Il en est de même jusqu'à Nam-chŏn. La première fois que je passai le col des Nuages, j'évaluai sa longueur à vingt kilomètres; les renseignements semi-officiels m'en donnaient seize, tandis que sa distance réelle n'est que de douze kilomètres.

Une porte épaisse, voûtée, comme une porte de citadelle, avec terrasse au sommet, intercepte le chemin. On ne peut la considérer comme fortification, puisqu'elle n'est flanquée d'aucun mur ni redan et qu'on peut la contourner. Elle a dû servir autrefois, prolongée peut-être d'un mur, à arrêter les invasions et, en dernier lieu, à faciliter la perception d'un péage ou d'un impôt douanier. Quelques paillotes habitées par des coolies vivant d'arêquiers et de cœurs de bananiers, un petit restaurant où les coolies du tram achètent en passant un gâteau de riz rouge pour quelques sapèques, forment un maigre hameau que j'ai entendu nommer Hai-ven-sung (entre deux vallées) [1].

Du premier au second hameau, c'est-à-dire sur un deuxième parcours de trois kilomètres, les sites se succèdent en luttant de pittoresque.

On dévale dans des ravins qu'il faut franchir sur de misérables ponceaux de troncs disjoints où je faillis perdre deux fois mon cheval. C'est une série de seuils à franchir, et toujours rampe à l'ascension, pente à la descente. Au faîte des protubérances, on aperçoit encore des échappées d'O-

1. Je me suis borné à écrire sur la carte la mention : premier hameau, car je ne suis pas sûr que Hai-ven-sung désigne particulièrement le village; d'autres Annamites l'appellent Sŏn-lan-ap (village voisin de la montagne), sans doute par rapport aux monts environnants; d'autres encore disent que Hai-ven-sung désigne toute cette partie montagneuse qui sépare en effet deux vallées.

céan et la vue embrasse les monts d'alentour; mais au fond des dépressions, l'horizon c'est la jungle précédant la forêt, repaire d'éléphants, de tigres, de sangliers et de gazelles.

La route mandarine que nous avons fait élargir en coupant les hautes herbes, est parsemée de nappes ou talus d'alluvions formant un véritable clapier qui s'étend jusqu'au pied des monts voisins qui l'alimentent. J'ai rencontré plusieurs pierres branlantes de formes assez régulières et dont les arêtes ont de deux à trois mètres de dimension. L'une d'elle a servi d'abri contre un tigre à un de nos chasseurs à pied qui surveillait nos travaux. Le félin, selon lui, était assis sur un roc et le regardait travailler « en s'grattant l'tête » comme il nous le contait dans son patois de flamand illettré. J'eus volontiers cru à une hallucination, si les coolies ne se fussent sauvés en hurlant : « Ong cop! ông cop! [1] » Le chasseur, malgré nos recommandations, n'avait pas pris son fusil. Il se réfugia derrière une pierre branlante qui se trouvait près de lui et observa du coin de l'œil. Il vit le tigre quitter son roc tranquillement, traverser le chemin en se battant les flancs et se diriger vers le côté opposé de la pierre branlante. Alors le chasseur de Vincennes ferma les yeux. Quand il les rouvrit, ông cop avait disparu; une large traînée d'herbes froissées indiquait qu'il avait suivi le chemin du ravin. D'autres gens de notre mission assurèrent avoir vu un troupeau d'éléphants. Moi seul j'eus le dépit de ne rien voir.

Au fond d'un vallon formé par la divergence de plusieurs croupes, nous rencontrons une petite pagode et quelques caí nhà abandonnées. Cet endroit est le plus pittoresque de tout le col. On y aborde par un ponceau de bambous sous lequel coule un ruisseau limpide. Ce hameau doit être habité, et les habitants ont dû fuir à notre approche, car nous trouvons dans les cases, de la noix d'arec, des feuilles de bétel et quelques casseroles en terre. N'importe, nous al-

1. Monsieur le tigre ! Monsieur le tigre !

lons y cantonner. Les environs immédiats sont charmants; une enceinte de bambous coupés et entrelacés sépare la zone défrichée de la forêt, sans doute pour intercepter l'irruption des fauves. Nous remarquons dans ce bocage : arêquiers, citronniers, goyaviers, pamplemousses, manguiers et arbres à pain. Nous faisons de délicieuses salades avec le cœur de l'arêquier, tandis que nos coolies se disputent la noix pour la chiquer. La partie blanche, bonne à manger, se trouve sous une peau verte qui croît, ainsi que le chou-palmiste, au sommet de l'arbre, et chaque fois que nous voulons manger une salade, il nous faut abattre un de ces arbres, qui, avec leur forme élancée, droite, et leur gracieux panache, feraient, en d'autres lieux, l'orgueil de nos jardins.

Surpris par les pluies. — La pluie, cette terrible pluie, incessante, diluvienne, froide, qui nous mine, nous ravage, nous a laissé à peine quelques jours d'accalmie. Elle est revenue là, plus pénétrante et plus désastreuse. La santé de M. Deramond est déjà bien délabrée, il est atteint de dyssenterie et se met au régime du lait concentré.

L'aide-surveillant qui a remplacé Joanny s'est fait une blessure à la jambe en glissant sur un rocher; nos coolies, vêtus de loques, rentrent malades, épuisés, et ne veulent plus travailler, quoique nous ayons encore doublé leur salaire en faisant venir du riz à grands frais. Il faut les garder à vue, leur nombre diminue tous les jours, ceux qui s'en vont ne sont pas remplacés, les détachements militaires qui passent raflent les villages. Notre construction est compromise. Par surcroît de malheur, le nouveau délégué du huyên, pour des circonstances que je ne puis commenter ici, reçoit un ordre de rappel de la cour en même temps qu'une interdiction de parler en notre faveur aux autorités locales. Nous restons avec huit coolies, les plus sacripants, alors qu'il nous en faudrait quarante pour nous tirer rapidement de ce col funeste. Je propose à quelques soldats de les payer, s'ils veulent travailler. Mais nous ne pouvons nous-mêmes escalader des escarpements de 40° avec des poteaux en bois de fer sur l'épaule. D'un autre côté, comme par une amère dérision, nous recevons l'ordre de hâter nos travaux.

La maladie de M. Deramond s'aggrave. Il me cède la direction du service, mais ne veut pas m'abandonner. Son état de dépérissement me fait peine, je n'ose lui conseiller de s'en aller.

Les éléments et les autorités du pays étaient contre nous; je résolus, pour en finir, de braver les uns et les autres. Je me fis reconnaître pour chef par tout notre monde; puis, pieds nus, en caleçon de toile, en pélerine de paille de riz, je donnai des ordres à tous. Quatre hommes vont intercepter le chemin; tout passant, qu'il soit coolie, artisan, marchand ou lettré, portera son poteau.

Deux autres hommes furent préposés à la garde des fardeaux ou des marchandises que ces Annamites pouvaient avoir avec eux. On les leur rendait au retour et on leur donnait en outre un chapelet de sapèques proportionné au service rendu. Ils se mirent douze et même quatorze pour gravir les dernières pentes. Mais tout y passa, poteaux, fil, isolateurs, et tout le matériel qu'un chantier de construction de ce genre traîne à sa suite.

Nous nous mettons aux trous, nous plantons les poteaux avec l'aide de ces mêmes gens réquisitionnés; je me sers des arbres le plus souvent possible, l'aide-surveillant se dévoue, glissant le long des poteaux, y regrimpant jusqu'à ce que le fil y soit fixé. Et le vent souffle avec violence et la pluie fouette le visage, le vêtement de paille ne garantit plus. Le soir, en rentrant, on s'habille chaudement, on embrasse le feu avec ses jambes et l'on tâche de se ragaillardir avec du vin chaud ou du rhum. Après cinq jours passés ainsi, nous gravissons les derniers escarpements. Le deuxième nous conduit à un village important relativement aux autres du col; on y trouve du riz et du chè-huê.

Les cases sont élevées sur une série de plates-formes auxquelles on parvient par des escaliers. L'unique rue est un gradin.

La pluie ne nous fait pas même grâce pendant le voyage. Une multitude de ravines inaperçues par le beau temps, sont transformées en torrents et débouchent sur la route, se précipitant en cascatelles à notre rencontre. C'est là-dedans que nous marchons.

La porte Hai-ven-Quang. — Enfin nous arrivons sur une corniche où des nuages épais nous environnent à tel point que nous ne nous apercevons plus et que nous nous heurtons pour ainsi dire à la porte fortifiée construite sur l'ensellement de deux monts où nous allons cantonner de nouveau : c'est le col des Nuages proprement dit.

La porte, appelée Hai-ven-Quang (entre les deux Quang) [1], est occupée par un dôï et cinq miliciens annamites. Un mur épais, crénelé, la relie aux élévations voisines. Six vieilles pièces de canon, trois de chaque côté, d'aucunes en bronze, les autres en fonte, commandent Nam-chŏn et sa crique. Mais ces canons sont si délabrés qu'ils rendraient, je crois, un mauvais service au pointeur.

L'établissement, qui comprend un corps de garde et un mauvais hangar, est à cheval sur le col et en suit le contour. Deux portes massives en bois de fer roulant sur des gonds fixés à des murs de cinq mètres d'épaisseur, défendent, l'une, l'accès de la route de Huê par la corniche, l'autre, l'escarpement qui descend vers la baie de Tourane. Il est impossible de passer ailleurs que sous ces portes. Le dôi qui le sait, perçoit illicitement un péage et se fait ainsi une

1. La porte fortifiée Hai-ven-Quang sépare en effet la province de Quang-dŭc de celle de Quang-nam. C'est la « porte de Fer » de Dutreuil. Quant à la dénomination de « col des Nuages », elle est toute française, mais connue même des touristes étrangers. D'un autre côté, les Annamites n'ont pu me donner de renseignements suffisants sur l'appellation particulière de ce massif, et tout porte à croire qu'ils ne donnent pas de noms aux reliefs du sol, à moins qu'ils ne soient l'objet d'un culte ou qu'ils ne rappellent une tradition.

position lucrative. Tout le monde paie, pauvre comme riche; les récalcitrants ont du rotin. Les riches donnent huit ou dix sous, les misérables un ou deux sous; les marchands d'huile remplissent les lampes du poste, les marchands de choum-choum [1] le gosier des miliciens. Quand la capitation ne se paie pas en argent, c'est en nature.

Aussi, nos velléités d'installation contrarièrent beaucoup le dôi qui ne cessa de nous faire remarquer que la chambre était trop misérable pour des personnages de notre rang. Je ne pouvais m'empêcher de rire, nous en avions vu bien d'autres.

Le lendemain matin, un cri étouffé parti de derrière le rempart ayant éveillé mon attention, j'allai en me dérobant de mon mieux, observer ce qui se passait. Un malheureux coolie, fourbu, recevait la cadouille, [2] pantalon déboutonné. En se relevant, il fit les salutations d'usage et, détachant de sa ceinture une liasse de sapèques, il en donna une partie au dôi.

Je ne voulais pas effrayer celui-ci avant d'avoir vu si le fait se renouvellerait. Je rejoignis le coolie qui continuait en boitant son chemin par la corniche, et, lui ayant donné le double de ce qu'il avait payé, je l'interrogeai et j'appris qu'il avait fait la route de Huè à Tourane avec une colonne militaire et qu'il s'en retournait chez lui possesseur d'une piastre de sapèques qu'il avait reçues à Tourane. Et c'était ce malheureux qu'on rançonnait. A midi, pendant que nous déjeunions, une vieille bà già allant vendre son huile à Nam-ô, vint remplir la bouteille du poste. Un Annamite passait son chemin sans s'arrêter, un milicien le suivit, et, le tirant à l'écart, en reçut quelques sapèques.

Une autre bà già passait avec un paquet de linge et une lettre cachetée. Le dôi la tint là une demi-heure, déployant chaque morceau de chiffon, chaque caí áo ou caí quan, et, brisant sans vergogne le cachet de la lettre, il la lut et lui

1. Eau-de-vie de riz.
2. Application de coups de rotin sur les fesses.

remit le tout en désordre. Il lui tâta les cheveux, la ceinture. Le dôi prolongeait ainsi son inspection uniquement pour nous donner le temps de nous éloigner afin de mendier son impôt. Je fis cesser cette inquisition et libérai la bonne femme.

J'en avais assez vu pour avoir la certitude que cet individu faisait une ignoble mendicité armée et je lui en demandai la raison. Il nia d'abord avoir reçu de l'argent, disant qu'il se bornait à des réquisitions ordonnées par la cour pour intercepter les correspondances catholiques et les papiers politiques. Puis, quand je lui parlai de la scène du matin, il avoua qu'il ne faisait que continuer la tradition de ses prédécesseurs et que, du reste, les Annamites lui offraient presque toujours spontanément leur petite capitation. Il n'en reste pas moins avéré que cet agent de l'Etat rançonne les voyageurs sciemment, puisqu'il les entraîne à l'écart pour recevoir leurs deniers.

Le lendemain, à la même heure, ayant vu passer deux Chinois sans être interpellés, je demandai au dôi pourquoi ne les arrêtait-il pas? Il ne les avait pas vus, répondit-il, et les ayant appelés, il leur parla à voix basse et leur passa un semblant d'inspection, mais dont la sévérité fut loin d'égaler celle qu'on avait eue pour la bà gìà de la veille.

A partir de ce jour, j'ajoutai la lâcheté aux autres qualités remarquables de l'Annamite.

Le dôi a un cahier de rapport sur lequel il consigne les événements importants de la journée et le passage des personnages de distinction. Il applique son visa sur les feuilles de route des trams. Quand le dossier est devenu important, il l'envoie au grand mandarin de Huê.

Les deux portes sont fermées du coucher au lever du soleil ou à ce qui en tient lieu.

Encore les pluies. — Le troisième jour, nous transportons notre tente à Quan-tau, hameau séparé seulement de la porte Hai-ven-Quang par un escarpement de 600 mètres, mais qui a au moins 45° de pente. Profitant d'une éclaircie, j'admire un instant le panorama. La corniche côtoie un grand ravin dont le thalweg se prolonge jusque près de la première porte. Le versant opposé est strié de cannelures argentées qui étonnent par leurs solutions de continuité : ce sont des torrents qui surgissent d'espace en espace des bouquets touffus pour franchir quelques roches dénudées. C'est un tableau saisissant que cette crevasse gigantesque qui doit recèler sur ses flancs toute la faune du pays.

De la porte qui fait face à la baie, le spectacle a beaucoup plus de charmes, pour nous, du moins. En bas, tout en bas, à quatre kilomètres à peine, un rectangle de caí nhà sur la plage, c'est Nam-chŏn, point terminus du col des Nuages. En suivant les contours de la baie quasi-circulaire, nous pouvons voir la rivière de Cu-dê et le morne de Nam-ô, qui cache le village de ce nom.

Puis une bande de sable conduit le regard jusqu'à des tiquetures vertes divisées en parties égales par un ruban blanc. C'est Tourane, le port désiré, séparé du bourg de Hà-thang par le cours d'eau dont nous discuterons le nom en parlant de Tourane. Nous sommes tout près, on peut compter les vaisseaux qui sont en rade, abrités des grands vents par la presqu'île Tien-tcha.

De Quan-tau, je descends immédiatement à Nam-chŏn pour tâcher d'intéresser le maire au transport de nos poteaux. Il me tarde d'abandonner le système violent employé depuis quelques jours. Une provision de vingt piastres met tout le village sur pied. J'aurai des poteaux jusqu'à Nam-ô.

L'espoir renaît, mais la santé s'en va. M. Deramond ne peut plus voyager qu'en palanquin. Nous avons envoyé déjà trois hommes de notre petite escorte à l'ambulance embryonnaire de Tourane, où de l'aveu même du médecin, on meurt faute de médicaments.

Nous ne serions restés que deux jours à Quan-tau sans cette maudite pluie qui revint plus fort que jamais. Nous avions là tout un épais fourré à élaguer, des ravins où les coolies refusaient de descendre pour y passer le fil, et les torrents débordaient avec une telle furie, que leur bruit assourdissant nous empêcha de dormir toute la nuit. Il fallait cependant quitter ce col archi-maudit.

Pendant que les gens de Nam-chŏn disposent les poteaux près des piquets que je leur ai indiqués, nous réquisitionnons une dernière fois des coolies revenant de Tourane pour transporter notre chef et notre matériel. La violence des torrents est telle que M. Deramond, quoiqu'en palanquin, arrive aussi mouillé que nous.

Hourrah! la ligne a quitté le col. Mais nous le payons; Bellet, notre aide-surveillant, pris d'une fièvre intense, a dû se coucher. Le lendemain, nous l'envoyons à Tourane. On nous répond qu'il est trop tard, ce malheureux a la fièvre typhoïde et un abcès au foie. Moi-même, quoique robuste, je paie mon tribut à la dyssenterie.

Le massacre du capitaine de génie Besson et de son escorte à Nam-chŏn. — Nam-chŏn est au pied d'un vaste amphithéâtre formé par les ramifications du massif principal et en haut duquel se dresse la porte Hai-ven-Quang. Nam-chŏn, qui devait s'illustrer si horriblement quelques mois plus tard, était alors un petit village de tram de très peu de ressources, 12 à 15 coolies, peut-être vingt, en intimidant le chef. Mais il y avait d'autres habitants qui appelaient le village Sanh. Le refuge, complètement inhabitable, ne servait plus de retraite qu'aux tourterelles. On logeait sous la paillote de l'indigène. Cette nécessité entra comme facteur important dans le massacre de la mission Besson.

Ce malheureux capitaine, officier du génie breveté, avait été chargé d'ouvrir sur les flancs du col des Nuages, une route muletière à rendre plus tard carrossable. Il allait avoir fini sa tâche; la route, qu'on apercevait comme une sinuosité noire était oblique à l'ancienne, et coupait par le milieu environ et parallèlement au niveau horizontal, le massif du col et en suivait les contours. Cette route n'était que débroussaillée. Besson avait tâtonné bien des fois. Souvent il s'était heurté à des ravins qui l'avaient obligé de rebrousser, car la végétation recouvre tout et tend à croître d'autant plus fort qu'elle prend racine dans une dépression plus profonde, si bien que les faîtes des arbres se confondent et qu'on ne distingue les ravins d'un peu loin qu'à la teinte plus sombre de leurs forêts exubérantes.

On peut voir encore des sentiers voûtés conduisant de l'ancienne route à la sienne [1]. Il taillait dans le sous-bois épais, vierge, un petit chemin qu'il ne prenait pas la peine de dégager au-dessus de sa tête et dans lequel il se glissait comme sous un étroit dôme de feuillage. Tout embryonnaire qu'elle était encore, nous considérions cette route, à cause des temps et des lieux, comme un chef-d'œuvre de labeur et de ténacité.

Besson devait être de retour à Tourane dans la huitaine. Deux jours avant sa mort, deux cents coolies conduits par des cai vinrent lui demander du travail. Il avait hâte d'en finir. Aussi accepta-t-il, peut-être trop imprudemment, ces deux cents coolies, qui consentirent à travailler pour du riz seulement. C'étaient des rebelles auxquels vinrent se joindre trois cents autres dans la nuit du 28 février au 1er mars.

Le capitaine Besson n'avait que six hommes d'escorte couchant dans la même case; lui-même logeait dans une case voisine. Les uns et les autres, surmenés pendant la journée, dormaient profondément. Ils ne furent pas entièrement surpris car il y eut lutte. Une vieille femme de 85 ans, seule survivante connue, raconte qu'elle avait été pétrifiée en entendant les poum poum de nos fusils. Des prisonniers interrogés par les colonnes qui eurent lieu plus tard, avouèrent que nos sept malheureux compatriotes en avaient tué ou blessé trente-cinq avant de succomber. Le feu ne fut pas mis non plus au village avant l'attaque, car les cadavres qui

1. On les voyait encore quand j'écrivais ces lignes mais aujourd'hui ces traces éphémères ont été effacées par l'extraordinaire fécondité de la nature.

étaient sur la plage ne portaient pas de traces de brûlures, à l'exception de deux qu'on avait brûlés avec intention à des places particulières. Les 500 bandits intimèrent d'abord silencieusement aux habitants d'avoir à choisir entre la fuite et la mort, et le village fut évacué sans bruit. Ils entourèrent ensuite les deux cases où reposaient le capitaine et ses hommes et poussèrent, en les envahissant, des hurlements sauvages, ce qui permit aux plus retirés de ne pas tomber immédiatement sous les lances des brigands et de faire feu. Les premiers tués eurent la tête coupée, car à ce moment, les rebelles ne pouvaient avoir le loisir de les martyriser. C'est alors qu'ils mirent le feu aux cases avec leurs torches et que les derniers soldats durent se précipiter hors du feu sur un cercle de lances et y succomber. Pantelants encore, on leur coupa le nez et les oreilles et on les transporta sur la plage face à Tourane, sans doute pour nous railler affreusement.

Deux cases séparées des autres par un espace d'une cinquantaine de mètres à peine furent seules épargnées ; ce qui laisse à supposer que le feu ne fut allumé qu'aux cases occupées par nos soldats et qu'il se communiqua de lui-même au reste du village. Le dôi du tram avait une jolie maison en briques, un peu retirée, où habitaient sa mère et ses femmes. Les rebelles la saccagèrent, scièrent le cou à un enfant qui n'avait pu fuir et n'épargnèrent la vieille que devant ses invocations à Bouddha. C'est la bà già de Bouddha, dirent-ils, et ils lui laissèrent la vie. C'est elle-même qui m'a narré la chose et qui a entendu les poum poum.

Le lendemain, quand le tram de Nam-ô, porteur de mon courrier pour Huê, arriva à Nam-chŏn pour se faire relayer, il s'enfuit en toute hâte et revint jusqu'à Tourane m'en rendre compte. Nos transmissions télégraphiques furent troublées aussi toute cette journée-là. J'en informai qui de droit et me rendis ensuite en jonque sur les lieux. Le lieutenant de Malglaive m'y avait précédé avec sept hommes. Sur le point d'écrire les lignes suivantes, mes yeux papillotent, des spectres grimaçants dansent la sarabande devant moi. On ne peut dépeindre l'horreur de la scène. Je vois de Malglaive, à peine débarqué, gesticuler comme un possédé et s'enfoncer en courant dans la brousse avec quatre hommes. Je fais hâter ma jonque. Des formes humaines, couchées, se détachent en noir sur le sable, tandis que la fumée s'échappe encore comme une buée de l'endroit où fut le village. Nam-chŏn est en ruines. Un sergent était resté avec deux hommes pour recueillir les cadavres. Mais il brûle de rejoindre son officier. Il me demande si je veux me charger des corps; j'allais le lui proposer. Il s'élance à son tour dans les buissons et disparaît sur les traces du lieutenant, suivi de ses deux hommes. L'un après l'autre, je fais transporter quatre corps mutilés, nus, les oreilles coupées, le nez aussi, le torse labouré de coups de lances, des lanières de peau découpées sur le ventre; l'un d'eux a les parties secrètes brûlées. Oh! c'est horrible! Et mes trois coolies prennent peur; je les aide à porter dans l'eau les corps jusqu'à la jonque, tenant, tantôt une jambe, tantôt un bras; puis, de temps à autre, je jette un regard circulaire autour de moi, lâchant le membre un instant pour mettre le doigt sur la détente de mon fusil. Maintenant, il faut aller dans les débris d'incendie, près d'un rideau de bambous; nous ignorons ce qu'il y a derrière, je suis seul et mon cœur bat un peu plus fort, mais les coolies tremblent maintenant; je leur promets double paie s'ils travaillent et une balle dans le dos s'ils se sauvent. Nous trouvons encore trois autres corps, sans tête, ceux-là; l'un, celui que je crois être le capitaine Besson n'a plus ni tête ni pieds et ses moignons sont calcinés. Enfin, il n'y en a plus. J'attache provisoirement le fil télégraphique à un pieu brûlé et je rentre. Le vent est tombé, je mets sept heures pour revenir à la rame et j'arrive à une heure du matin avec mon triste cortège qui fait jeter à la population française de Tourane un cri de douleur et de rage.

De Malglaive s'était aventuré jusqu'à la porte Hai-ven-Quang. Les rebelles qui l'occupaient agitèrent un drapeau, des lances hérissèrent les murs; de Malglaive, trop faible pour tenter l'assaut, fit exécuter quelques feux de salve et redescendit. Il arriva à Tourane deux heures après moi. On ne trouva pas un seul cadavre annamite, et si les habitants de Nam-chŏn ne furent pas de connivence avec les rebelles, du moins gardèrent-ils un silence coupable. L'interprète du capitaine Besson fut rencontré deux jours après sur la route, rentrant tranquillement à Hué en palanquin. On reproche à Besson de ne pas s'être gardé, mais avant ce massacre on répétait à qui voulait l'entendre que la route était absolument sûre et jusqu'à cette époque je me vis refuser toute escorte quand le service m'appelait sur cette route. Et puis le capitaine avait pour ne pas se garder les mêmes raisons que moi lorsque j'étais en construction, c'est que ses hommes, exténués par la surveillance des coolies dans la journée, ne pouvaient encore veiller la nuit. Pour être en sûreté au milieu d'un si grand nombre d'indigènes, il eut fallu au moins trente hommes dont la moitié affectée spécialement à la garde du cantonnement.

L'escorte, qui se composait d'un sergent et de six hommes avait été réduite à six par le départ, le matin même, du sergent qui allait chercher de l'argent à Huè, et qui ne fut pas inquiété. Il y avait à Nam-chŏn quelques autorités annamites de passage, entre autres le huyên de Hoa-van qui, ayant eu la malencontreuse idée de fuir à Nam-ô, fut arrêté et conduit au chef des rebelles qui lui fit couper la tête. On multiplia les colonnes dans la région de la haute rivière de Cu-dê, mais sans grands résultats positifs; les rebelles détalant à notre arrivée.

Depuis ce jour, un poste de trente-deux hommes est installé à Nâm-chŏn pour protéger le tram qui a été reconstitué avec quelques coolies empruntés à Nam-ô et à Thŭa-phŭŏc [1].

Cette petite garnison est accablée par une fièvre en quel-

1. Plus récemment encore, par suite de l'ouverture de la nouvelle route qui ne passe plus à Nam-chŏn, le tram a été transféré à la porte Hai-ven-Quang.

que sorte endémique à Nam-chŏn. D'aucuns disent qu'elle provient de l'eau, les autres de miasmes délétères. Nonobstant cet inconvénient, c'est un charmant petit coin où l'on trouve du cerf et du paon, mais dont le séjour est empoisonné par le triste souvenir qu'évoquent ces ruines.

La route muletière du col des Nuages fut continuée par le capitaine du génie Nicod qui n'eut un sort guère meilleur. Si les rebelles ne parvinrent pas à le surprendre, la maladie l'accabla. Il contracta une hépatite que l'habile praticien qui exerçait alors à Tourane, le Dr Ayme, ne parvint pas à guérir. M. Nicod n'a jamais voulu convenir de la gravité de sa maladie, et le jour où l'on préparait pour ainsi dire subrepticement son retour en France, il demandait à retourner au col des Nuages. Il était bien malade pourtant : on le perdit avant d'arriver en France.

Un troisième capitaine du génie continua les travaux qui sont encore interrompus aujourd'hui, faute d'argent.

La nouvelle route contourne à flanc de côteau les vallons du massif. Il n'est plus aussi impénétrable qu'autrefois, mais il n'a rien perdu de son pittoresque admirable. Les biches et les chevreuils traversent cette route de sept mètres de large pour descendre dans le vallon, les écureuils grimpent à notre barbe sans plus s'émouvoir que ceux du Jardin des plantes; les poules sauvages pondent à nos côtés et fuient à tire d'aile en caquetant comme nos poules domestiques; des singes aussi gros que des hommes se balancent la main dans la main, sautent en l'air et retombent sur la première branche venue; c'est chose curieuse que la dynamite qui fait sauter les rocs avec un bruit de tonnerre et les douze cents ouvriers qui vont et viennent chaque jour n'aient pu chasser ces gentils animaux de leur domaine.

Viennent ensuite les cascades à l'eau fraîche, les ravins profonds et mystérieux au fond desquels un faux pas de notre cheval peut nous précipiter, puis les rocs monstrueux aussi gros que des maisons, aux formes bizarres, se maintenant dans une position inouïe d'équilibre, les croupes aux herbages fauves, dans lesquels on se perd bientôt quand on se hasarde à y pénétrer.

Par l'ancienne route qui descendait du col suivant la ligne de plus grande pente, on était resserré, étranglé, dominé par la nature ; sur la nouvelle, le voyageur ne perd rien des surprises qu'il est encore en droit d'attendre d'une contrée sauvage qui ne se laisse entamer qu'à regret par la hache dévastatrice.

De Nam-chŏn à Tourane. — On ne trouve aucune jonque à Nam-chŏn pour traverser la baie ; il faut aller jusqu'à Lieng-cheu et même jusqu'à Nam-ô. Trois cols ou plutôt trois gradins conduisent à Lieng-cheu. Entre chacun d'eux, une petite plage. Le premier est négligeable, le deuxième est un peu plus élevé, mais on ne parvient pas au troisième sans gravir deux escarpements successifs d'environ 40° et qui ont chacun deux cents mètres de longueur.

Après quelques ondulations on arrive à Lieng-cheu, les chemins montueux sont finis, nous allons marcher sur le sable jusqu'à Tourane.

C'est à Lieng-cheu que la nouvelle route du col des Nuages prend naissance. Une petite rivière tout près de ce village, puis une autre à Cu-dê, large de 350 mètres, puis encore un bras de celle-ci à 300 mètres plus loin et l'on arrive à Nam-ô, dernier tram avant Tourane. La distance de Nam-chŏn à Nam-ô est relativement minime comme étape de tram; huit kilomètres seulement séparent ces deux points, mais on perd une demi-heure au passage des trois bacs.

La rivière de Cu-dê est appelée communément aujourd'hui rivière de Nam-ô par les Européens, avec une apparence de raison. Nam-ô est un tram connu des colons de Tourane Après la lugubre affaire Besson, l'autorité militaire y installa un poste. Cu-dê est resté au contraire un simple village sur la rive gauche de la rivière. Mais c'est une localité ancienne qui a même son souvenir historique. Quand, il y a un siècle, Duê-tông, seigneur de Huê, fut obligé de fuir les Tonkinois, il laissa à Cu-dê son fils héritier, le prince Muc-vüöng, pour soutenir sa cause et y rallier le peuple. Nhac, le chef des Tây-sön, envoya le général chinois Ly-tái pour lui servir d'escorte et lui rendre les honneurs. Mais Muc-vüöng, craignant une trahison de la part de ce révolté, s'attacha Ly-tái et rejoignit avec lui son père en Cochinchine [1].

Les gens de la contrée, quand ils se rendent dans ces parages en jonque, disent qu'ils vont à Cu-dê. Le tram de Nam-ô est séparé de la rive droite de l'arroyo par un mamelon. Pour ces raisons, je pense qu'il est logique d'appeler cette rivière sông Cu-dê, d'accord en cela avec beaucoup d'Annamites que j'ai questionnés.

La commune où est situé le tram de Nam-ô s'appelle Hoa-ô. Cent hommes pouvaient trouver un abri au refuge du tram. Mais, comme à Cau-hai, le service du tram se fait sous une paillote voisine du refuge qui a été tranformé en poste militaire. Les lính sont au nombre de trente environ.

Hoa-ô est un riant village éparpillé entre la mer, le morne et les méandres d'un bras du sông Cu-dê. Ses habitants font un commerce actif de denrées alimentaires avec les montagnards. Nous sommes reçus chez une riche bà già du nom de Thüa-vang, dont l'habitation toute en pierres comprend trois corps de logis. La maîtresse de céans nous donne l'aile droite. Nous sommes servis avec un peu de cérémonie, mais à ravir. Des réchauds allumés et des victuailles encombrent notre pièce. Mon cheval se régale de riz non décortiqué. Nous avons un confortable auquel nous ne sommes plus habitués. Une nuée de domestiques prévient nos besoins. Pendant ce

1. D'après des traditions locales, la rivière de Cu-dê communiquait jadis avec celle de Cau-hai au moyen d'un canal que Tú-dúc aurait fait combler par crainte d'une invasion des Français en 1858, après la prise de Tourane par l'amiral Rigault de Genouilly. Le séjour dans cette région du fils héritier de Duê-tông en 1774, donne beaucoup de vraisemblance à cette hypothèse. Si les Tonkinois n'avaient pas dû le poursuivre par la vallée de Cu-dé, si Tú-dúc n'avait pas cru possible l'invasion des Français par cette même vallée, c'est au col des Nuages que se fussent établis les camps d'arrêt, et non dans la vallée de Cu-dê.

temps, le commerce marche; les sampans stationnent à l'entrée, apportant des denrées et en emportant d'autres. Malgré la pluie, nous avançons toujours. M. Deramond, à bout de forces, est obligé de partir à Tourane avant l'achèvement de l'œuvre. Mais je le suis de près ; deux jours plus tard nous cantonnons à Tan-ké, très grand village et point de départ d'un cordon verdoyant qui s'étend jusqu'à la rivière de Quang-nam, en contournant Tourane et ses dunes. L'embouchure de la rivière de Tan-ké, large à peine de 30 mètres, donne passage tous les jours à une vingtaine de jonques de pêche qui vont s'abriter entre la passe et le pont.

J'ai oublié de signaler à 2 kilomètres environ avant le pont de Tan-ké un sentier conduisant à travers des dunes herbeuses et des dépressions couvertes de rizières, au vallon de Phu-thŭong, chrétienté du P. Maillard, missionnaire turbulent qui nous a causé bien des désagréments par son antagonisme farouche avec les indigènes bouddhistes.

Tourane est à moins de 4 kilomètres du pont de Tan-ké ; pour y parvenir, nous ne verrons plus que du sable.

CHAPITRE IV

DE TOURANE A QUANG-NAM ET PHÉ-PHÔ

SOMMAIRE : Tourane. — Une attaque de pirates. Les montagnes de marbre. — Les nids d'hirondelles. — Cam-lè. — Mui-bong. — Quang-nam. — Phé-phô et ses pagodes.

Tourane. — Tourane est situé au sud de la baie et à l'embouchure de la rivière de Quang-nam[1]. — Son véritable nom est Chŏ-ăn *(marché, manger)*[2]. Le paquebot met 3 heures 1/2 pour s'y rendre de Thuan-an.

On entre dans la baie, soit par la passe étroite qui se trouve entre la pointe des Nuages et Culao-han, soit par le passage beaucoup plus large entre cette île et la presqu'île Tien-tcha.

Le port de Tourane est appelé à devenir important par sa proximité de la route mandarine qui conduit à Huê.

En 1796, Gia-long, aidé du colonel Ollivier, avait déjà tenté de surprendre Huê par Tourane. Pour y parvenir, il incendia, avec quinze brûlots, les jonques ennemies et débarqua ensuite ses soldats qui poussèrent jusqu'au col de Phú-già. Mais des troupes venues de Huê gardèrent les passages suivants et forcèrent Gia-long à rétrograder. Tourane fut de nouveau occupé en 1800 par Gia-long qui, cette fois, réussit à s'emparer de Huê. En 1825, la Rhétis, commandée par le capitaine de vaisseau de Bougainville, tenta vainement de se mettre en relations avec la cour de Huê

1. Ce n'est pas rigoureusement parlant, une rivière, mais une lagune, et elle est appelée indifféremment *rivière de Quang-nam* ou *rivière de Tourane* parce qu'elle passe devant ces deux villes. Nous en recauserons au chapitre suivant.

2. Prononcer *Tieu an.*

qui refusa même de recevoir une lettre du roi de France.

Le 15 avril 1847, MM. Lapierre et Rigault de Genouilly détruisaient à Tourane les bateaux du roi Thieu-tri, successeur du féroce Minh-mang. Le 17 février 1858, après quelques vaines tentatives de M. Leheur de Ville-sur-Arc, commandant le Catinat, et de M. de Montigny, plénipotentiaire, pour se mettre en relations avec Huê, le vice-amiral Rigault de Genouilly, secondé par des tagals espagnols, s'empara de Tourane que nous occupâmes jusqu'en 1860.

Depuis cette époque et jusqu'en 1885, nous n'eûmes à Tourane ni garnison, ni consul, mais nos vaisseaux y relâchèrent souvent. Un vice-résident y est installé avec l'administration politique du Quang-nam et l'autorité nominale sur le Quang-ngai. Une canonnière de haute mer protége la rade. Le port est, en outre, ouvert au commerce européen depuis le 25 août 1883. Tourane est une ville d'avenir, mais elle est appelée à se déplacer ou plutôt à se créer ailleurs. Les navires mouillent à environ 3 milles de Tourane, une jonque met souvent deux ou trois heures pour s'y rendre et le déchargement est assez onéreux. En outre, par le mauvais temps, la communication devient impossible.

La presqu'île Tien-tcha offre un emplacement magnifique par sa position pittoresque et son voisinage des bateaux qui peuvent jeter l'ancre à un demi-mille et même plus près. En y creusant une darse on aurait un bon port, et, du même coup, la barre serait supprimée. Cet établissement n'aurait pas coûté, au 1er janvier 1886, un maravédis de déplacement, les habitants étant à cette époque, tous installés provisoirement encore : la douane au tram, la poste et le télégraphe dans une pagode, les messageries dans une autre, le maître de port sous une paillote. Les négociants français étaient également installés sous paillotes et nos troupes sous hangar. Deux ou trois chinois possédaient des maisons en pierres. A ce moment, suivis de leurs malles, les premiers Touraniens eussent pu aller fonder la ville à Tien-tcha. On attendait le signal du gouvernement qui y a depuis transféré son parc à charbon. Peut-être n'y a-t-on pas mis assez d'initiative individuelle. Ce pauvre gouvernement a bon dos chez nous; il faut qu'il pense à tout, qu'il devine tout. Une simple demande de transfert de la garnison eut été prise en considération, attendu qu'il existe un fort à Tien-tcha bien mieux situé que celui de Tourane. Nous aurions pu faire le reste. Non, a-t-on dit, attendons le gouvernement, c'est notre tuteur. Et le gouvernement qui ne savait peut-être pas que ce changeeût plu aux colons n'a pas bronché.

Un changement radical est devenu à peu près irréalisable pour le moment parce que le gouvernement a fait quelques dépenses pour installer ses troupes et que les négociants ont édifié deux ou trois maisons. Un seul individu ne pouvait non plus aller à Tien-tcha y risquer une installation à cause du peu de sécurité dont il eut joui. Mais aujourd'hui, que la piraterie et la rébellion ont disparu, on ne tardera pas à voir se créer à Tien-tcha des établissements qui feront dériver facilement le courant commercial, en tant qu'approvisionnements pour navires, agences, courtages, consignations. De nombreuses familles indigènes que cette activité fera vivre, viendront se grouper autour ou en arrière des maisons françaises, et, peu à peu, la pauvre ville de Tourane, la Tourane surannée ne deviendra plus qu'un souvenir historique.

Les adversaires de ce changement mettent en avant le nombre d'hommes relativement grand que l'amiral Rigault de Genouilly a perdu sur cette presqu'île de 1858 à 1860. Mais, outre que les troupes n'étaient pas acclimatées, elles ne trouvaient pas des facilités d'existence comparables à celles des colons d'aujourd'hui. Elles végétaient là, en expectative de levée de camp, sans confort d'habitation ni de vivres.

Les équipages des canonnières actuellement en station à proximité de ce même cantonnement, se trouvent dans une situation sanitaire aussi bonne que celle de la garnison de Tourane. Le choléra de 1885 les a même relativement épargnés tandis qu'il a enlevé le tiers de la compagnie casernée à Tourane.

Et puis, installation implique déboisement progressif, et, par suite, assainissement. On pourrait du reste, s'installer à la limite sud du massif, de façon à recevoir la brise de mer par la côte sablonneuse qui est très rapprochée. Le débarcadère serait à la pointe de l'observatoire, un chemin de 2 kilomètres au plus, pourrait relier la ville à ce débarcadère, déjà occupé par l'entrepôt de M. Rouzeau, armateur et colon.

Une attaque de pirates. — L'existence à Tourane n'a pas toujours été émaillée de fleurs. De janvier à juin 1886, les rebelles nous harcelèrent sans trêve. Nous avions peu ou point de garnison, ils le savaient bien. Lors de l'incendie de Quang-Nam, ils eurent l'impudence d'informer le commandant supérieur à Tourane qu'ils viendraient bientôt en faire autant dans notre ville. La garnison se composait alors d'une trentaine d'hommes, la plupart malades. Et pas de citadelle où se réfugier. Les Européens étaient disséminés ; chacun veillait à sa propre défense. On se relevait pour faire une ronde et parfois le coup de feu d'alerte. Un mois se passa ainsi sans attaque sérieuse. Un beau matin, le 16 mai, à quatre heures, je me lève pour courir à mon cheval qui, ayant cassé son licol, folâtrait dans la cour. La lune, splendide encore, allait se coucher, on y voyait comme en plein jour, tout se taisait, jusqu'aux chiens annamites si hargneux d'ordinaire. Le mien même, mon gros Fi-yen, s'était assoupi. L'air frais invitait à la promenade ; peu s'en fallut que je ne sellasse mon cheval au lieu de le rattacher. Bien m'en prit. Entre le coucher de la lune et l'aurore, il y eut trois quarts d'heure de ténèbres. Je m'étais à peine mis au lit que des hurlements sauvages retentissaient à ma fenêtre et autour de mon bureau. Ma femme affolée s'enfuit au réduit. Dans l'obscurité je ne trouve plus mon pantalon. Heureusement je sais où est mon fusil ; c'est suffisant pour le quart d'heure ; si je dois être lardé, peu importe que ce soit en chemise ou en habit ! Un coup de fusil part, puis deux, puis trois, nos trois hommes de garde tiennent bon. Le planton et moi nous les renforçons. L'incendie illumine la scène. Les misérables ont mis le feu aux cases voisines. Nous tirons ainsi à nous tous une quarantaine de coups de feu, et les brigands s'enfuient en emportant leurs blessés et leurs morts, mais en laissant sur le terrain une cinquantaine de lances, sabres et boucliers et des bombes incendiaires. Quarante cases annamites devinrent la proie des flammes. Quand la garnison vint à notre secours, le soleil éclairait l'horizon et nous avions éteint l'incendie après avoir repoussé les brigands qui eussent peut-être mis le feu à toute la ville. Quarante-huit heures après ils revenaient au nombre de 400 embraser l'autre rive. Ils mirent le feu à trois endroits et brûlèrent soixante maisons.

Les rebelles interceptaient les chemins pour empêcher les campagnards de nous ravitailler et coupaient, sans merci, la tête à ceux qu'ils rencontraient. On s'y habituait, je dirai même qu'on acquérait des qualités d'observation qu'on n'aurait pas eues sans cette occasion de les faire naître. Nous ne sortions pas le jour de la ville ni la nuit de la maison sans avoir le revolver au poing. Quand on se promenait, on regardait aussi bien derrière soi que devant, on scrutait les buissons et l'on examinait les replis des dunes; cela se faisait machinalement, sans interrompre la conversation, l'esprit n'y prenant aucune part.

Les montagnes de marbre. — Je dépeins les montagnes de marbre d'après un souvenir lointain. Une première fois, avant d'y arriver, je perdis mon crayon, et une seconde fois, je perdis mes notes au retour. Devant cette fatalité, je n'insistai plus à fixer mes souvenirs, Bouddha devait me persécuter et avec raison, car j'avais tué par erreur, d'un coup de fusil de chasse, le paon sacré de la pagode.

Je me bornerai donc à quelques renseignements généraux.

Quiconque veut, de Tourane, aller visiter les montagnes, ou plus exactement les rochers de marbre, doit sacrifier une journée entière, à moins qu'il n'ait à sa disposition une chaloupe, et encore, cette dernière court beaucoup de risques de s'échouer. Le trajet s'effectue en trois heures, au moyen d'un sampan. On part ordinairement le matin vers 7 heures, et l'on déjeune en arrivant aux premières grottes, peu intéressantes, mais bien situées sur le bord de l'arroyo.

Puis, comme il est de programme qu'on doit rentrer fatigué, on commence l'exploration à une heure du soir, par la plus forte chaleur.

Quatre blocs titanesques surgissent de la dune. Leur isolement singulier au milieu du sable de la plage surprend étrangement. Aucune ramification apparente ne les relie à la grande chaîne distante d'une vingtaine de kilomètres. Ces blocs forment une enceinte irrégulière d'environ un kilomètre de diamètre. Le patron de notre sampan nous guide vers le plus éloigné, qui est aussi le plus curieux.

Nous gravissons un nombre respectable d'escaliers, faits naturellement avec le marbre des blocs. Les tourterelles chantent, les singes crient, le temps est superbe, nous sommes tous de bonne humeur. Je suis en avant, presqu'en haut. J'aperçois un paon de toute beauté qui vient se poser sur un arbre. Je ne doute pas un instant que ce ne soit un paon sauvage et je l'abats. Mais aussitôt toute la bonzerie sort du couvent en larmoyant. On ramasse l'oiseau, on le dorlote, on me demande des soins, mais, comme il est bien mort, je ne puis qu'indemniser le couvent.

Sur une plate-forme s'élèvent plusieurs bâtiments en briques, servant de domicile aux bonzes, gardiens, etc. En avant de la pagode, un tertre, sur lequel on parvient par de nouveaux escaliers, supporte un fauteuil de marbre d'une seule pièce, et un écran, couvert d'inscriptions. De ce tertre, la vue s'étend au loin, les lacets argentés de l'arroyo de Quang-nam et des rivières de Cam-lé et de Mui-bong apparaissent, capricieux, déchiquetant la plaine verte, à laquelle, en dépit de la guerre civile, quelques troupeaux prêtent une tranquillité bucolique.

Mais visitons la grotte sacrée. Un bonze nous y conduit.

L'entrée en est sombre, on descend deux séries de marches obscures. Les dernières seules, recevant quelques rayons du sommet de la grotte, éclairent quatre guerriers à califourchons sur des monstres qui gardent le portail. La voûte est à jour, toute la lumière vient d'en haut. Les oiseaux pépient et se jouent dans les stalactites. Sur les parois, des bouddhas assistent impassibles, dans leurs niches, à l'explosion de la curiosité des occidentaux dont la manie est de graver des noms et des dates sur toutes les pierres. Une petite grotte secondaire, qui est à la grande ce qu'est la sacristie au chœur dans une église, renferme une source pérenne, dont les gouttes sont recueillies précieusement dans un bassin de cuivre. Notre sampanier, qui a eu soin de se munir d'une tasse, la remplit béatement d'eau lustrale et la recouvre d'un morceau d'étoffe. C'est pour sa femme qui est restée à la garde de la jonque, et de laquelle il attend un garçon. Si le destin lui donne une fille, les propriétés de l'eau n'en seront nullement atteintes, car le papa s'accusera de n'avoir pas fait ses lay avec assez de dévotion.

Nous visitons ensuite d'autres grottes et pagodes qui n'ont de remarquable que leur situation. Il en est de même des rochers de marbre, couverts de végétation et dont le calcaire qui les compose n'a que les diaprures du marbre sans en avoir la dureté. Le docteur Pichon, bien connu par ses recherches archéologiques et minéralogiques, affirme que ce marbre n'est que de la stéatite. Avant de quitter les grottes, nous prenons congé du bonze qui nous tend alors la main droite en décrivant sur la paume avec l'index de l'autre un petit cercle du diamètre d'une piastre.

Puis nous terminons notre excursion par une visite au village industriel. Misérable, ce village, peut-être enrôlé de force par les rebelles. Les ateliers sont vides, le seul représentant de l'industrie que nous puissions surprendre nous vend quelques plaquettes, tout ce qu'il possède.

Il ne nous reste plus qu'à regagner Tourane, ce que nous faisons en tiraillant sur les aigrettes pour tuer… le temps.

Les nids d'hirondelles. — « Une des productions bizarres « et pittoresques de cette contrée est le fameux nid d'hiron- « delles, dont la renommée un peu surfaite est parvenue « jusqu'en Europe et qui réjouit plus encore, à Paris, l'ima- « gination que le goût. L'Annam est le seul pays du monde « qui fournisse aux riches tables chinoises cette précieuse « denrée. Les principaux centres de production sont les îles « situées en face des provinces de Quang-Nam, de Quang- « Ngaï et de Binh-Dinh. Le plus important de tous est l'île « de Cu-lao-Cham, près du port de Dai-Chiem, c'est-à-dire « presque à la hauteur de l'embouchure de la rivière Faï- « Foo. Il vient de nous être donné de recueillir là, sur place, « des renseignements curieux, bien faits pour intéresser les « érudits de la gastronomie. Les voici :

« C'est pendant le règne de Gia-Long que furent découverts « ces nids d'hirondelles appelés à devenir plus tard, pour « toute la région, une source de richesses. Gia-Long avait, « dit l'histoire, promis par édit une grande récompense à « ceux de ses sujets qui sauraient découvrir, dans la limite « de ses états, une alimentation ou une boisson capables de « donner au commerce indigène une extension nouvelle. Les « nids d'hirondelles, découverts dans les îles du Nam-Ngaï, « furent présentés au souverain, qui, fidèle à sa promesse « et à la reconnaissance, offrit à l'auteur de la découverte « de beaux titres honorifiques. Mais celui-ci avait l'esprit « pratique : il repoussa les titres et obtint pour lui et ses « descendants le monopole de l'exploitation de cette source « de revenus. Cette famille privilégiée devait payer annuel- « lement et, en nature, au gouvernement royal, une rede- « vance assez considérable (80 livres environ). D'autre part, « tous ses membres étaient exemptés des corvées provin- « ciales, des appels militaires et de l'impôt personnel. Ils fini- « rent peu à peu par former une sorte de légion de quarante « à cinquante hommes, commandée par deux d'entre eux « ayant le titre de quan et de doï, et s'en allèrent fonder, tout « près de Faï Foo, un village qui existe encore actuellement

« et porte le nom de Yen-Xa (village des nids d'hirondelles).
« Les nids d'hirondelles sont le produit d'une sécrétion salivaire de ces oiseaux. Mais, au point de vue de leur valeur « marchande, ils se divisent en deux catégories distinctes :
« A la première appartiennent les nids dans la confection « desquels entre une certaine proportion de sang. On les appelle « yen-huyet ». Ils ne peuvent être produits, détail « bizarre, que par des hirondelles affectées d'une maladie « analogue à la phtisie et qui occasionne des crachements de « sang. Ce sont les plus recherchés; ils ne se récoltent qu'à « une seule époque de l'année, au printemps, et sont fort rares.
« La tradition locale dit que les oiseaux qui les produisent « ne vivent jamais deux hivers et meurent vite d'épuisement. « Les rochers de l'Annam ne fournissent guère, par an, plus « de trois ou quatre livres de ces nids de choix.
« La seconde qualité comprend tous les autres nids (yen-săo), dans la construction desquels il n'entre que des sécrétions salivaires. Ils se récoltent au printemps, à l'été et à « l'automne. La récolte du printemps est la plus fructueuse, « parce qu'elle s'applique aux deux qualités. On compte que « deux nids font environ le poids d'un taël (30 grammes). Or, « les nids de première qualité se vendent en moyenne 35 ligatures le taël; ceux de seconde, de 18 à 20 ligatures.
« La récolte d'été est tout entière faite de nids de « deuxième qualité, lesquels sont bien moins grands et « moins compacts. Là, il faut quatre nids pour faire un taël, « et le prix moyen du taël n'est que de 15 ligatures.
« La récolte d'automne est encore bien moins riche. Les « nids sont petits, rares, peu estimés. Il en faut sept pour « obtenir le poids d'un taël, lequel, d'ailleurs, ne se vend « guère alors plus de 9 ou 10 ligatures. Les gens compétents « assurent qu'il faudrait même interdire cette dernière récolte qui rapporte peu et risque de détruire les œufs.
« Presque tous les nids ainsi recueillis sont vendus à des « Chinois. Ceux-ci seuls, et avec eux quelques mandarins de « la cour de Hué, peuvent pourvoir leur table d'un comes-

« tible aussi coûteux. Les Chinois mangent les nids de deux « façons, au sucre et au gras; mais, dans les deux cas, la « première chose à faire doit être, par un bain assez pro- « longé dans l'eau bouillante, de débarrasser le nid de toute « substance extérieure et étrangère qui aurait pu y adhérer. « On les fait cuire ensuite au bain-marie soit avec du sucre, « soit le plus souvent avec une volaille (généralement un « pigeon) en y joignant quelques fruits de nénuphar.

« La médecine orientale se plaît à prêter aux nids d'hiron- « delles toutes sortes de propriétés précieuses pour l'hygiène « et la conservation de la santé. Elle déclare que cet aliment « est souverain contre les affections de poitrine, l'asthme, les « maux d'estomac et en général toutes les maladies possibles. « On ne sait ce qu'il peut y avoir de vrai dans cette docte as- « sertion. Le plus simple, sans doute, est de penser qu'ici, « comme dans tous les pays du monde, la cherté d'une chose « suffit pour en assurer la vogue. Décidément et expérience « faite, nous croyons que la vanité doit jouer dans ce régal « un rôle plus grand que la gourmandise.

« La récolte des nids, aux trois époques de l'année, a lieu « d'une façon à la fois pittoresque et très simple. On enfonce « dans les anfractuosités des rochers des bambous, qui se « trouvent former ainsi les degrés d'une immense échelle. Des « coolies se hissent de cette façon jusqu'au sommet, détachant « avec soin, à l'aide d'un couteau, les nids collés aux parois du « roc. En bas, un doï ou un membre de la famille concession- « naire de l'exploitation les surveille d'un œil inquiet et soup- « çonneux, de peur qu'ils ne dérobent quelque fragment du « précieux produit. L'opération est d'ailleurs pleine de périls « et coûte chaque année la vie à plusieurs autres hommes. On « assure qu'une riche maison chinoise, qui a des dépôts à « Hong-Kong, à Hué et dans plusieurs autres villes du litto- « ral, et fait en ce moment même construire à Tourane un fort « bel hôtel à l'européenne, offre au gouvernement annamite « une très grosse redevance annuelle en argent pour obtenir « la concession de ce commerce de nids d'hirondelles.

« Les descendants de l'ancienne famille privilégiée en sont « fort émus et apportent, à l'appui de leurs droits, le texte « même des ordonnances de Gia-Long. Reste à savoir si, exa- « minés de très près, les droits en question ont bien un carac- « tère perpétuel ou s'ils ne laissent pas place à la possibilité « d'une adjudication. La raison budgétaire est comme la rai- « son d'Etat : elle fait faire et amnistier bien des choses [1]. »

Cam-lé. — Le 9 novembre 1886, j'étais désigné pour construire la ligne télégraphique de Tourane à Qui-nhôn. Je ne pouvais recevoir de mission plus agréable. Quel horizon! Trois cents nouveaux kilomètres de ce pays incandescent à parcourir, couchant partout, mangeant de tout, vivant de la vie de l'indigène et augmentant ainsi les chances de le surprendre dans son existence intime, avec ses mœurs non sophistiquées par notre contact.

Impatient de me mettre en route, deux jours après le commencement de mes travaux, j'allais cantonner à Cam-lé, situé à 7 kilomètres de Tourane. Les lettres suivantes que j'écrivis alors sous l'impression navrante que me causait la misérable situation de ce pays si fertile, donneront une faible idée de l'état dans lequel il se trouvait à cette époque.

Cam-lé, le 17 novembre 1886.

« Voici le troisième jour que je suis à Cam-lé. Que de sujets de tristesse nous environnent! Çà et là des cases brûlées, le marché brûlé, les pagodes dévastées, les fortins en terre abandonnés; les dépendances du huyên de Hoavan sont détruites, on aperçoit encore la poudrière qui était remplie de biscaïens et de boulets quand nos soldats y entrèrent il y a quelques mois! Tout fuit sur notre passage, à

1. Extrait d'une correspondance trèsintéressante envoyée d'Annam au « Temps », par M. Baille.

l'exception de quelques vieillards et impotents. A toutes les questions que nous leur posons, ils répondent invariablement : « *Không có biêt,* » je ne sais pas — et si nous leur demandons de nous conduire à quelque part, ils se couchent en criant : « *Không di dŭoc,* » je ne puis marcher, — et nous découvrent d'horribles plaies entretenues à dessein. Les bêtes divaguent, les porcs mangent de l'herbe, des veaux agonisent faute de lait. Nous passons près d'une misérable paillote noircie par l'incendie d'à côté. Des lamentations en sortent, étouffées par des sanglots. Nous écoutons. C'est une vieille femme qui pleure une mélopée retraçant ses souffrances : « *Luôn luôn dôt, không có giác bên Tây, có giác An-nam ; chở chay, toi chét doi.* » (Toujours, toujours brûler, quand ce n'est pas le pirate français, c'est le pirate annamite, le marché est brûlé, je vais mourir de faim). »

« Nous arrivons au bord de la rivière, la maison où avait été déposé notre matériel est brûlée aussi, mais le gigantesque banian qui l'ombrageait a eu raison de l'élément, quelques branches sont à peine noircies. Nos isolateurs traînent concassés, empierrant la route mandarine. Nous retrouvons des couronnes de fil dans les rizières. Un notable cerné dans sa maison nous raconte ce qui suit : une cinquantaine de pirates sont venus, dans la nuit du **13** au **14**, signifier aux femmes de ne plus tenir marché à Cam-lé, attendu que ce ne devait être qu'un prétexte pour ravitailler Tourane, et ils ont mis le feu aux endroits dont j'ai parlé plus haut. »

« Il nous est impossible d'acheter les choses nécessaires à la vie, nous finissons par les prendre dans les maisons désertes. La nuit, les habitants rentrent et repartent avant l'aube. »

« Nous ne faisons aucune violence pour les engager à rentrer, mais, ou ils sont eux-mêmes pirates, ou ils craignent ces derniers, et c'est avec raison, puisque nous ne faisons que de courtes et rares apparitions à Cam-lé, après lesquelles les habitants retombent sous la tyrannie des brigands qui occupent une montagne voisine. Il faudrait donc occuper Cam-lé d'une façon permanente, ne serait-ce que par un poste de miliciens placés dans le petit fortin qui commande la route et la rivière. Le pays est riche, Cam-lé, Hoa-qué, Hoa-van, forment une vaste agglomération de petites fermes proprettes et exploitées : bétail, volaille, riz, huile, arachides, noix d'arec, bambous. »

« La domination des rebelles est terrible, c'est la loi des suspects arbitrairement outrée. Tout indigène qui est soupçonné d'avoir aidé un Français, par renseignements ou d'une autre façon directe ou indirecte, de gré ou de force, est emmené à la montagne et décapité. »

« Ce matin, un pauvre petit être de six à sept ans est venu pleurer à chaudes larmes dans la case que les lính [1] occupent près de notre pagode. Papa et maman partis à la montagne l'ont abandonné; il est caché depuis deux jours et n'a rien mangé. »

« C'est énervant de voir ces gens nous tourner le dos et s'enfuir comme si nous étions, nous, les bandits; quelquefois nous ne nous trouvons qu'à quelques mètres d'eux, nous avons des fusils, nous les tuerions à coups sûrs, ils fuient quand même, fuient jusqu'à l'horizon, et ils cessent de nous apercevoir qu'ils courent encore. »

19 novembre.

« Les habitants réintègrent leurs caí nhà. Ils rient et ne se sauvent plus. J'ai pu acheter du poisson au marché. Les femmes surtout n'ont pas peur. Tout le monde se figure que nous allons rester ici à poste fixe. Pauvres gens que les brigands rançonneront dans quelques jours! Décidément, je ne sais à quoi m'en tenir; hier, je croyais les indigènes de Cam-lé rebelles, aujourd'hui, je ne le crois plus. Ce qui ne m'empêche pas d'apercevoir en plaine, un grand incendie dans la direction de Mui-bong. »

1. Soldats annamites à notre service et qui formaient la majeure partie des escortes. Le mot annamite *linh* signifie soldat.

« Il y en a évidemment quelques-uns d'absents, mais qui reviendraient si nous pouvions les protéger efficacement. Sur vingt-quatre coolies que j'ai pris en faisant cerner leurs cases à quatre heures du matin, pas un n'a tenté de s'échapper depuis deux jours; ils sont surtout ahuris que je les paie. »

Le chemin le plus direct de Tourane à Cam-lé est le sentier indiqué sur ma carte, il conduit par un terrain accidenté, tantôt rizières, tanôt plateaux herbeux, au village de Hoa-qué, sur la route mandarine. A un kilomètre ouest, se trouve Hoa-van, résidence du huyên, brûlée par nos troupes au commencement de 1886.

La route mandarine passant derrière Tourane, va rejoindre directement par Dong-al et le marché de chŏ Cong [1], le village de Tan-ké. On peut aussi se rendre à Cam-lé par la rivière de Quang-nam et celle de Cam-lé; toutes deux sont navigables pour les jonques.

La route, très belle de Tan-ké à Cam-lé, est bordée de cây mŭu, elle a huit mètres de largeur. La rivière en a quatre cents au bac.

Des loutres prennent leurs ébats sur des bancs de sable, on dirait de petits chiens noirs. Quand je les tire, elles plongent et nagent quelque temps entre deux eaux, puis reparaissent, tournant à droite et à gauche une tête espiègle et effarouchée et replongent, mais elles ne tardent pas à reprendre assurance, viennent de notre côté; je les tire encore, à plombs cette fois, mais les plombs qui les couvrent semblent, comme la balle, glisser sur leur peau lisse, et ces animaux continuent leur promenade, en passant de temps à autre, suivant l'expression d'un soldat de l'escorte, leurs têtes par la fenêtre.

A environ 3 kilomètres en amont de Cam-lé et sur la rive gauche, se trouve le village de Phong-lé, caché sous la

1. *Chŏ* signifie marché. Le marché de chŏ Cong est une tautologie que je laisse subsister à regret, esclave de l'usage, pour être mieux compris.

haute futaie ; on y voit quelques caí nhà assez coquettes et les ruines d'un fortin. Les habitants se sauvent aussi, à l'exception d'un vieillard qui nous attend sur le seuil d'une maison en briques bâtie au milieu d'une pépinière. Le maire vient ensuite, je lui montre ma lettre du Conseil secret. Il essaie d'appeler des coolies pour nous aider à transporter les arbres que nous venons de couper. Aucun ne vient. Il nous engage alors à partir, compte nos poteaux et nous promet que les coolies les porteront sur le bord de la rivière quand nous nous serons éloignés. Le lendemain, nous sommes allés les chercher au point convenu. Le maire était arrivé. Il nous assura que les brigands qui avaient brûlé Cam-lé n'étaient qu'une vingtaine. « Et pourquoi n'armez-vous pas vos coolies de coupe-coupe à longs manches et ne vous défendez vous pas? — Si les Français trouvaient des armes chez nous, ils brûleraient nos cases. — Voulez-vous que je demande l'autorisation pour vous d'en posséder? — Impossible, nous avons trop peur. » Une grande terreur se peignit sur leurs traits, à la pensée de lutter contre les pirates qui inspirent à tous une frayeur indicible. Ces deux vieux ont une maison à Tourane où ils ont déposé ce qu'ils avaient de précieux et ils sacrifieront celles qu'ils habitent à Phong-lé plutôt que de les défendre par les armes.

Quand les rebelles arrivent, ils fuient en leur abandonnant ce que contient la case, riz, volailles, cochons.

Je m'étonnai bien de voir la susdite maison aussi bien approvisionnée en riz, si les pirates y font des visites périodiques, mais de quoi ne s'étonne-t-on pas en ce pays où la duplicité et la feinte humilité sont des qualités d'Etat? Le maire de Phong-lé était venu me rendre visite au cantonnement, et peut-être, au lieu de fuir, ces deux vieillards, chefs possibles de rebelles, ne nous avaient-ils attendus que pour supputer nos forces?

Les ressources du pays sont en rizières, pâturages, exploitation de bambous et de paillotes. Quelques quinconces pourraient fournir des bois de construction. L'industrie est tuée. J'ai trouvé entre les mains d'un coolie, un morceau de pierre magnétique commandant l'aiguille de ma boussole à travers le verre, à une distance de 23 centimètres. Cette pierre a la forme d'un prisme irrégulier et, comme grosseur, elle peut-être enfermée à peine dans la main. Sa nuance est d'un brun foncé, quasi noir.

Sur la rive droite, nous retrouvons encore Cam-lé ; c'est de ce côté qu'habite le maire, mais personne ne nous attend dans cette partie du village. Nous y cantonnons trois jours sans pouvoir causer à quelqu'un. Cependant on aperçoit une vedette sous le porche d'une pagode. Ceux-là ne doivent pas être bien tricolores. Je quitterai Cam-lé sans avoir pu définir ce que sont ses habitants.

Mui-bong. — Le 23 novembre, je transfère mon cantonnement à Mui-bong, distant de Tourane de 10 kilomètres 600. Pendant que mon personnel suit la route mandarine, je prends la voie des arroyos. Pour aller de Cam-lé à Qua-giang, on descend la rivière de Cam-lé jusqu'à ce qu'on rencontre, à peu de distance de son confluent, un petit arroyo sur la rive droite. Cet arroyo, côtoyant le territoire de Phu-qué au nord, et celui de Lô-giang au sud, conduit à la rivière de Quang-nam qu'on remonte pour reprendre quelques instants après, un autre arroyo toujours à l'ouest, lequel, après avoir arrosé Tông-lam et décrit bien des sinuosités, vient contourner Qua-giang et passer sous un pont cassé qui intercepte la route mandarine.

Qua-giang ne fait qu'une agglomération avec Mui-bong, mais ce dernier village occupe le nord de la route mandarine et le marché lui appartient. Qua-giang vient à la suite, puis au-delà du pont cassé, on rencontre Nhôn-to, puis encore Qua-giang qui a contourné Nhôn-to à l'ouest. Mui-bong est aussi le siège d'un tram appelé Nam-giang. Le caravansérail a été détruit par les rebelles ; il ne reste que le mur d'enceinte. Il va sans dire que ce tram ne fonctionne pas pour nous.

La rizière est cultivée généralement dans ce pays zébré d'arroyos. J'ai vu à Tông-lam beaucoup de canards de Barbarie. Quelques indigènes s'occupent aussi d'arachides et de cannes à sucre. La fabrication du sucre mérite d'être notée : quand la canne est récoltée, des buffles la foulent sur une aire inclinée, le liquide s'écoule dans un récipient intercepté par une section horizontale en terre, et le sucre en sort liquide et se transvase ainsi filtré dans un autre récipient où on le recueille.

Je rencontre de la solitude à Mui-bong comme à Cam-lé; quoique moins complète, elle est cependant plus significative et surtout plus naïve. Les femmes et les enfants sont restés dans les cases. Il était naturel qu'une épidémie n'avait pu sévir brusquement sur les pères de cette foule de marmots à la mamelle. Etant encore à Cam-lé, j'avais demandé des travailleurs au maire de Mui-bong : « Quand le mandarin fil de fer sera sur mon territoire, je lui donnerai des coolies », répondit-il. Mais il disparut dès que je cantonnai chez lui, le dôi du tram également.

Le marché désert, une femme allaitant un enfant sur le seuil de chaque caí nhà, point de vivres, ni volailles, ni porcs, ni bétail, ni riz, les villages de Mui-bong et de Qua-giang avaient l'air d'un campement nomade appelé à disparaître après un coup de nuit. Il ne me restait qu'un moyen d'entrer en relations avec ces sauvages; l'affiche. Un lính lettré de mon détachement, écrivit à peu près ceci avec toute la bousouflure commandée par le style annamite :

Habitants de Mui-bong et de Qua-giang,

« *Le mandarin fil de fer ne vient pas vous faire la guerre, mais il est envoyé par le roi d'Annam pour planter des poteaux sur la route mandarine et les relier entre eux par un fil de fer pour servir aux communications des mandarins de votre pays.* »

« *Rentrez chez vous, on ne vous prendra rien qui ne vous soit*

LE PONT DE MUI-BONG ET L'ARROYO PENDANT LA SAISON SÈCHE

payé le prix que vous demanderez. Venez travailler au fil de fer, vous serez rétribués, c'est l'ordre du roi. Le mandarin fil de fer, montrera cet ordre écrit à vos maires quand ils se présenteront. »

Cette adresse collée à une porte les laissa insensibles. Je demandai donc au chef d'escorte quelques lính pour faire une razzia de coolies avant le jour.

Elle fut peu fructueuse ; ils avaient eu vent du même tour joué à Cam-lé. Mais le maire était pincé. Une bonne distribution de coups de rotin n'ayant pu l'amener à des sentiments meilleurs, je le fis travailler comme coolie ; j'ordonnai ensuite de prendre douze femmes et de leur faire transporter un poteau, pensant que les mâles viendraient les remplacer ; toutes ces tentatives avortèrent. Au milieu de la seconde nuit, le feu prit à une caí nhà en paillote, contiguë à notre cantonnement, mais, habitués à ces surprises, nous ne bougeâmes point, n'ayant d'ailleurs rien à craindre pour notre pagode construite en pierres. Les quelques coolies que j'avais pu garder de Tourane en exerçant sur eux une surveillance excessive, réussirent à s'enfuir pendant le premier moment d'émoi, mais les lính gardèrent à vue le maire de Mui-bong en faveur duquel cette alerte nocturne était causée.

J'acquis quelques jours plus tard, une preuve absolue de l'hostilité des habitants. A peine sorti du village de Qua-giang, on rencontre le pont cassé ; aucun bateau ne faisait le service et nous dûmes aller assez loin requérir de force un mauvais panier en rotin qui faillit me jeter avec mon cheval à la rivière. Quelques jours après mon départ, je revins inopinément à Qua-giang, le service du bac était fait régulièrement par un sampan très confortable pouvant contenir cinquante personnes !

Toutes ces entraves ne m'empêchèrent pas d'accomplir ma mission, un peu plus lentement que je ne l'eusse désiré, voilà tout. Au lieu de réclamer aux habitants des poteaux qu'ils n'auraient pas donnés, j'allais en faire couper sur place à droite et à gauche de la route mandarine ; parfois bien loin à cause de la pénurie de terrains boisés et souvent avec des fatigues excessives pour mes auxiliaires.

En quittant Mui-bong, nous sommes tout étonnés du changement d'attitude des habitants. Ils ne fuient plus. Nous traversons successivement les territoires de Thi-an, Bô-mang et Giem-menh, pour aller cantonner à Tan-quit. Nous n'y trouvons pas une pagode et nous devons nous contenter de précaires paillotes, mais je tiens à Tan-quit parce qu'il est traversé par un arroyo au pont duquel peut venir s'amarrer ma jonque.

Ma carte de cette région indique le parcours fluvial à effectuer pour se rendre à Tan-quit, de Qua-giang, Cam-lé, Tourane et Quang-nam. C'est sans doute à la proximité de la citadelle que nous devons de rencontrer un peu d'affabilité chez les habitants. Le maire vient me faire ses lay et m'offrir des poules et des œufs : c'est la vieille tradition qui reparaît.

Tan-quit, de maigre apparence sur la route, se répand en amont et sur la rive gauche de l'arroyo en jolis cottages cachés dans les bambous et panachés d'arêquiers ; chaque caí nhà a son sentier qui conduit à l'arroyo et sa petite embarcation en rotin fixée à un bambou de la rive. Un marché très important se tient à 1 kilomètre 1/2 à l'ouest de la route, nous y achetons tout ce que nous désirons à prix débattu : poisson frais, haricots et patates, riz et bananes. Un pont en bois, très solide, long de 80 mètres, donne accès sur le territoire d'une série de villages ayant tous le suffixe — giap, — (*contigu*), probablement à cause du voisinage de la citadelle, qui symbolise la province en Annam. C'est ainsi que nous passons successivement à Ngu-giap, Nghi-giap, Luc-giap et Tam-giap.

Quang-nam. — Il existe entre Luc-giap et Tam-giap, une plaine de tombeaux remarquable par la grande agglomération de tombes, quelques unes fort élevées, dans un pays où chacun enterre à peu près où il veut. Cette plaine est fermée par un horizon de petites pagodes et d'habitations particulières. Je crus d'abord à l'emplacement d'une ancienne ville, peut-être Quang-nam de Dutreuil. Mais un habitant de Lucgiap que j'interrogeai, me narra ainsi l'origine de cette nécropole : « En 1883, quand les Français eurent pris Thuan-an et que Huê se fut rendu, les soldats annamites défenseurs de ces deux places s'enfuirent par la route mandarine vers le Bính-dinh. Arrivés aux environs de Quang-nam, ils furent surpris par une inondation prématurée qui emporta les cases et répandit la misère dans le pays. Ces malheureux vécurent pendant quelques jours de la charité que leur faisaient des gens aussi misérables qu'eux, puis moururent en masse. Des tumuli plus gros que les autres indiquent qu'on en a enterré là huit ou dix à la fois. Le tuân-phu [1] a fait élever de distance en distance sur cette grande plaine, de petites pagodes où l'on sacrifie une fois l'an aux mânes de ces victimes de la guerre. »

Nous arrivons à Quang-nam, capitale de la province du même nom. C'est la ruine, le chaos. Partout des amas de briques et de vieux mortier crient à la dévastation. Hieu, le grand chef rebelle, a passé là. La citadelle est à 1 kilomètre de l'arroyo. Elle est carrée avec bastions aux angles. La distance de ceux-ci est de 400 mètres. Les quelques indigènes qui avaient osé rester et qui s'étaient groupés près des fossés de la citadelle ont dû fuir devant l'incendie que les pirates avaient l'audace d'allumer sous nos yeux. Le sergent-major de la compagnie a été assassiné à 400 m. de la citadelle. Les rebelles ont même eu l'impudence d'établir un bureau de recrutement sur l'autre rive de l'arroyo, en face de notre débarcadère. Ils détruisent tout ce qui peut nous être utile. Les indigènes qui osent nous vendre des bœufs ont leur tête mise à prix.

Les malades et les éclopés de la citadelle montent la garde, les autres sont toujours prêts à prendre les armes. J'ai vu

1. Gouverneur d'un rang immédiatement inférieur à celui de tông-dôc.

avec un vif plaisir les sous-officiers se disputer leur tour de sortie. Or, pour eux, la sortie, c'est l'échauffourée. Ils ont ramené ce jour-là des prisonniers. Cette guerre d'escarmouches est très difficile; dès qu'ils aperçoivent les troupes françaises, les rebelles se précipitent dans les rizières et s'y couchent au besoin. Nous ne pouvons les y suivre, les balles frappent au hasard. Pour en avoir raison, il faut les surprendre à l'improviste dans un village.

Malgré l'état de conflagration constante dans lequel se débat la province de Quang-nam, la culture marche encore un peu. C'est ainsi qu'on rencontre, de Tourane à Quang-nam, quand on fait ce trajet en embarcation, une multitude de norias ingénieusement construites avec des bambous. Les berges étant très élevées en ces parages, les indigènes ont dû perfectionner leur système d'irrigation qui consiste ordinairement en un seau suspendu aux bouts de deux cordes dont les autres extrémités sont manœuvrées par deux coolies.

La noria est composée de deux roues de trois à quatre mètres de diamètre dont les deux cercles sont reliés par des tubes de bambous ouverts d'un seul côté. Ces tubes s'emplissent d'eau en passant dans le fleuve et la déversent par une inclinaison automatique sur une rigole en natte qui conduit l'eau dans les ruisseaux. Cette roue est mise en mouvement par les Annamites avec leurs pieds. Un toit en natte surplombe le tout pour garantir les opérateurs du soleil. Quelques-unes de ces norias sont manœuvrées par un buffle, alors les indigènes emploient une roue à pignons.

Un Khâm-sai ou envoyé royal habitait la citadelle de Quang-nam quand j'y passai; il avait, outre ses 200 miliciens, une escorte de 100 chasseurs annamites commandée par un officier français. Le Khâm-sai, qui tenait à la vie, se trouvait bien à la citadelle où il attendait que les rebelles vinssent volontairement déposer leurs soumissions. Quelques têtes coupées, deux ou trois villages incendiés de temps à autre, puis un retour précipité à la citadelle, telle était son œuvre ou plutôt celle de son second, car lui ne sortait pas.

Je me suis entretenu plusieurs fois avec lui, il était jovial et bon buveur. A chaque visite que je lui rendais, il se faisait un peu attendre par dignité [1], puis, lorsqu'il daignait me recevoir, il m'offrait un verre de cognac et en buvait trois. Il considérait sa mission comme un exil et ne pacifiait rien du tout. L'apparat de sa milice en colonne était bouffe ; les guerriers, revêtus de costumes dépenaillés, étaient encombrés de palanquins, de drapeaux, de gongs et de tams-tams ; les vrais hommes d'armes, les soldats d'élite, étaient armés de fusils à pierre et de lances, les dôï ou capitaines avaient cependant des sabres à poignées d'ivoire, à fourreaux ciselés ou incrustés ; le convoi était fermé par une queue de cuisiniers et de marmitons portant la vaisselle.

L'imprévoyance, voulue ou non, du Khâm-sai acheva de nous aliéner les habitants de la province. Il partit un jour, par extraordinaire, avec trente jonques amies à la poursuite du chef Hieu. Arrivé au point où il devait continuer sa route par terre, il abandonna ces jonques sans leur donner d'escorte ; il fit bien pis : au départ de Phé-phô, il avait autorisé une dizaine de femmes de soldats indigènes à suivre leurs maris, quand il mit pied à terre, il les refusa dans son convoi ; quelques heures plus tard, les femmes et vingt-huit équipages avaient la tête coupée par les pirates.

Les villages qui environnent la citadelle de Quang-nam répondent au nom cantonal de La-qua.

De Tourane à Quang-nam, on rencontre beaucoup de rizières et de pâturages, mais de Quang-nam à Phé-phô, la culture dominante est le mûrier, partant, l'industrie principale est la soie.

Le grand arroyo que nous sommes convenus d'appeler la rivière de Quang-nam est navigable à marée haute pour les chaloupes ne calant pas plus de 1 mètre 30.

Le chemin qui conduit à Phé-phô, après avoir traversé la citadelle de l'ouest à l'est, n'est plus jusqu'à Lang-nghi

1. Il est, disait-on, fils de Phan-tan-giang, le héros défenseur de la Cochinchine.

qu'une petite digue que les inondations hibernales recouvrent tous les ans. A ce village vient expirer un bras d'arroyo dans le lit duquel on cultive la rizière au bon temps. Pendant la saison des pluies, les jonques peuvent remonter jusqu'à Lang-nghi. On remarque, échouées sur la berge, deux jonques de mer gigantesques, deux vrais bâtiments, calant au moins 5 mètres, ce qui reste des agrès est colossal. Les gens du pays ne savent comment elles sont venues là. Mais leur échouage ne date pas d'hier.

De Lang-nghi, deux chemins se dirigent vers Phé-phô; l'un, ombreux, passe par Tanh-ha et Cam-phô, mais il est plus long que l'autre qui traverse directement les dunes. Le premier est aussi plus intéressant : on rencontre un certain nombre de fours à chaux et de briqueteries qui ne fonctionnaient pas toutes pendant la révolte, mais qui doivent être assez actives en temps de paix. L'industrie du chaufournier consiste à cuire des petits coquillages mêlés à du charbon de bois. Deux indigènes, femmes ou hommes, font mouvoir perpendiculairement deux pistons dans deux cylindres d'environ 30 centimètres de diamètre qui sont reliés à deux tubes horizontaux communiquant sous l'amas de coquillages et de charbon : c'est le soufflet.

La distance de Quang-nam à Phé-phô est de 8 kilomètres par le chemin des dunes, mais par la voie fluviale, cette distance est quintuplée. Un piéton partant de Quang-nam en même temps qu'une chaloupe, arrive à Phé-phô bon premier.

Phé-phô et ses pagodes. — Les petites industries qui rayonnent autour de Phé-phô, le va-et-vient des sampans, l'activité qui régne sur les chemins, la multiplicité des pagodes, font présager cette ville commerciale.

Phé-phô est divisé administrativement en deux villages appelés Hô-giam et Minh-hung, ayant chacun à leur tête un maire annamite. Ces deux maires relèvent d'un chef de canton qui demeure hors de la ville. Mais l'autorité n'est que nominale chez les fonctionnaires annamites et elle se trouve tout entière entre les mains des Chinois divisés en deux grandes congrégations : Canton et Fo-Kien (Fou-tcheou). Celle de Canton se subdivise en trois sous-congrégations qui sont aussi très riches et très puissantes ; celle de Canton proprement dite, celles de Tshau-tsheu et de Ka-ka, (Hai-nan). Les deux curiosités de Phé-phô sont les pagodes de Canton et de Tshau-tsheu. Celle de Canton vient d'être inaugurée et m'a donné l'occasion d'entrevoir, pour la première fois, une pure Chinoise avec sa figure maquillée et ses pieds mutilés dans des brodequins découverts et à hauts talons. Elle m'a paru assez jolie. On la portait dans la chaloupe qui devait la conduire à Tourane, sa résidence habituelle ; c'était Mme Kong-cheong.

Il y eut une procession en l'honneur de Bouddha : des Chinois richement costumés portaient des armes blanches en cuivre, on promenait, sur des palanquins de brocart, des bébés charmants tout barbouillés de rouge, puis suivaient d'autres Chinois et quelques Annamites en costume de ville. Un monstre de carton faisant mille contorsions fermait la marche.

La pagode de Tshau-tsheu est plus riche que celle de Canton, on y a semé à profusion les sculptures et les dorures, mais tout cela est trop à l'étroit et se perd dans l'ombre. L'architecte n'a tenu compte ni des effets de lumière, ni de l'heureuse impression qu'on ressent à avoir les coudes libres. La pagode de Canton, moins riche et plus austère, ressemble plus à un temple, son aménagement me plait infiniment mieux. Dans celle de Tshau-tsheu, chaque objet considéré isolément émerveille, mais l'ensemble est choquant. Il y a pour cent mille francs de travaux d'art dans cette pagode et au premier coup-d'œil on n'aperçoit qu'un clinquant de bazar.

Un grand défaut frappe la vue en entrant, c'est une palissade épaisse, en bois peint en vert, qui touche presqu'au mur et fait aussitôt penser que l'espace a été marchandé, tandis qu'une place nue devant la pagode permettait d'y ménager un large préau.

La porte d'entrée est à deux battants, chacun d'eux est fait d'une seule planche représentant à l'intérieur un énorme guerrier chinois laqué or sur fond vert. Cette porte donne accès sur un vestibule précédant une cour carrée. Aux murs de la voûte sont fixés des panneaux dont les sujets se détachent en laque verte et rouge sur un fond noir. Un panneau laqué or attire surtout l'attention. Il représente des personnages vêtus en marins français, poussant sous la conduite de Chinois, des voitures à bras sur lesquelles se prélassent des animaux symboliques. Cet attelage grotesque se dirige vers la demeure d'un mandarin qu'on entrevoit dans la pénombre d'une porte ouverte.

Quand je vis ce tableau pour la première fois, j'en conçus une indignation telle, que je demandai impérativement des explications à l'artiste chinois : « Japonais même chose Français, Tartares même chose Japonais, » me répondit-il, « ce sont des Tartares. » Il fallut bien me contenter de l'explication, mais je n'en ai pas encore le cœur net. Ce collier de barbe, ce chapeau, cette veste et toute l'allure m'empêchent de prendre ces gens-là pour des Tartares. Quoiqu'il en soit, beaucoup de personnes penseront comme moi en considérant le tableau.

Après avoir traversé la cour, une cloison à plusieurs panneaux étroits s'ouvrant séparément, donne accès dans ce qu'on pourrait appeler le chœur. Ces panneaux sont à jour, les sculptures représentent, les unes un hippopotame, les autres un dragon, ou un buffle, ou un cerf au milieu du panneau, avec des sujets d'ornement à l'entour. Enfin vient le sanctuaire où tout est doré, les bouddhas, leurs niches, les autels et leurs entablements où les souris grignotent des raisins en compagnie d'oiseaux mignons.

La pagode de Canton est élevée dans le même style, avec cette différence qu'elle est plus vaste et qu'on ne craint pas d'y étouffer comme dans la première. L'accès en est fermé par une grille derrière laquelle des réverbères lui donnent un cachet européen ; c'est peut-être là le sujet de mon inclination; cependant, je suis bien d'avis que ce n'est pas la peine d'aller en Orient pour désirer y rencontrer une réminiscence de nos boulevards. Ce qui me plaît surtout dans cette pagode, c'est la cour encombrée de plantes en pots, puis, de chaque côté, deux petites salles de réunion garnies de jolis meubles en bois de teck : tables, fauteuils et chaises. Au fond, le tabernacle avec un gros bouddha dans sa niche, un voile le cache aux profanes, mais on le soulève à volonté. Devant cet autel, une table chargée de brûle-parfums et de vases, cadeaux des riches affiliés. La charpente n'est pas sculptée, c'est d'un ordre sévère. Je citerai aussi de belles armes en cuivre, celles qui ont figuré à la procession et qui sont au ratelier à droite et à gauche de Bouddha. Toutes les deux pagodes se distinguent également par leurs toitures dont les arètes sont garnies de sujets en porcelaine d'une grande finesse, représentant des promenades, combats, cérémonies antiques, etc...

Phé-phô est une grande et ancienne ville envahie commercialement par les Chinois. Ils tiennent le commerce de la province par leurs commis-voyageurs qui parcourent le pays, achetant les récoltes sur pied et profitant de l'époque des paiements pour offrir aux indigènes des objets d'importation : quincaillerie grossière, cotonnade, opium, etc. ; ils reçoivent ainsi d'une main ce qu'ils viennent de donner de l'autre. Ces négociants sont établis dans des maisons spacieuses en briques, où règne la plus grande activité. L'un d'entre eux m'a assuré qu'il payait autrefois jusqu'à vingt-cinq pour cent à la douane annamite et qu'il avait vu avec plaisir s'établir la douane française qui ne perçoit que cinq pour cent *ad valorem*.

La ville n'est pour ainsi dire qu'un immense boyau limité, sur toute sa longueur, d'un côté par l'arroyo et de l'autre, par un fouillis de paillottes annamites disposées sans symétrie, où l'on parvient par une infinité de ruelles. La propreté de la ville laisse beaucoup à désirer, les bords du fleuve sont saturés d'immondices.

Les jonques de mer peuvent pénétrer dans l'intérieur par le Day jusqu'à Tra-nhu, où elles transbordent leurs marchandises sur des jonques plus petites qui remontent à Phé-phô.

L'embouchure du Day se trouve en face des îles Kiam (Culao Kiam). Une série de fortins en terre, désarmés aujourd'hui, commandent les arroyos ou lagunes qui se dispersent en éventail. Pas trop de fond à marée basse, cinquante centimètres sur les bancs et les barres.

Le village bâti sur l'embouchure du Day est pauvre, son occupation exclusive est la pêche. Il n'y a qu'une file de cases élevées sur le sable et trois pagodes regardant la mer. Un mirador en bambous perché sur un arbre devant la maison du chef de village permet de voir au loin.

De Tra-nhu partent des rivières dans différentes directions qui rendent la surveillance douanière très difficile. Mais le point important, capital à signaler, c'est que les jonques de mer ne peuvent aller plus loin que Tra-nhu ; le transbordement à ce point sur des jonques plus petites s'opère donc inévitablement. C'est également à Tra-nhu que les rebelles percevaient leur douane sur les jonques.

Disons en terminant que les Chinois faisaient avec les rebelles un commerce actif. Ils les approvisionnaient de riz, d'opium et d'eau-de-vie, et en recevaient de la cannelle et des bois. Chinois et rebelles n'étaient pas amis, mais voisins méfiants; c'est ainsi que les maisons chinoises, toutes massives, étaient solidement barricadées, et que les congrégations avaient demandé au commandant supérieur de Tourane l'autorisation d'avoir quarante fusils [1].

Quinze jours après l'ouverture des bureaux télégraphiques

1. Un poste militaire mixte de protection avait aussi été établi dans une ancienne pagode mais si la ville a été sauvée d'une ruine complète, c'est plutôt grâce à la connivence des habitants chinois avec les rebelles qu'à cause de la présence d'une garnison beaucoup trop faible pour rendre des services efficaces. La gravure ci-contre représente ce poste.

POSTE MIXTE DE PHÉ-PHO (Quang-nam).

de Quang-nam et de Phé-phô, les pirates saccageaient la ligne sur tout son parcours, ne laissant pas un poteau debout, ni un isolateur intact jusqu'à un kilomètre des villes reliées.

CHAPITRE V

DE QUANG-NAM A HOA-VAN

SOMMAIRE : Mi-xuyen et les arroyos du Quang-nam. — Ba-ren et l'inondation. — De Ba-ren à Tam-ky. — De Tam-ky à Họa-van.

Mi-xuyen et les arroyos du Quang-nam — Après avoir traversé l'arroyo à Quang-nam, la route mandarine se continue parallèlement au mur ouest de la citadelle, à peu près directe jusqu'à Tam-tim, puis, sous un angle très ouvert, elle se dirige sur l'arroyo que nous appellerons pour fixer les esprits, Mi-xuyen, du nom du village de la rive sud et par lequel le bac est également connu.

La confusion des noms d'arroyos est particulièrement remarquable. Les fleuves, tels que ceux qui descendent de Truong-phu'oc et de Vinh-phu'oc, se conjoignent dès leur confluent; les lagunes, d'une largeur commune d'arroyos, encaissées et mouvementées comme eux, font croire à des cours d'eau, et l'on arrive à ce résultat que la rive droite près de Tourane devient la rive gauche à Mi-xuyen parce que la rivière de Quang-nam court également à la mer par Phé-phô et Tra-nhu, sous le nom de Day, et n'est rigoureusement parlant qu'une lagune grossie de plusieurs rivières. La presqu'île Tien-tcha n'est aussi que la pointe d'une île entourée, à l'est, par la mer, au sud et à l'ouest, par la lagune, et au nord-ouest, par la rade de Tourane. Elle comprend sur son territoire les villes de Quang-nam et de Phé-phô.

L'arroyo de Mi-xuyen a un lit majeur très prononcé, de 1,000 mètres ; son lit mineur n'est que de 450 m. C'est le passage des chaloupes qui se rendent journellement de Tourane à Phé-phô.

Les villages se succèdent presque sans interruption, les mandarins aussi. C'est que ceux-ci n'ont pas à administrer, comme dans le Quang-duc, une langue de terre étroite se prolongeant dans le sens de la route mandarine ; leurs arrondissements s'étendent au contraire dans le sens des vallées, perpendiculairement à cette route.

Ainsi de Quang-nam à Mi-xuyen la distance n'est que de 3 k. 500 m., nous avons déjà vu le phu de Tam-tim, à 500 m. Est de la route.

A 2 kilomètres au-delà de l'arroyo, un autre huyên, Dixuyen; près de là, à quelques centaines de mètres, le tram brûlé de Nam-phu'oc.

Ba-ren et l'inondation. — Poussons jusqu'à Ba-ren où, quand j'y passai, il y avait encore un poste commandé par un officier, auquel était adjoint un huyên, pour les relations avec les habitants.

Le sông Ba-ren doit, comme le sông Mi-xuyen, être inconnu sous ce nom en amont comme en aval du village, mais il est toujours facile, quand on voyage dans l'intérieur, de demander des renseignements par périphrase; les nhà quê répondront tous, par exemple, à cette question : cet arroyo passe-t-il à Ba-ren ou à Mi-xuyen ?

Je restai quelques jours à Ba-ren, surpris par une pluie incessante suivie de débordement au bout de quarante-huit heures.

Les inondations du Tonkin sont anodines en comparaison de celles de l'Annam, et celles du Quang-nam dépassent celles de toutes les autres provinces. L'eau en deux journées monta d'un mètre au poste même. Les soldats installèrent des bambous sous les toits. L'officier et moi nous nous établîmes sur le mirador avec quelques boîtes de conserves. Un fort courant s'était déclaré allant de la montagne à la mer, balayant tout ce qui n'offrait pas assez de résistance. Des chevaux et des buffles, des arbres et des cases passaient à la dérive ; le poste perdit son troupeau entier, n'ayant aucune place pour l'élever au niveau de l'inondation. Nous sauvâmes cependant nos chevaux. Ces débordements inaugurent la saison hivernale et ont lieu tous les ans à peu près à la même époque (*mi-octobre*), aussi, quand je vis la pluie persister toute la première journée, je prévins l'officier, nouvellement arrivé, que nous allions nous trouver séquestrés.

On fit hisser les chevaux sur des lits de camp et on eut également le temps de sauver un grand nombre de sacs de farine et de provisions du magasin. Les cases perdaient de leur équilibre à la fin du quatrième jour, et si la crue n'avait pas baissé le lendemain, nous étions prêts à nous jeter dans des jonques. Mais nous n'aurions pas été mieux lotis, ces bateaux ne pouvant résister au courant qui les entraîne vers la mer jusqu'à ce qu'il les ait projetés et brisés sur une berge ou une digue.

De Ba-ren à Tam-ky. — Je partis de Ba-ren le cinquième jour, et, comme le biblique corbeau de l'arche, ne sachant où poser le pied. Nous avions encore de l'eau jusqu'à la ceinture, mais le courant avait bien diminué d'intensité, et l'on pouvait, avec des tâtonnements, et les ponts cintrés et élevés pour guides, suivre la route mandarine.

Le pays est fertile, la route passe au milieu de vastes plaines tiquetées de villages. Sur une distance de 7 kilomètres et demi qui sépare le sông Ba-ren du sông Ru-ri, nous remarquons, riverains de la route, les villages de Dûong-Chôn, Phu-tan, Mong-lang, Mong-nghé, Xuong-qué et Xuong-an. Nous traversons le sông Ru-ri en bac. Son lit majeur est de 500 mètres et le lit mineur de 100 mètres seulement, tout près de Xuong-an. La partie découverte du lit majeur, tout entière d'un même côté, est caractérisée, comme pour tous les autres arroyos de cette contrée, par une plage marginale sablonneuse.

Après le sông Ru-ri, nous nous trouvons sur une plaine de sable blanc qui réfracte les rayons solaires d'une façon intense. Il serait prudent, pour éviter une ophtalmie possible, de combiner son voyage de façon à passer ici le matin ou le soir. Cette plaine s'étend du Nord au Sud, c'est-à-dire dans le sens de la route, sur 3 kilomètres, elle gagne la lagune à l'Est et se prolonge peu du côté de l'Ouest qui devient plus fertile à mesure qu'on se rapproche de la montagne. On reprend ensuite les rizières; immédiatement après le sable, nous trouvons le village de Xuong-lo, puis celui de Ha-lam. L'abondance des cultures semble vouloir faire oublier le passage aride qui nous y a conduit.

Nous apercevons maintenant le drapeau de Giem-binh, résidence du phu de Thanh-binh, poste militaire situé à 2 kilomètres O. de la route. Cet emblème de la patrie s'aperçoit de loin, malgré les haies de bambous qui entourent une infinité de cases. Mais le capitaine J. qui commande le poste, a fait élever un mirador carré, en bois, de 20 mètres de hauteur; une boule argentée, étincelant au soleil, couronne l'édifice que dépasse encore la longue hampe du drapeau [1].

Et c'est une idée humanitaire qu'a eue le capitaine J. On eut pu ignorer l'existence de son poste. La boule miroitante appelait le regard. C'était une invitation au repos, à la sécurité. Les convois, les voyageurs isolés, marchant un peu à l'aventure, de poste en poste, aperçoivent toujours avec plaisir ce drapeau qui est, sinon le terme du voyage, du moins le signal d'une halte réconfortante. En ce temps-là, surtout, la destruction systématique de tous lieux pouvant nous servir de refuge, ordonnée par Hieu, avait été ponctuellement exécutée; on ne trouvait pas entre les postes une seule maison couverte. Les tuiles des toits gisaient à côté des murs, et dans ceux-ci, des ouvertures pratiquées à dessein servaient de points de repère dans la journée aux re-

1. A hauteur de Giem-binh, sur la lagune, un poste de ravitaillement avait été installé à Chŏ-dŭoc. Les jonques de Tourane y débarquaient les vivres destinés aux postes de l'intérieur. Giem-binh et Chŏ-dŭoc étaient distants de 9 kilomètres. Après la pacification, ces deux postes ont été évacués. M. Rouzaud, un colon persévérant de Tourane, occupe Chŏ-dŭoc avec d'autres armes. Il y a découvert une tourbière qu'il exploite concuremment avec son charbon de Vinh-Phu'oc.

belles pour pointer les canons qu'ils faisaient partir la nuit.

Plus on avance, plus on remarque de ruines; elles s'entassent, s'accumulent, on ne peut que constater l'emplacement de villages autrefois florissants, à présent déserts. Des chiens casaniers n'ont pas voulu suivre leurs maîtres et vivent de rongeurs. Dans certains villages, la résistance est encore pantelante; des fortins minuscules en terre, sans fenêtres, sans meurtrières, rien qu'une porte basse, massive avec une petite lucarne, des colonnettes de pagode, avec leurs chimères assises sur l'entablement écorné, elles-mêmes, amputées, paraissent contempler avec stupéfaction ces entassements de tuiles, de mosaïques, de pots cassés ; parfois une jarre encore pleine d'eau avec sa louche en noix de coco, des champs de patates non récoltés, mais pas un être animé, à part des chiens hargneux et têtus et quelques tourterelles indifférentes qui roucoulent sur les arbres des jardins leurs incessantes amours, tel est le spectacle qui réapparaît sous nos yeux à chaque changement de territoire. Aussi ne puis-je que signaler en passant le tram de Nam-ngoc, avec ses quatre murs, inégalement éboulés. Il est à 4 kilomètres de Thanh-binh, et pour s'y rendre de ce point, on passe successivement sur les territoires de La-mac, Tŏ-chanh, Thŭong-an.

Ces territoires sortiront indivis de tous les troubles, le cadastre archi-séculaire du royaume d'Annam ne varie pas ; les villages ont subi bien des mues, mais ont toujours été réédifiés. On ne pourrait sans difficultés injustifiées, cultiver des rizières là où fut un village. Les briques et les pierres cassées, vestiges d'habitations plus anciennes et peut-être de révoltes cycliques, se retrouvent à une profondeur de plusieurs mètres et la charrue ne peut mordre au sol sans s'émousser. Quand mes compatriotes liront ces lignes, de coquettes habitations de chaume couvriront les débris de 1886, jusqu'à ce que deux ou trois récoltes abondantes aient permis de reconstruire à frais communs la pagode du village.

A 3 kilomètres au sud de Nam-ngoc, nous voyons encore un poste militaire, Ke-xuyen, avec un marché peu important, sur le bord d'un petit arroyo, encaissé, mais débordant quand même aux pluies. Tous ces débordements quasi subits s'expliquent par le peu d'éloignement de la montagne à la mer. A la saison pluvieuse, une infinité de ravines et de nants sauvages se précipitent dans l'arroyo qui, une fois dans la plaine, n'ayant plus assez de pente pour lui permettre un écoulement rapide, se gonfle et franchit son lit.

Que dire de ce pays où je ne rencontre pas un paysan qui voulut parler, où les mandarins même sont des fantoccini qui remuent à peine les lèvres et ne disent que ce que veulent entendre les commandants d'armes. Je cantonne en différents endroits, tous défectueux. Le gouverneur a envoyé à tout hasard, des ordres pour me fournir des coolies ; le matin, quelques-uns venus d'on ne sait où, se mettent à ma disposition, et, le soir arrivé, disparaissent aussi mystérieusement. C'est tout ce qui reste de l'obéissance au roi. Et encore est-elle factice, voulue par les rebelles, pour ne pas nous pousser à l'exaspération, les champs de riz étant murs.

Il y a autant de villages à traverser que de kilomètres à parcourir. Du tram de Nam-ngoc à celui de Nam-ky, nous en comptons seize sur la route mandarine ou à proximité. Mais village n'implique pas toujours file de cases qu'on traverse, il faut jeter un coup d'œil à droite et à gauche dans un rayon de deux à trois kilomètres, les bouquets de bambous indiquent les villages. Les établissements de la route sont, pour la plupart, des restaurants indigènes.

Le village de Qua-my, cependant, que nous rencontrons à 11 kilomètres 500 m. de Nam-ngoc, sur la rive droite d'un petit arroyo, était très important. Mais toutes ses maisons en pierres et ses belles pagodes sont démolies. Il faudra dix ans de soumission et de prospérité aux habitants du Quangnam pour qu'ils puissent rebâtir tout ce qu'ils ont détruit dans leur aveugle chauvinisme.

Quelques jours avant d'arriver à Tam-ky, j'appris que le

Khâm-sai [1] venait de capturer Hieu ; c'était une bonne fortune pour lui et pour nous. Il avait fait une chasse au bandit dans les montagnes, lui avait pris une partie de sa famille, de ses lieutenants, le traquant de repaire en repaire, dans des retraites inaccessibles pour nos soldats.

Hieu, toujours talonné, avait gagné son village natal près de Phé-phô, et comptait s'enfuir en jonque par la haute mer. Mais des espions l'attendaient là où il devait aboutir fatalement pour dire adieu aux mânes de ses ancêtres. Le Khâm-sai, prévenu, n'eut qu'à le cueillir et l'enfermer dans une cage. Il fut exécuté à Huê, et sa tête renvoyée à Quang-nam pour être exposée publiquement.

De Tam-ky à Hoa-van. — Tam-ky est un centre de commerce important. Il est appelé Ha-dong par les lettrés et les marchands ; c'est, du reste, le nom de l'arrondissement. Le huyên réside à Tam-ky près du poste et du bureau télégraphique. La grande lagune qui va de Phé-phô à An-hoa, se recourbe en passant par Nam-van, jusqu'à Tam-ky ; les petites chaloupes de commerce ne calant pas plus de 1 mètre à 1 mètre 10 c. peuvent y remonter.

Tam-ky communique ainsi par voie fluviale avec Phé-phô et Tourane, et par voie maritime, en sortant de Ha-noa. Un sentier conduit par les montagnes, à Tran-my, en deux jours. C'est l'entrepôt de la cannelle. Les Chinois ont accaparé cette exploitation, leur ville est grande et riche. Pour donner une idée de l'importance de cette branche commerciale, les Chinois se plaignirent que le Khâm-sai, quand il fit une reconnaissance chez eux, leur vola pour 100,000 ligatures de cannelle, (70,000 *francs*). Ils servent aussi d'intermédiaires entre les Moïs et les Annamites pour les échanges. Ces derniers arrivent par les vallées du sông Tam-ky, et du sông Binh-van que nous verrons plus loin, et gagnent

1. Le fils de Phan-tan-giang avait été remplacé par un mandarin militaire du Quang-ngaï, bouillant et jeune, et d'une grande renommée.

Tran-my par les sentiers. La vallée de Trung-phu'oc communique directement avec celle de Tran-my, c'est aussi la plus fréquentée. Nous avons établi à Trung-phu'oc un poste militaire qui commande un passage reliant les deux vallées.

M. Rideau, de la maison Rouzaud, aurait découvert, en explorant les massifs de Trung-phu'oc, des gisements de zinc et de mercure, et une source de pétrole. Mais M. Rouzaud se plaint que l'Administration met trop de lenteur à lui accorder des autorisations, au moins provisoires, d'exploitation, ce qui donne le temps aux gens de la région de comprendre l'importance de ses recherches, et de lui imposer des conditions draconiennes pour la cession des terrains environnants nécessaires à l'installation du personnel d'exploitation. M. Rouzaud, avec ses chaloupes, n'a pas encore dépassé Trung-phu'oc, mais si plus tard, il trouvait le fleuve navigable jusqu'à Tran-my, au moins pendant quelques mois de l'année, il pourrait établir entre cette riche région et Tourane un courant commercial nouveau dont il retirerait certainement les premiers fruits, mais qui doublerait en même temps l'importance de notre premier port de l'Annam.

A un kilomètre au sud de Tam-ky, se trouve le tram de Nam-ky, brûlé.

Au-delà de Tam-ky, la province est moins fertile, le sol plus inégal, en constitution comme en déclivité. On voit encore par-ci, par-là, des rizières, mais elles sont isolées au milieu de terrains sablonneux et couverts de broussailles. Les premières ramifications montagneuses s'aperçoivent à 7 ou 8 kilomètres à l'Ouest, tandis qu'à l'Est, la lagune, un peu capricieuse, tantôt s'approche jusqu'à toucher la route, comme à Khuong-my et à Kê-tam, et tantôt s'en éloigne à plusieurs kilomètres.

Au village de Khuong-my, situé à un kilomètre et demi audelà du poste militaire, le sông Tam-ky coupe la route et va se jeter, tout près, dans la lagune ; il a une largeur moyenne de 200 mètres, on le traverse en bac.

Sur la rive droite se trouve le village de Phu-hon ; son

territoire s'étend, parallèlement à la route, sur une distance de 5 kilomètres, jusqu'à Bao-phuoc.

A Bao-phuoc, sur l'arroyo de même nom, se tient un grand marché, le chŏ Bao-bao.

Après avoir traversé le song Bao-phuoc, large de 250 m., nous entrons sur le territoire de Tà-ly. Le sol est sablonneux, couvert d'herbes rases, au niveau de la lagune dont nous nous rapprochons. Nous n'en sommes plus qu'à 500 m. au village de Doc-bo, et elle déborde sur la route au marché de Kê-tam [1]. Ce marché a été longtemps un lieu d'embuscades où les rebelles attendaient nos convois. La route, se trouvant entre une ligne de maisons en briques, barricadées, fermées de toutes parts, et la lagune, nos convois ne pouvaient éviter le guet-apens et l'escorte engageait le feu contre des murs sans ouvertures et se précipitait bayonnette en avant pour en chasser les brigands, mais à ce moment, elle trouvait les repaires vides, la bande s'était éclipsée.

Nous allons encore traverser un petit arroyo, le sông Long-bo, sur un pont léger de clayonnage en bambous, puis nous déboucherons sur une plaine de sable au milieu de laquelle on aperçoit à 4 kilomètres, le drapeau de Nam-van.

Nam-van est situé entre la route mandarine et la lagune ; le poste militaire est installé dans le tram. Le ravitaillement en vivres d'ordinaire y est difficile ; on fait le coup de feu toutes les nuits ; les villages éloignés qu'on peut visiter n'ont plus ni porcs, ni volailles. C'est un poste bien monotone, entouré de sable, où les promenades sont peu récréatives.

La ville de Ha-noa, sur la baie de même nom, est à deux heures de sampan de Nam-van ; nous y avons également un petit poste. Cette localité était très coquette, tous les habitants se trouvaient dans l'aisance ; ils approvisionnaient la région montagneuse en sel, nŭŏc-mam [2] et poisson sec. Une

1. La lagune était sortie de son lit par suite des pluies. En temps sec, elle se trouve retirée à quelques centaines de mètres.

2. Saumure de poisson.

cinquantaine de belles maisons en pierres de Bien-hoa avaient été détruites sur l'ordre de Hieu. Le port offre assez de fond aux petites chaloupes de commerce; celles de la compagnie Rouzaud y viennent de temps en temps. C'est une entrée importante qui, n'étant pas gardée par la douane, favorise la contrebande d'opium.

A 4 kilomètres environ de Nam-van, nous trouvons le fortin du Khâm-sai établi sur le sông Binh-van. Il est entouré d'un fossé avec mur en terre et parapet, des bambous tressés empêchent le mur de s'affaisser. Les défenses accessoires consistent en pieux, épis, cactus, etc. Le parapet est couronné de petits canons en bronze, de fusils à capsule en faisceaux, de lances, de sabres, de boucliers fichés en terre. L'intérieur est un vaste camp avec cases en paillotte, où grouillent dans une saleté révoltante, un millier de miliciens. Le chef de poste, le quan Ta, est un jeune homme très sympathique, mais affecté d'une ambition désordonnée comme le Khâm-sai qu'il reflète et dont il est le second. Dans notre causerie du soir, il me confie les aspirations de son maître. Le Khâm-sai est surpris de n'avoir pas encore été décoré, d'autant plus que le tông-dôc Loc a été promu commandeur pour sa pacification du Thuân-khanh et du Phú-yên. Il ne pense pas que le tông-dôc Loc nous rend des services signalés depuis de nombreuses années, qu'il est naturalisé français, et qu'il oblige tout dissident à s'incliner devant le drapeau français. Le Khâm-sai, certes, nous a été aussi d'une utilité incontestable; c'est le héros, l'idole du Quang-ngai; il tient cette province dans sa main, d'un seul mot il pourrait la soulever.

Il nous a amené tous ses soldats qui auraient pu se débander par le mauvais exemple des provinces voisines.

Les desiderata du Khâm-sai ne tendaient rien moins qu'à occuper pour notre compte les citadelles de Binh-dinh, Quang-ngai et Quang-nam, à l'exclusion de toutes troupes européennes. Ses protestations d'amitié étaient peut-être sincères, mais son attachement à notre cause trop récent pour que nous pussions lui confier la quasi-souveraineté d'un pays qui s'étendait jusqu'aux portes de la capitale. Sa défection possible eût exigé de notre part l'envoi de nombreuses troupes. Depuis lors, il a capturé Hieu, puis est rentré dans sa province comblé d'honneurs par le roi. Il est duc et ministre de la guerre honoraire. Nous devons toujours le ménager, une croix d'honneur nous l'eût attaché ; il l'a peut-être à l'heure actuelle.

Jusqu'à Hoa-van, nous ne verrons plus que du sable. Quelques villages, Van-tai, Ta-dau, Binh-hien, végétaient entre les dissidents et les troupes régulières du Khâm-sai, recevant tour à tour leurs visites onéreuses.

Hoa-van est le dernier village du Quang-nam, on peut voir à quelques centaines de mètres des dernières cases, deux arbres rabougris, voisins, isolés sur le sable de la route, qui indiquent la limite des deux provinces de Quang-nam et de Quang-ngai.

Hieu n'a pas non plus ménagé Hoa-van. Les cases nombreuses, brûlées, saccagées, désertes, accusent au moins 3,000 habitants, il en reste peut-être quelques centaines cachés dans la brousse ou espionnant. Nous avons trouvé dans une case, égarée sans doute à dessein, une lamelle de bambou signée de Hieu, par laquelle il invitait les maires à lui amener des charpentiers dans la montagne, sous peine de décapitation. Et le Khâm-sai réquisitionnait chez ces mêmes maires la subsistance de ses irréguliers, le poste de Nam-van réclamait des bœufs et des poulets, et enfin le télégraphe exigeait des poteaux. Je me demandai bien souvent comment, dans des conditions aussi dures, un maire pouvait arriver à conserver six mois sa tête sur ses épaules.

FIN DE LA PREMIÈRE PARTIE

DEUXIÈME PARTIE

DE QUI-NHON A HOA-VAN

CHAPITRE PREMIER

DE QUI-NHON A L'ANCIENNE CHA-BAN

Sommaire. — Notes historiques sur la province de Binh-dinh. Qui-nhön ou Thi-nai. — Les monuments kiams ou ciampois. Des Tours kiams à Binh-dinh. — La citadelle actuelle de Binh-dinh. — De Binh-dinh à l'emplacement de l'ancienne Châ-bân.

Notes historiques sur la province de Binh-dinh. — La province actuelle de Binh-dinh a été longtemps le boulevard des Kiams ou Ciampois. Quand leur royaume s'étendait de Quang-binh à Ba-ria, les Kiams se livraient à des incursions périodiques chez leurs voisins annamites et quelquefois cambodgiens. Puis ils ramenaient leur butin dans la capitale Châ-bân, que nous rencontrerons dans le cours de notre voyage. Infatigables, ils ne se laissaient pas abattre par un revers, et reprenaient, ainsi que nous l'avons vu dans les premières pages de ce livre, leurs expéditions au lendemain d'un écrasement.

Le Binh-dinh offre aussi un grand intérêt historique par

la lutte engagée entre Nguyên-anh (*Gia-long*) et les Tây-sŏn, (1774-1801).

Chà-bàn s'appelait alors Qui-nhŏn, et le port de Qui-nhŏn, Thi-nai. La citadelle actuelle n'existait pas encore, c'est Gia-long qui la fit construire, Nous verrons plus loin les pages écrites sur ce sujet par M. Navelle.

En 1774, Nguyên-van-Nhac, mandarin qui avait perdu au jeu le trésor dont il avait la garde, se met en rébellion, forme une bande de montagnards (*Tây-sŏn*) et s'empare de Qui-nhŏn. Il poursuit ses usurpations avec un succès croissant et se fait proclamer roi.

En 1791, Nguyên-anh, aidé de quelques officiers français, débarque à Thi-nai, brûle la flotte des Tây-sŏn et le port, et se retire à Saigon.

Nouvelle et semblable expédition en 1791. Cette fois, on s'empare de Tam-tháp (*Trois tours, Tours d'argent actuelles*) et on investit Qui-nhŏn. Mais les secours arrivant aux Tây-sŏn, Nguyên-anh fait lever le siège.

Troisième campagne en 1796. Les Tây-sŏn sont défaits à Thi-nai, mais Qui-nhŏn étant trop bien gardé, Nguyên-anh se dirige sur Tourane.

En 1797, quatrième et semblable expédition sur Thi-nai.

En 1798, même expédition. Cette fois, Nguyên-anh prend Qui-nhŏn et l'appelle Binh-dinh (*pacifiée*). L'année suivante, les Tây-sŏn bloquent Binh-dinh. Nguyên-anh ne se rend au secours de la citadelle qu'au 1er mois 1800; il brûle Thi-nai. Mais le général qui défend Binh-dinh lui conseille de marcher directement sur Hué. Nguyên-anh suit son avis, mais pendant cette opération, les Tây-sŏn s'emparent de Binh-dinh et le général se brûle sur un bûcher plutôt que de se rendre.

Enfin cette place fut reprise définitivement en 1801, par Nguyên-anh, devenu le roi Gia-long.

La province de Binh-dinh subit une crise aiguë en 1886. Les lettrés, excessivement nombreux, s'étaient soulevés sur tous les points, exerçant particulièrement leurs poursuites sur les chrétiens dont ils avaient à se plaindre. Ceux-ci prirent à leur tour l'offensive, se formèrent en bandes armées qui captivèrent et exécutèrent. Une fois la révolte organisée, ayant sa tête dans une retraite inconnue de la montagne, nos troupes furent impuissantes à la réprimer. Il nous fallut l'aide d'un terrible auxiliaire cochinchinois, le phu Loc, aujourd'hui tông-dôc.

La soumission générale des villages se fit le 12 avril 1887, à la citadelle de Binh-dinh, et depuis ce moment, la province est paisible. Mais les industries ne reparaissent pas aussi vite qu'elles sont parties, la fabrique du crépon et de la soie, l'élevage des chevaux, n'ont repris encore que dans des proportions restreintes.

Qui-nhŏn ou *Thi-nai*. — Qui-nhŏn est encore appelé Thi-nai par les Annamites ; c'est la porte sud du Binh-dinh comme Tan-quan, par la passe de Kim-bong, en est la porte nord.

Mais le port de Thi-nai, dans lequel on entre par une passe étroite, n'est pas accessible aux navires de fort tonnage, les paquebots des Messageries maritimes ne pouvant y entrer, sont obligés de rester en pleine mer, et le service d'embarquement et de débarquement se fait au moyen de jonques [1]. Il arrive parfois que le mauvais temps rend ces communications très dangereuses, aussi a-t-il été question longtemps pour les Messageries d'abandonner cette escale pour ne conserver dans cette région que Vung-lam, capitale du Phú-yên, mais située seulement à quelques heures de Qui-nhŏn [2].

1. Ce port, dont l'entrée est malheureusement difficile, présente une barre n'offrant que 4 mètres d'eau à marée basse et 5 m. 60 à marée haute. Il n'est pas suffisamment abrité des vents du Nord et n'offre au mouillage qu'une superficie de 7,500 mètres, sur 500 mètres, avec des fonds de 6 à 12 mètres. (Bouinais et Paulus.)

2. Le paquebot effectue le trajet de Tourane à Qui-nhŏn en quinze heures, et celui de Qui-nhŏn à la baie de Xuan-day en deux heures et demie.

Si ce projet se fût réalisé, c'eût été une gêne pour le commerce et une diminution de fret pour les Messageries, car les bateaux étrangers n'eussent pas tardé à reparaître à Qui-nhŏn.

En Annam, les exportations se localisent dans chaque province ; il est rare de voir passer les produits de l'une dans l'autre, si ce n'est le sel, il nous faut donc un port dans chacune des divisions administratives susceptibles de prendre un certain développement commercial, *à fortiori*, conservons ceux que nous possédons.

La rade intérieure est accessible aux canonnières de haute mer. Le Lutin, le Lion, la Comète, y ont tenu leur stationnement, à quelques centaines de mètres seulement de la Résidence.

La ville de Qui-nhŏn dont on aperçoit les bâtiments du mouillage des paquebots, est composée de deux parties bien distinctes : 1° immédiatement après la plage, la concession française qui nous a été concédée par le roi d'Annam à la suite du traité de 1874, et où se sont établis tous les services civils et militaires. Le consulat, devenu résidence, est un très joli bâtiment semblable à celui de la Légation de Huê, mais plus petit. Il est entouré de jardins avec de belles allées bien entretenues.

Le typhon de 1886 a enlevé la toiture et tordu les gongs massifs qui retenaient les persiennes. Presque tous les arbres avaient perdu leurs feuilles.

Une zone de deux cents mètres, réservée par l'autorité militaire, sépare la concession de la ville chinoise et annamite, qui est formée des villages de Chanh-tan et de Cam-tŭong.

On trouve à Qui-nhŏn des étoffes de crépon très appréciées des dames. Ce crépon se vend sans avoir reçu aucune teinture, il est d'une nuance jaune pâle. Les fabricants semblent avoir le monopole de cette soie connue sous le nom de *crépon de Qui-nhŏn* et qu'on ne rencontre nulle autre part en Annam et au Tonkin.

Je signalerai aussi les sculpteurs sur bois dont quelques-uns sont de véritables artistes, mais ils ne travaillent que sur commande, et un voyageur ne peut guère se procurer un échantillon de leur art s'il ne passe au moins un mois à Qui-nhŏn.

Les environs de Qui-nhŏn sont très pittoresques, deux vallées surtout, chères aux chasseurs : j'ai cité la vallée des Paons et celle des Coqs. La première, petite, encaissée, produit en outre, les meilleurs mangues du royaume. Elle aboutit à un lac hanté des canards sauvages pendant une partie de l'année. C'est plus qu'il n'en faut pour la rendre célèbre! Mais on eut pu tout aussi bien l'appeler la *vallée des Tigres.* Un jour que j'y dirigeais une coupe de poteaux, mes coolies accoururent, affolés, demandant à grands cris des soldats et des fusils pour tuer ông cop. C'était une panthère qui fut prise le soir même dans une cage à trappe et apportée vivante le lendemain matin à Qui-nhŏn.

Pour ne pas retourner sur ses pas, on achève ordinairement la chasse où la promenade en gagnant le sông Cau-doi qui communique avec le lac. Sur la rive droite de cet arroyo et à quelques centaines de mètres en amont du pont traversé par le chemin de Binh-dinh, se trouve le petit village de Cau-doi, qui confectionne et vend de jolies petites barquettes en osier à une ou deux places. Puis on rentre à Qui-nhŏn par le chemin de Binh-dinh, Cam-thủong et Chanh-tan. La vallée des Paons communique avec la vallée des Coqs par un petit col qui suffit tout juste à mettre le chasseur en haleine. Cette dernière vallée n'est qu'un petit coin de plage, mignon, avec quelques cases éparses au milieu des cocotiers.

Les monuments kiams ou ciampois. — A 3 kilomètres environ de Qui-nhŏn, près du pont de Cau-doi, on rencontre à droite de la route, deux tours antiques, à base carrée, attribuées aux Kiams.

« Ces tours sont à la fois en granit, en grès et en briques rouges.

« Il y avait autrefois trois tours : une grande flanquée de deux autres plus petites. Il reste la grande et sa voisine. Elles sont à ciel ouvert, ce dont on ne se douterait pas en les voyant de l'extérieur. Il est à croire cependant que la voûte se rejoignait et s'est écroulée à l'intérieur. L'une d'elles abritait une grande statue dont il ne reste que le socle en pierre. Il n'y a pas de corniches, mais des trous ronds sur deux faces et deux trous carrés sur deux autres faces, opposés les uns aux autres, devaient recevoir des traverses en bois supportant un plafond en planches qui masquait la voûte. Le plafond était ordinairement en bois sculpté, ainsi que les portes qui étaient à deux battants, massives et encastrées dans des crapaudines pratiquées dans les monolithes de grès formant l'encadrement des portes.

« Ces tours n'ont qu'une porte qui est carrée et s'ouvre à l'Est. Elles ont sur chacune de leurs trois autres faces de grandes fausses portes ogivales, pleines, très en relief, dont la quadruple ogive est bordée de quatre rampes concentriques de moulures de feuillages. La tour du Nord a 7 mètres 60 c. de côté et 4 mètres sur chaque face intérieure, l'épaisseur des murs est de 3 mètres. Il y a huit étages, répartis du fût des colonnes jusqu'au sommet, formant un dôme à base carrée de 25 mètres de hauteur. La petite tour a 19 mètres de haut.

« Sur chaque face, les briques imitent cinq hautes colonnes carrées au-dessus desquelles s'étayent les pierres de grès qui se rapprochent par assises horizontales et prennent la forme convexe jusqu'au sommet qui se terminait en pointe et qui était, suivant la tradition, surmonté d'une boule et d'une flèche dorée [1]. »

La route de Qui-nhön à Binh-dinh est féconde en curiosités archéologiques. Quelques instants après avoir quitté

1. *Etude sur les monuments anciens des Kiams dans la province de Binh-dinh*, par Ch. Lemire. (Communication au bulletin du Comité d'études de l'Annam et du Tonkin, 1887.)

TOURS DE QUI-NHON

D'après une photographie de Mlle Lemire.

les tours de Qui-nhön et franchi le sông Cau-doi sur un pont de bois, on piétine un pont d'écoulement qui est une merveille. C'est un monolithe granitique de 7 m. de long, 0 m. 60 c. d'épaisseur et 0 m. 80 c. de largeur. On ne peut s'expliquer la possibilité du transport d'une pareille masse dans un pays où la seule force mécanique est l'homme, que par l'autorité absolue d'un petit nombre de lettrés sur le peuple, qui devait obéir à cette époque comme le buffle à l'aiguillon. On n'a retrouvé aucun vestige de véhicule ancien, à part le lourd charriot employé dans le Binh-thuàn et le Khánh-hoà où il y a peu de cours d'eau et de rizières.

Dans le Binh-dinh, la nature de la route et la multiplicité des ponts cintrés d'arroyos et de canaux d'irrigation parfois d'un âge presque archéologique, rendraient impossible la circulation de véhicules attelés; aussi, le monolithe de Qui-nhön a-t-il dû être apporté à dos d'hommes par les Kiams.

Mais une chose qui m'étonne, c'est l'insignifiance de son emplacement. Cette énorme pierre avait dû servir de palier à l'une des tours, et elle aura été transportée à l'endroit actuel par les Annamites, indifférents ou peut-être vandales intentionnellement envers les productions artistiques de leur ennemi séculaire enfin vaincu.

Des tours kiams à Binh-dinh. — Le marché de Chŏ-dinh est à 6 kilomètres et demi de Qui-nhön, c'est une halte habituelle des coolies porteurs de fardeaux qui, pour une sapèque de cuivre (0 *centime* 3) boivent un bol de chè huè.

Nos chevaux ne peuvent courir sur ce maudit sentier. C'est maintenant une suite ininterrompue de mares qu'on franchit sur des ponts auxquels il manque des planches et souvent on ne s'aperçoit du vide que lorsqu'un pied du cheval s'y est déjà perdu. Mais ces bonnes bêtes sont habituées et exercées aux accidents de route. Il m'arriva de m'engager une fois au milieu d'un pont, sur une planche non fixée de mon côté, elle fléchit jusqu'à toucher l'eau, je ne sais comment mon cheval s'y prit, mais je me trouvai sain et sauf au bout du pont avant d'avoir une idée bien nette du danger que j'avais couru. Le cheval avait gravi cette planche comme un marin son mât de beaupré.

Nous trottons dix minutes pour nous arrêter encore devant les « Fours à Chaux », situés à 9 kilomètres et demi de Qui-nhŏn. Un poste militaire [1] s'y est établi sur un mamelon en se faisant de la place à coups de fusil ; son drapeau s'aperçoit de Chŏ-dinh. Derrière le mamelon, se trouvent les fours à chaux établis sur la rive gauche d'un arroyo généralement connu sous ce nom *(Lô-voi, trous à chaux).*

Le poste, la rivière, le village, les environs, sont appelés Lô-voi par les indigènes. Cependant le village a son nom de cadastre qui est Phong-thanh. Il en est ainsi de toutes les localités où ne réside pas quelque lettré ou fonctionnaire qui, par l'emploi journalier qu'il fait de la dénomination administrative, en répand l'usage. A trois lieues à la ronde, tous les paysans savent qu'il y a des fours à chaux et peuvent ignorer le nom du village ; ils ont été amenés à désigner cet endroit par ce qui le distingue des autres. Nous n'avons pas agi autrement. Notre poste, qui était cependant sur le versant du mamelon opposé aux fours, a été désigné sous le nom de « *Poste des Fours à chaux.* »

Les fours de Phong-thanh se distinguent de ceux de Phé-phô en ce que les fourneaux sont coniques ; le sommet est en bas et les bouches d'air convenablement pratiquées suppléent économiquement aux soufflets.

Je n'ai vu nulle part en Annam une route aussi fréquentée que celle de Qui-nhŏn à Binh-dinh ; on se coudoie à chaque pas, les piétons des classes inférieures se rangent à tous moments dans les rizières ou derrière les bambous pour laisser passer les bourgeois et les mandarins, les cavaliers mettent pied à terre à notre rencontre. Tous ces Annamites sont affairés, portent des charges de nŭŏc-mam, arec, résine et autres produits du pays. Cette activité contraste avec les rui-

1. Aujourd'hui supprimé.

DEUX PIERRES SCULPTÉES DES TOURS KIAMS

(D'après une photographie de Mlle M. Lemire).

nes amoncelées de chaque côté de ce sentier tortueux dont chaque repli touffu recélait des canons, il y a quelques jours encore.

On reconstruit, chacun se refait une virginité sociale avec une case neuve. Les marchés sont nombreux et fréquentés.

La soumission a été longue à venir. L'intervention du phu Loc nous a été précieuse. Elle avait été refusée par le commandant de la Région qui multipliait ses colonnes, mais n'obtenait que des succès partiels. Nos troupes sont braves, mais il leur faut un ravitaillement pénible à diriger; elles ne peuvent courir longtemps dans les rizières ni dans les montagnes; nos officiers ne peuvent entendre ce qui se trame autour d'eux ni donner aux peuples réduits la réorganisation qu'il convient. Le système de pacification du Binh-thuân au Phú-yen a été de la part de M. le résident Aymonier et du phu Loc un système de nivellement, toute tête dangereuse a été coupée, toute région suspecte, imposée.

Binh-dinh ne se soumettait qu'en apparence, les chefs conservaient leurs brevets et leurs armes ainsi que la liste d'appel de leurs hommes. On disait même qu'en quelques jours pourrait se refaire la mobilisation des lettrés. Le phu Loc les a traqués dans leurs repaires, découverts dans leurs villages d'aspect paisible, et a exigé la restitution de tous les engins de révolte.

Les villages sont si serrés, les marchés si rapprochés, que nous finissons par les franchir sans nous y arrêter. Ils se ressemblent beaucoup d'ailleurs : carrés vides, cases vieilles et cases neuves. Les maîtres des carrés ont succombé dans leurs luttes de chauvins, les chefs des nouvelles cases viennent de rentrer en grâce. Malgré les exécutions, les impôts de guerre et les pertes de récoltes, le pays reste excessivement vital parce que l'indigène est prolifique et la terre féconde. Quinze jours suffisent à réédifier un village, une année, à le submerger d'enfants, et quatre mois de paix donnent une récolte de riz.

Enfin nous pouvons prendre un temps de galop qui nous

conduit jusque chez le huyên de Tri-phŭŏc. Celui-là est pauvre; il promet de me fournir des coolies pour construire la ligne, mais à condition que je verse tous les soirs entre ses mains le montant des journées de travail pour qu'il puisse le distribuer aux intéressés en sapèques du pays. Je sais ce que cela veut dire : sa maison et ses retranchements ont été brûlés et démolis par les rebelles, il campe plutôt qu'il n'habite et le tòng-dôc oubliera peut-être de le payer cette année; dans cette expectative, il gardera la solde des coolies.

A un kilomètre et demi de Tri-phŭŏc, nous nous arrêtons encore pour contempler un instant de nouvelles tours kiams. Ce sont les « *tours d'Argent* » *(Bang-it)*, appelées aussi *Tháp-mau-thien* ou *Tam-tháp* (trois tours).

« Dans les tours d'Argent, les voûtes sont basses et ogivales, de même qu'au Cambodge. Ces voûtes sont construites de la même façon : les pierres superposées de chaque côté par assises horizontales se correspondent et se rapprochent, chacune dépassant celle qui est au-dessous. Puis on abattait les extrémités intérieures des pierres, depuis la naissance jusqu'au sommet, de façon à obtenir la coupe ogivale. La surface était ensuite polie et quelquefois peinte [1] ».

Ces tours, élevées sur un mamelon, étaient une des clefs de l'ancienne Qui-nhŏn; elles dominaient la route de Cochinchine et le chemin du port de Thi-nai.

Un poste militaire et un télégraphe optique y ont été installés pendant la période d'insurrection et de pacification.

La route mandarine est proche, nous en sommes joyeux, car le sentier est devenu tortueux et raviné.

Nous rencontrons le tông-dôc Loc au sông Tan-an. Il a une mine fort suffisante; comme tous les Cochinchinois francisés, il s'attife disgracieusement d'un cai áo annamite et d'un casque européen, bien moins élégant que le chapeau conique, ses lieutenants portent la tenue d'officiers français, mais

1. Ch. Lemire, ouvrage cité.

l'afféterie de leurs chignons et de leur allure fait qu'on les prend pour les mignards du tông-dôc.

Tous les soldats appelés *volontaires de Cochinchine*, sont crânes, disciplinés ; leurs cadres comprennent des caporaux, fourriers et sergents, dont les insignes sont les mêmes que dans nos régiments; les commandements des exercices et des manœuvres se font aussi en français.

Une fois le sông Tan-an traversé, on aperçoit les murs de la citadelle de Binh-dinh. Nous en sommes à moins de deux kilomètres, et jusqu'à la porte, nous défilons entre les pagodes et les agglomérations de cases qui annoncent le chef-lieu.

La citadelle de Binh-dinh. — Elle a été construite par Gia-long, après avoir démantelé l'ancienne (1801). Le commandant de la région militaire et le tông-dôc y ont leur résidence, et derrière eux, la garnison franco-annamite et la milice provinciale. Les soldats indigènes ont femmes et enfants. La population grouille dans ce quadrilatère de 400 mètres de côté. Des étals, des échoppes, installés en bordure sur les chemins, vendent la pitance à tout ce monde, des cantines sont à la disposition de nos soldats. Et c'est un défilé de maires et de notables, de cai-tông et de huyên qui viennent de tous les points de la province aux bureaux du tông-dôc, c'est une chaîne de deux à trois cents coolies pour le lendemain, qu'on forme maille à maille, avec des groupes arrivant d'heure en heure, puis des con gay sans aveu, à cache-sein multicolores, qui entrent comme pseudo-femmes de miliciens et se distribuent partout, des palanquins qui passent en courant avec leurs tams-tams devant et leurs verges derrière, puis des corvées, des patrouilles, des colonnes qui partent ou arrivent; la citadelle de Binh-dinh offre ainsi au réveil et à la fermeture des portes un brouhaha indescriptible.

La ville extérieure est appelée Bô-tanh par les uns, Lim-toc par les autres, suivant le nom de la banlieue voisine.

Le marché de Binh-dinh est très important; on y vend

chapeaux, paniers, résine, cordes, poteries, hamacs et bric-à-brac, des restaurants annamites servent à leurs clients des vers à soie frits, des têtes de chien rôties, des poissons pourris, des œufs séchés au soleil, et quantité d'autres mets plus exquis encore.

Tous ces petits commerces vont bon train; la sapèque a encore baissé, ce qui équivaut à dire que la monnaie populaire a perdu de sa valeur. La sapèque est le baromètre politique du pays. C'est une monnaie divisionnaire lourde et embarrassante. Quand une province est menacée de guerre civile ou d'imposition extraordinaire, les bourgeois *(bàu)* cherchent à dissimuler leur fortune sous le plus petit volume possible de manière à pouvoir plus aisément la cacher ou l'emporter en cas de fuite. Ainsi, là où les troubles sont très rares, la piastre descend jusqu'à 5 ligatures tandis qu'elle en vaut 9 à Binh-dinh.

De Binh-dinh à l'emplacement de l'ancienne Chà-bàn. — La route mandarine est encore belle quoiqu'il ne lui reste que quelques vestiges de ce qu'elle a dû être. Depuis le commencement des troubles, personne n'a été chargé de l'entretenir. Elle a de 6 à 8 mètres de large, mais les fondrières sont nombreuses et les étangs aussi; les ponts sont tous cassés, de sorte que nous nous voyons obligés de contourner les étangs à travers les rizières, et de nous engager avec nos chevaux sur de frêles batelets en osier pour passer les arroyos.

Après An-nai, les cases se réédifient. Nous rencontrons le premier étang à Cam-bieng, une heure après notre sortie de Binh-dinh, il est très profond et intercepte la route sur une longueur d'environ 50 mètres.

Les indigènes, soit réticence ou ignorance, n'ont pu satisfaire ma curiosité au sujet de l'origine de cet étang et de ceux dù chemin de Qui-nhŏn. « Ces étangs existaient déjà quand je suis né, » répondent-ils. Ils servent actuellement à irriguer les rizières des deux côtés de la route, mais leur emplacement au milieu de cette route n'est pas indispensable, et ils rendraient les mêmes services s'ils étaient situés à gauche ou à droite en desservant l'autre côté au moyen d'un petit canal et d'un pont.

Je penche donc à croire que ces étangs ont été creusés pour intercepter ou au moins gêner considérablement les communications d'envahisseurs éventuels.

Voici le marché de Phong-yên sur la rive gauche d'un arroyo dont on vient de traverser les deux bras en bac. On les trouve guéables tous les deux en faisant un petit détour en en amont. Ce marché est fréquenté par un demi-millier de femmes dont les fermes contours qui crèvent leurs loques bridées contrastent singulièrement avec l'étisie des rares représentants du sexe fort.

Le village et le marché ont été complètement détruits; le premier bras d'arroyo avait un pont de 15 arches en bois, cassé aujourd'hui; on voit aussi les ruines d'un fortin en pierres de Bien-hoa; détruite aussi, une pagode dont on a cependant ménagé les colonnes du portail, très jolies avec leurs moulures peintes.

La route mandarine est maintenant bordée d'arbres, elle nous conduit en une ligne droite jusqu'à Bac-khanh où nous allons nous arrêter. Bac-khanh garde les ruines de l'ancienne Châ-bàn; près de là nous verrons une bonzerie, la plus belle du Binh-dinh et peut-être de l'Annam, la tour de Cuivre et le tombeau de Vô-tánh.

CHAPITRE II

DE L'ANCIENNE CHA-BAN A PHU-MI

SOMMAIRE : Les ruines de l'ancienne Chà-bàn. — Le tombeau de Vô-tánh, la tour de Cuivre et la bonzerie de Tháp-moi. — La tour d'Or. — De la tour d'Or à Phu-mi.

Les ruines de l'ancienne Chà-bàn. — « Sur un parcours de plusieurs centaines de mètres la route de Binh-dinh à Phu-cat suit le parapet de l'enceinte extérieure de la vieille citadelle de Qui-nhŏn, l'ancienne Chaban des Ciampois, qu'elle rencontre vers le milieu de la face orientale.

« Une chaussée, percée d'aqueducs en dalles de granit, dégradée par les pluies et les pieds des buffles, franchit les rivières qui s'étendent entre les deux enceintes et conduit au tertre sur lequel s'élevait la place forte. De larges glacis, bordés de larges fossés dont il ne reste plus que des tronçons contournaient les remparts formés d'un épais massif bâti en pierres de Bien-hoa. Leur ligne irrégulière, pour englober tout le monticule principal, suivait les courbes de sa base.

« A chacun des angles de la place, un petit tertre s'élevait à l'extérieur correspondant à un tertre intérieur auquel il était sans doute relié de façon à former un ouvrage avancé. Les faces sud et est paraissent avoir été seules percées de portes. Le vaste espace circonscrit par les murs dont le développement pouvait atteindre de 10 à 12 kilomètres et sur lequel trois villages s'étendent aujourd'hui à l'aise, était sillonné de chemins creux bordés de haies vives et renfermait sans doute de nombreux monuments, temples et palais. Une seule tour, carrée, en briques rouges, est restée debout ; elle s'élève sur un petit tertre central, svelte, élégante, bien prise entre ses angles de granit blanc et coiffée d'un dôme léger comme d'un bonnet de dentelle. Dans l'ouest de ce tertre, en plaine, deux éléphants de pierre, d'excellente tournure, dont l'un porte une couronne et un collier, se font face à 24 mètres environ de distance, autrefois gardiens majestueux de quelque portique royal, aujourd'hui tristement égarés dans un champ d'arachides; ailleurs, près d'un tombeau annamite, construit sur le soubassement d'un monument disparu, deux animaux fantastiques dus également au ciseau d'un artiste; et enfin, dans le jardin d'une belle pagode consacrée aujourd'hui au culte de Bouddha, des débris de bas-reliefs, de statues et de lingas, tels sont les derniers témoins de cette vieille civilisation dont Marco Polo admira les splendeurs et que les Annamites ont pu détruire mais n'ont pas su remplacer, voilà tout ce qui reste de cette citadelle qui résista pendant des siècles aux entreprises des rois de Hanoi, puis des seigneurs de Huê.

« Au commencement du xve siècle, elle était, sous le nom de Chaban, la capitale et le dernier boulevard du royaume Ciampa qui s'étendait encore jusqu'à Huê *(Hoa-chau)*, son peuple industrieux ne négligeait aucun moyen de s'enrichir; il cultivait très soigneusement ses terres, il exploitait ses mines d'or et de fer et envoyait régulièrement ses jonques trafiquer sur les côtes de l'Annam qui apprit bientôt à craindre sa puissance et à envier son opulence. Les deux peuples ne pouvaient se rencontrer sans se haïr; représentants de deux civilisations disparates, inconciliables, l'un, parvenu à l'apogée de sa grandeur, jouissait de son luxe et excitait les convoitises, l'autre étouffait dans des limites trop étroites pour sa prolifique nature et pour son ambition. Une lutte était inévitable. Elle dura 700 ans. Le dernier choc eut lieu à Chaban qui succomba à la fin du xve siècle et perdit, du même coup, sa couronne, son nom et la plupart de ses monuments. Dès lors, elle s'appela Qui-nhŏn (siège de la vertu), et ne fut plus que le chef-lieu d'une province annamite qui cessa, au milieu du xviie siècle, d'être gouvernée par un chef ciampois. Elle continua à déchoir sous le joug des mandarins annamites qui modifièrent profondément la place de la vieille citadelle. Ils l'armèrent de quelques canons qui occupaient, sur la crête du mur, des terre-pleins sans épaulement, sans abri. Deux grandes dalles de granit, arrachées à quelques monuments et fichées en terre, servaient à enrouler les cordages destinés à combattre l'effet du recul de la pièce et à la remettre en batterie. Le palais des anciens rois fit place à de vulgaires cases annamites; en un mot, le génie de l'impuissance et du mauvais goût n'épargna aucune insulte à l'art vigoureux et délicat des vaincus.

« Cependant, la destinée de l'ancienne Chaban n'était pas entièrement accomplie. Sous son nouveau nom, trois siècles après sa chute, elle se relève et semble prête à reprendre son titre.

« Nhac, le roi des Tây-sŏn, fait d'elle la capitale de son empire qui s'étend jusqu'aux extrêmes limites du Tonkin et de la Cochinchine. Elle subit sans faillir, deux sièges et cinq coups de main. Elle tombe, en 1798, au pouvoir de Gia-long qui croit lui ôter le secret de sa force en changeant encore une fois son nom.

« La rebelle ne peut plus s'appeler Qui-nhŏn (le règne de la vertu); elle s'appellera désormais Binh-dinh (la pacifiée). Mais elle se rit de cette nouvelle étiquette et retourne au pouvoir des Tây-sŏn. Gia-long, avec toute sa puissance, décuplée par la présence de plusieurs officiers français, ne put sauver ses énergiques partisans, qui montèrent sur un bûcher allumé de leurs propres mains plutôt que de capituler. Pour la réduire définitivement, il lui fallut le secours des Siamois et des Cambodgiens et surtout celui de la famine.

« Elle cessa d'être avec le XVIIIe siècle. Gia-long, dont la cruauté inventive faisait décapiter le cadavre de son ennemi, cherchant le moyen d'infliger un châtiment éternel à la ville rebelle, bâtit une autre citadelle qu'il appela et qui s'appelle encore aujourd'hui Binh-dinh; et, celle qui s'était appelée si glorieusement Chaban, puis Qui-nhŏn et Binh-dinh, il l'abandonna, vouée à la ruine et à l'oubli, sans nom »[1]!

Avant de quitter ces lieux historiques, incomparables à ceux que nous rencontrerons désormais, nous allons, avec M. Ch. Lemire, visiter le tombeau de Vô-tánh, la tour de Cuivre et la bonzerie de Tháp-moi.

Le tombeau de Vô-tánh, la tour de Cuivre et la bonzerie de Tháp-moi. — « Au delà de la citadelle kiam, on pénètre dans une grande enceinte en pierres de Bien-hoa au milieu de laquelle s'élève un temple important dont toutes les portes étaient ornées de sculptures dorées, en partie brisées. On a fait le vide dans ce temple, on ignorait sans doute qu'il était dédié à la mémoire de Vô-tánh, gouverneur de Binh-dinh sous Gia-long. Ce grand mandarin avait su conserver au roi la citadelle assiégée par les rebelles Tây-sŏn. Gia-long ayant réuni une armée fit savoir à Vô-tánh qu'il allait venir l'aider à repousser les rebelles. Vô-tánh lui conseilla de marcher directement sur Huê et de reprendre sa capitale de façon à rétablir en même temps le pouvoir royal et le prestige de la dynastie.

« Le roi devait donc abandonner la citadelle de Binh-dinh à ses propres forces, Vô-tánh lui promettant d'y tenir le plus longtemps possible.

« Le roi suivit ce conseil; quand Vô-tánh fut à bout de ressources, il proposa aux rebelles de leur rendre la citadelle à condition qu'ils laisseraient sortir ses troupes avec armes et bagages; les rebelles y consentirent, les défenseurs se retirèrent; mais Vô-tánh s'étendit sur un bûcher qu'il avait fait préparer et y fit mettre le feu, ne voulant pas survivre à son honorable défaite.

« Le roi fit fabriquer l'image en cire de son fidèle serviteur, la fit placer dans le tombeau qui se trouve au village de Nam-an et fit élever le temple qu'on y voit aujourd'hui au milieu d'un jardin de manguiers.

1. Navelle, ancien résident de Qui-nhŏn.

« L'inscription suivante se lit sur la pierre du tombeau :

« *Dans les combats, ceux qui veulent aller en avant doivent suivre la voie du courage et de la vertu tracée par lui.*

« *Ceux qui reculent de peur doivent s'allier avec des gens valeureux comme lui. Lorsqu'il est monté sur le bûcher, son cœur était ardent comme le feu qui le consumait.*

« *Son nom passera à la postérité et resplendira pendant plus de mille ans comme l'éclat du soleil.*

« *Son nom ne peut être comparé qu'à la pureté et à l'éclat du diamant.* »

« *Sa fidélité fut au-dessus de toute épreuve.*

« *L'empereur Gia-long fit édifier ce temple de Thièn-trung dans la première année de son règne.*

« *L'empereur Tu-duc offrit cette inscription en la cinquième année de son règne.* »

. . . .

« Près de ce temple funèbre s'élève la tour de Cuivre. Elle est surmontée de petites tourelles détachées, aux angles desquelles des pierres en grès sculptées, formant comme une branche d'acanthe recourbée, font saillie et se découpent sur le ciel bleu. Ces pierres sont superposées les unes aux autres dans le même plan en diminuant de grandeur et donnent au sommet de la tour, dont le gros œuvre est un carré massif, un aspect plus léger, plus gracieux et un peu fantastique.

« Les quatre angles de la tour, de la base au sommet, consistent en colonnes carrées en grès, sculptées. La voûte est pleine ; elle forme un dôme carré, les quatre faces se rejoignent au sommet qui devait être surmonté d'une boule ou d'une flèche.

« Continuant notre route, nous arrivons bientôt à la principale bonzerie de la province, appelée Tháp-môi, la tour Neuve. Une chaussée empierrée traversant la rivière nous y conduit. Dans la première cour, des arbustes rares venant de Chine sont maintenus dans des carrés en pierre. Les portiques se succèdent, les entrées sont gardées par un guerrier grimaçant orné de trois cornes au front.

« Lorsqu'on ouvre les cloisons mobiles de la façade du temple on est ébloui par la décoration intérieure. En face, une gloire ou auréole argentée, découpée à jour, formée de dragons aux têtes en relief, s'enroule autour d'une statue assise sur un bouquet de lotus argentés ; au dessous une auréole dorée encadre une autre statue bouddhique reposant sur des lotus d'or. Ces statues, un peu plus grandes que nature sont accompagnées de nombreuses figures dans des tabernacles sculptés à jour et dorés. En avant, l'autel principal est surchargé de hauts chandeliers, de gongs énormes, de banderolles, d'objets du culte, d'insignes du mandarinat. Enfin sur le trône du roi, en laque rouge découpée, sont les tablettes en or du souverain.

« De chaque côté se dressent des autels surmontés de dieux et de déesses. Le long des parois s'alignent six rangées de statues représentant les religieux célèbres de tous les pays où règne le bouddhisme. Enfin, la salle est gardée par deux grandes statues de monseigneur Hô-phap portant l'une le sabre, l'autre la hache et roulant des yeux menaçants pour éloigner les mauvais génies.

« Vingt bonzes habitent cette bonzerie. Leur chef, d'un air très digne et de manières aisées, vint à nous et fit retentir le gong. Le tam-tam et la cloche étaient dans un angle du temple. Il me dit que cette pagode remontait à deux siècles et demi, à l'origine de la dynastie actuelle des Nguyen, à l'époque où les Kiams, repoussés par les Annamites, abandonnèrent ce pays pour se retirer au Sud. C'est vers 1650 que Hien-vuong, quatrième seigneur de Huê, vainqueur des Kiams, aurait fondé cette bonzerie annamite. Les inscriptions en lettres d'or sont nombreuses et anciennes. Elles sont les unes en bois laqué, d'autres sur pierre.

« Derrière le temple, sont les habitations et les chapelles des bonzes, puis un beau jardin de manguiers.

« J'estime à plus de cent les statues de ce temple, ayant

depuis deux mètres de haut jusqu'aux plus petites dimensions [1]. »

La tour d'Or. — Après que nous eûmes épuisé tous les commentaires sur ces souvenirs historiques, nous reprîmes notre marche en avant. Le premier village que nous rencontrâmes fut celui de Thũong-chanh, contigu à la pagode de Tháp-moi, puis Chau-chanh sur le point de la route le plus rapproché de la tour d'Or. Le nom symbolique de cette tour nous imposait l'obligation d'aller admirer ses singularités architectoniques. Elle s'élève sur un mamelon éloigné de 3 kilomètres environ de la route. Nous la prenons d'assaut avec un enthousiasme digne d'un meilleur résultat. La tour d'Or est, en effet, insignifiante au point de vue artistique. Les bas-reliefs sont négligés, des plantes parasites ont, en surplus, poussé sur les faces extérieures et dissimulent jusqu'aux arcs ogivaux. Pas de portique à entablement comme aux tours d'Argent, pas de fenêtres encadrées de monolithes comme à celles de Qui-nhŏn, rien que quatre murs massifs formant un plein-cintre à 15 mètres de hauteur, éclairé blafardement par quelques fissures que pénètrent à peine les plus ténus rayons de soleil.

La brique non cimentée des murs me porte à croire que les tours kiams ont été élevées comme des briqueteries, avec de l'argile façonnée, et qu'on les a ensuite bourrées au dedans et au dehors de combustibles auxquels on a mis le feu.

L'officier commandant le poste en a fait son magasin de réserves. Il me montre une place d'un mur qu'on a tenté de démolir. Le pic y avait marqué son trou, le marteau son aire, un boulet s'y fut logé sans conteste. Il faut avouer que ces murs ont de 2 à 3 mètres d'épaisseur, mais ce qui les rend surtout réfractaires aux engins de destruction, c'est l'intromission de leurs briques.

1. Ch. Lemire, communication déjà citée.

De la tour d'Or à Phu-mi. — Chau-chanh se trouve entre deux arroyos, nous avons traversé le premier à sec, le second passait jadis sur un pont qui reliait Chau-chanh au village de Thien-hôi, mais son tablier enlevé pendant la rébellion n'a pas encore été remplacé. Nous passons en amont sur un ponceau de bambous. Le marché de Thien-hôi appelé chŏ Go-gang[1], reflète encore quelques vestiges de l'industrie indigène; j'y remarque des selleries chamarrées, des porte-monnaie brodés, de la vannerie très variée tressée avec des fibres de bambous ou de rotins et de la paille de riz. J'y achète une espèce de vermicelle indigène, d'un bon marché excessif et qui fera le soir, la base de notre potage.

Après Thien-hôi nous nous engageons dans une plaine de tombeaux remarquable par ses petits tertres recouverts d'arbustes, et qui donnent l'illusion d'une troupe déployée en tirailleurs et convergeant pour nous saisir. Par une succession d'idées et de réminiscences, les buissons marchant d'Ab-del-Kader me vinrent à l'esprit et me plongèrent dans la rêverie. Qui n'a fait de ces longs voyages, sans fin, étape le matin, étape le soir, monotones parce qu'ils sont trop longs, et ne s'est pas surpris à rêver sur sa monture pour avoir aperçu une sensitive se fermer ou voleter un oiselet!

Je ne repris la juste connaissance des objets ambiants qu'à l'arroyo qui nous séparait du tram de Binh-an. Comme les précédents, son pont est cassé. Un industriel indigène a construit en amont un ponceau de bambous; une concurrente établie en aval cherche avec son bac à lui enlever la moitié de sa clientèle, de sorte que nous n'avons, pour passer, que l'embarras du choix.

Quoique Binh-an ne soit éloigné de Binh-dinh que de 12 kilomètres, notre voyage a été si fécond en observations que nous décidons de nous arrêter jusqu'au lendemain. Le tram est confortable, bien couvert, plusieurs lits de camp

1. La plupart des marchés d'Annam ont des noms différents de ceux des villages au milieu desquels ils sont établis.

avec des nattes sont mis à notre disposition par le dôi, et nos chevaux sont emmenés à l'écurie.

Le bêp [1], qui nous a précédés, a flairé notre halte en ce séjour hospitalier, et nous apprête un fricot dont maugréeraient les habitués de Brébant, mais que nous trouverons délicieux.

Le lendemain, nous nous mettons en route avec l'intention de faire une longue étape. Nous avons passé les limites de l'occupation à postes serrés, et les indigènes que nous allons rencontrer ne connaissent pas le giàc bèn Tây (ennemi d'occident).

Le tông-dôc nous a envoyé un quan [2] avec mission de nous annoncer aux villages et de leur faire donner des bois et des coolies. Ce fonctionnaire a l'air d'un janissaire dur et soumis.

La route est belle, sablonneuse, tantôt bordée de cactus, tantôt ombragée, surtout dans les villages, par des arbres différents d'aspect, mais presque tous séculaires. Tels sont le cây xoài [3], le cây chò, le cây da [4], le cây tram.

Les femmes récoltent dans les étangs une espèce de mousse pour en nourrir les porcs. Des marchandes ambulantes voyagent avec des paniers de bò-cap [5] qu'elles débitent dans toutes les cases. Cette légumineuse se mâche avec le bétel, l'arec et la chaux.

Les rizières sont rares, les passants aussi. C'est un mandarin du Quang-ngai, celui que nous avons vu Khâm-sai à Binh-van, qui est venu pacifier et rançonner cette région, déjà pauvre de l'aridité de son sol. Les traces de guerre achèvent d'imprimer à ce pays un cachet de désolation qu'atténuent à peine les séjours ombreux d'un autre âge. Hoa-hôi en est un ; on met pied à terre avec délices sous ces

1. Cuisinier.
2. Le grade de quan équivaut à celui d'adjudant; le quan n'est pas mandarin.
3. Manguier.
4. Ficus bengalensis.
5. Cassia fistula.

arbres aux branches puissantes et feuillues, où l'on hume une fraîcheur inaccoutumée. Un homme d'escorte nous montre en avant du village une tranchée de 5 mètres de large qui coupait la route mandarine et se prolongeait de chaque côté pour intercepter le passage. Les habitants l'ont comblée après avoir fait leur soumission.

Puisque j'ai peu de choses à dire de cette région sans monuments, sans richesses agricoles ou industrielles, je demande à mes lecteurs la permission de fixer ici le souvenir d'une expérience qui faillit tourner à l'habitude et à la passion. Ké, mon quan, était un fumeur d'opium enragé. Les cases de Hoa-hôi, rares et exiguës, nous obligeaient à la promiscuité. Par mesure de prudence, notre petite escorte, composée de 4 français et de 6 indigènes, se couchait dans notre local comme elle pouvait, s'ingéniant à utiliser les plus petits recoins. L'unique lit de camp était réservé à Ké et à moi. A sept heures nous avions dîné. Il ne fallait pas songer à se promener au dehors, quelques bandes erraient encore, cherchant à faire sans bruit de petits coups de main, et l'on eut risqué de se faire mettre en cage et emmener à la montagne.

Je m'étendais sur ma moitié de lit de camp, et je bouquinais une grammaire annamite, pendant que tout à mes côtés, Ké installait sans se presser sa fumerie, nettoyait sa pipe, mouchait sa lampe, et commençait à fumer méthodiquement.

Des vapeurs bleuâtres passaient entre mes yeux et mon livre, le parfum de l'opium se consumant m'enveloppait peu à peu et me pénétrait d'un désir de fumer, vague d'abord, puis obsédant; pour résister, je lisais tout haut et je priais Ké de rectifier mes vices de prononciation, ce qu'il faisait de bonne grâce; mais, las sans doute d'être détourné de son idéal, il tentait de me le faire partager en me présentant le tuyau aux lèvres. Ennuyé de lire toujours des choses arides, énervé par ces senteurs inconnues, je fumai. Voici les observations que je fis sur moi-même ce jour-là et les suivants :

1er *soir.* — J'ai fumé quatre pipes. Un peu de céphalalgie, mal dormi. Céphalalgie toute la journée du lendemain.

2e *soir*. — Pas fumé. Dormi d'un sommeil très lourd. Le lendemain tout malaise est dissipé.

3e *soir*. — Quatre pipes encore; même effet que le premier soir.

4e *soir*. — Six pipes; pas de maux de tête, bien dormi.

5e *soir*. — Six pipes. Ké me les fait trop grosses, je ne puis les fumer d'une seule aspiration. Mon sommeil est paisible, mais je n'éprouve à fumer que le seul plaisir du goût, pas d'envolement d'imagination.

6e *soir*. — J'en fume neuf. Cette fois je ressens comme un doux anéantissement de tout mon être, je ferme les yeux pour concentrer mes sensations. Je me lève en titubant quelques minutes après, et je vais me coucher à deux pas sur mon lit de campagne.

7e *soir*. — Même nombre, mêmes sensations.

8e *soir*. — Je m'étais couché sans fumer et je commençais à m'endormir quand Ké me toucha l'épaule et me montra l'oreiller de bois qui m'attendait. J'eus la faiblesse d'y aller, je fumai douze pipes. Je passai la nuit entière dans une somnolence qui m'eût été agréable sans la démangeaison de tout mon épiderme.

9e *soir*. — Toute la journée, ahurissement, faiblesse dans les jambes, incapacité de travailler, manque d'appétit, sieste prolongée jusqu'à 4 heures, l'opium a commencé ses effets débilitants. — Je me couche sans fumer.

10e *soir*. — Je me couche sans fumer. De petites crises nerveuses m'empêchent de rester en place. Pendant longtemps ma raison livre combat à ma passion, mais je succombe. Je me vautre alors sur le lit de camp et je fume sans compter, toujours, tant que j'ai la force d'aspirer. J'achève la nuit à la même place, inerte, sans expression de visage. Cette fois, je suis perdu si je ne réagis violemment.

11e *soir*. — J'ai passé la journée, brisé, courbé, ayant de continuelles envies de vomir. J'ai éte incapable de me livrer à la plus petite occupation intellectuelle. Je suis bien décidé à ne plus fumer. Mais Ké me conseille de ne pas cesser tout d'un coup; je fume quatre pipes seulement.

A partir de ce jour, je n'ai plus fumé, les premières soirées m'ont été insupportables, mais j'ai résisté. Nous étions alors dans le nord de la province, les villages étaient plus riants, les cases plus spacieuses, et Ké put avoir sa chambre à part. Par politesse j'acceptai de temps à autre une ou deux pipes, mais je le vis avec plaisir rappelé à Binh-dinh; son successeur ne fumait pas : morte était l'occasion, morte devint la passion.

De Binh-an à Hoa-hôi, la distance est de 8 kilomètres, il y en a 6 de Hoa-hôi à Phu-ly. En quittant Hoa-hôi, nous gravissons à pente douce un petit mamelon relié au massif de Bô-chinh, la route continue à être ombreuse. A Mi-hoa, village que nous rencontrons de l'autre côté du mamelon, passe un sentier qui conduit à la petite baie de Nŭoc-ngot. Un peu plus loin, à Khanh-loc, commence la région des cocotiers.

Encore un petit effort et nous sommes à Phu-ly. Ce village possède un grand marché appelé chŏ Xung-hôi ou chŏ Phu-ly, du nom de l'arroyo qui passe à côté. On remarque à Phu-ly plusieurs maisons sans fenêtres, recouvertes d'un toit en terre avec une série de cônes de 1 mètre de hauteur; ces cônes supportaient un deuxième toit en paillotte qui, vu du dehors, ne présentait rien d'anormal. Il en était de même des murs. Toute la case en bambous et paillotte recouvrait ainsi un fortin en terre que ses habitants jugeaient suffisant pour se défendre contre les surprises d'un ennemi qu'ils croyaient peu redoutable. Ce qu'il en reste semble leur avoir donné raison. On a dû y mettre le feu avec la présomption d'une ruine inéluctable et se retirer sans attendre le résultat. Et la paillotte seule a brûlé, il ne reste que la case en terre intacte, avec son unique porte en bois un peu carbonisée, et son toit noirci. Je regrette de n'avoir pu photographier ce souvenir parlant de l'insurrection, qui donne une juste idée du malingre génie défensif de cette race décadente.

Phu-cat est le nom de l'arrondissement en même temps

que celui de la résidence du huyên [1], mais le nom du village est Phu-ly. Quand je demandai aux habitants où se trouvait Phu-cat, ils me répondirent en étendant un bras vers l'Ouest : par là. Donc, pour maintenir l'ordre topographique établi par les habitants, il faut convenir que la route mandarine traverse près du sông Phu-ly, un village appelé Phu-ly et non Phu-cat qui se trouve à l'Ouest.

Partout les maires nouvellement soumis, pour affirmer leur sincérité, nous apportent des cocos, des poules et des œufs. De Phu-ly à Binh-sŏn la distance n'est que de 4 kilomètres. La route est belle, bordée de manguiers, de pamplemousses et de cay mŭu. Le marché de Dai-than est en partie détruit. Les villages sont nombreux, mais ont un air de gêne qu'explique l'absence de rizières, car aucune exploitation agricole ne vaut pour l'Annamite celle du riz qui est son aliment indispensable.

Le tram de Binh-sŏn est brûlé, il ne reste que le mur d'enceinte avec un cheval traînant son squelette à la recherche d'un brin d'herbe. Des paillottes provisoires recouvrant les ruines ont la prétention de ressembler à un abri. Un lính du tram, aussi hâve que le cheval, vient à notre rencontre, mais nous ne descendons pas. A un kilom. de là, nous entrons sur le territoire de Tra-binh, la aoute mandarine suit à cet endroit une direction exacte sud-nord ; formée d'une digue basse parallèle à un lit desséché qu'elle côtoie, avec des rizières de chaque côté, elle est submergée à la saison des pluies. Après Tra-binh, c'est Tra-quan, les habitants ont consolidé la digue avec des cactus, puis, nous arrivons à Phu-mi.

1. Le huyên habitait encore près de la tour d'Or quand j'y passai. Il avait abandonné Phu-cat pendant l'insurrection, mais il y est rentré actuellement.

CHAPITRE III

DE PHU-MI A LA-VAN, LIMITE N. DU BINH-DINH

SOMMAIRE : De Phu-mi au tram de Binh-düong. — De Binh-düong à Bong-sön. — Bong-sön. — De Bong-sön au tram de Binh-dé. — Kim-bong et Tan-quan. — Le fort de Lau-toc. — De Binh-dé à La-van.

De Phu-mi au tram de Binh-düong. — Phu-mi est la résidence du huyên de Ho-phu. Les habitants de ce huyên, considérés comme anciens révoltés, ont été obligés de travailler gratuitement au nombre de deux cents pendant un mois pour l'édification du poste militaire. Ils fournissaient au même moment, sans rémunération, des poteaux pour la ligne télégraphique.

Il paraîtrait, cependant, que la rébellion n'a jamais été bien intense au nord de Phu-mi. Aucune déprédation n'a été commise, on ne voit nulle trace d'incendies autres que ceux qu'ont allumés les bandes pacificatrices du Quang-ngai. Les cultures ont suivi leur assolement régulier, les habitants sont plutôt étonnés que craintifs à notre vue, et, dans tous les cas, ils paraissent peu hostiles. Le mandarin du Quang-ngai aurait plutôt eu pour objectif de prévenir une révolte que de la réprimer. Quelques autorités sont venues faire leur soumission et apporter des canons et des fusils. Mais c'était encore plutôt reconnaître le nouveau pouvoir, celui des Français, que déposer les armes après les avoir prises. On croit communément que ces armes ont été distribuées tout exprès pour servir à la rébellion. Mais avant notre arrivée, certaines communes importantes possédaient, comme dans tous les pays du monde, des armes pour repousser le brigandage ou une invasion éventuelle de leurs voisins. Ce sont ces armes que les rebelles ont tournées en partie contre nous, mais nous avons pu en voir aussi dans les villages qui nous ont toujours été dévoués, comme ceux du Quang-ngai, par exemple.

Certains habitants n'ont pas une égale idée de la soumission qu'on leur demande; c'est peut-être parce que ceux-là n'étaient pas insoumis.

Chaque maire doit aller à Binh-dinh se faire inscrire comme soumis et recevoir un papier revêtu du cachet du commandant militaire de la région. S'il n'apporte pas d'armes, on le considère comme étant de mauvaise foi. Pour avoir la tranquillité, il cherche à en acheter et va les livrer.

Les habitants nous construisent un autre fort à Bong-sŏn que nous verrons plus tard, un troisième à l'ouest de Phu-mi pour des troupes auxiliaires. S'ils ne nous approvisionnent pas à la perfection, c'est que, disent-ils, les soldats annamites du Quang-ngai sont restés longtemps chez eux, et qu'ils ne payaient rien.

Les autorités indigènes sont très respectueuses et ne me parlent pas, ni à mon quan, sans employer la formule respectueuse bâm ông. Il est vrai que Ké prend des airs terribles avec eux. Ses procédés sont même un peu expéditifs avec beaucoup de maires, il entre parfois en matière par une distribution de coups de rotin, mais je n'ai pas charge de le contrôler, et puis, c'est peut-être conforme à leurs usages!

A Phu-mi se trouve le marché d'An-lac. Trois cents mètres plus loin, nous rencontrons le village de Binh-tai. Les rizières sont rares, le sol devient pierreux, on cultive le mûrier et la patate, le cocotier et l'arêquier. Nous franchissons sur des ponts à de petites distances l'un de l'autre, quatre petits arroyos encaissés, presqu'à sec, mais débordant aux pluies. Dans tout le Binh-dinh, il n'y a pas un arroyo navigable, même pour des jonques ordinaires et, quoiqu'on rencontre de-ci, de-là, quelques chevaux, le coolie, cette bête de somme humaine, effectue tous les transports. J'ai cru longtemps que le coolie était un aubain disgracié par hérédité, une espèce de paria formant une caste à part, mais c'est simplement un indigent qui, ne pouvant payer l'impôt, est corvéable à merci. Et malgré ces corvées nombreuses depuis que nous nous sommes implantés en Annam, j'ai pu constater bien des fois qu'il paie encore à son huyên une sorte de champart sur sa chétive récolte de riz.

Nous traversons les territoires de Thŭong-hien et de Giemcheu sans en apercevoir les hameaux qui sont cachés dans les dernières touffes de bambous. Voici maintenant une route mamelonnée et bordée de jolis manguiers. Elle commence à 3 kilomètres de Phu-mi, les habitants élèvent des bestiaux et exploitent du bois à brûler. Les environs sont broussailleux avec quelques hauts arbres clairsemés.

Tra-luong est un bourg disséminé dans la brousse jusqu'à la futaie. On aperçoit de la route mandarine les premiers toits de chaume. Derrière eux se dispersent une infinité d'autres cases où l'on fabrique de la poterie commune. On y fait aussi grimper le poivrier autour des manguiers. C'est un beau pays de chasse, le coq et le paon y abondent. J'y ai tué une perruche d'une délicatesse de tons admirable. Elle avait le cou vert vif, le ventre rosé, les ailes jaune et vert, le dos vert tendre, une queue bleue, effilée, avec une ligne noire au milieu. Le mandibule supérieur était rouge et l'inférieur noir, mais ce qui la rendait si jolie, c'était une gracieuse ligne noire arquée reliant les deux yeux et tranchant sur le vert de la tête. Des favoris noirs fuyaient aussi de la naissance des mandibules vers le dessus du cou.

Quoique je n'aie pas encore remarqué de cotonniers, j'ai déjà rencontré plusieurs convois de coton dirigés par des Chinois.

Au milieu des mamelons se trouve un vallon dépendant du territoire de Tien-thŭong où l'on a pu faire croître du riz. Je remarque dans une rizière un tam-tam automatique en bambou, rendant des sons rapides ou lents selon la force du vent qui est son seul moteur. Cet ingénieux épouvantail éloigne les oiseaux très friands du riz.

Encore un village misérable, Phu-nheu, au bout septentrional de la route mamelonnée et nous entrons dans une contrée verdoyante et gaie.

Phu-nheu, à 9 kilomètres de Phu-mi, est exactement le dernier village qui ait souffert des incendies.

La perspective s'élargit, la route se peuple. C'est d'abord le coquet village de Ven-thŭong qui compte environ 150 cases. Puis un petit marché et encore un autre village de 300 cases, Ven-benh ou Ven-bŭa, avec un autre marché. Les jardins produisent le cocotier, le jaquier, le grenadier, le pamplemousse, l'ananas. Les dernières cases ds Ven-benh touchent aux premières de Dŭong-leu, grand bourg, résidence du chef de canton et siège du tram de Binh-dŭong.

De Binh-dŭong à Bong-sŏn. — Le caravansérail de Binhdŭong est intact et peut abriter une caravane. Le bâtiment principal a ses trois salles en bon état. A côté se trouvent les cuisines et les écuries. Des linh du tram apportent de l'herbe pour nos chevaux, du bois et de l'eau pour notre cuisine. Puisqu'on y est si bien, nous allons-nous y reposer une journée. Voici le cai-tông suivi de ses maires, qui apporte des présents de bienvenue. Il me prend à part pour me prier de ne pas laisser piller mes linh tâp [1]. Je le lui promets, mais ce n'est pas chose facile à faire, la maraude pour eux est un droit, celui du plus fort et du plus rusé. Ce droit domine, du reste, dans tout le pays, à tous les degrés hiérarchiques, malgré sa décentralisation embryonnaire. Je dois sans cesse faire restituer des larcins, parfois importants, tels que bijoux, soie, vêtements. Quant aux aliments, les linh les enlèvent sur le marché ou dans les cases, à la force du poignet. Et la plupart du temps, les pauvres gens volés n'osent se plaindre de crainte d'être bâtonnés.

1. Soldats.

Le lendemain matin, j'allai reconnaître les environs. Sur la carte de Dutreuil, la baie de Nŭoc-ngot se trouve à 24 kilomètres au Nord de la latitude de Phu-ly, et comme le sông Phu-ly se jette dans la mer à Nŭoc-ngot, il s'ensuit que son cours a sur la carte une direction presque perpendiculaire à celle des autres fleuves, c'est-à-dire, sensiblement S.-N.. Je n'aurais pas émis en doute la possibilité de cette direction si je n'avais eu en mains une carte inédite que M. Lemire avait établie d'après des documents annamites et des renseignements particuliers. Cette carte porte Nŭoc-ngot à peu près à la même latitude que Phu-ly. La différence était très importante pour moi qui dressais mes itinéraires par sections. Avec Dutreuil, la baie de Nŭoc-ngot n'existait pas sur ma section de Qui-nhŏn à Phu-mi, elle y était en plein, au contraire, avec Lemire. Si je m'étais aperçu de cette discordance à Phu-ly, j'eusse fait mon possible pour descendre le fleuve jusqu'à son embouchure.

La mer est à une journée de marche de Binh-dŭong (18 à 20 kilomètres). Je me suis fait conduire sur le sommet d'un mamelon d'où le chef de tram et le maire du village m'ont indiqué : 1° la lagune de Tra-o qu'ils ne connaissent pas sous ce nom et qu'ils appellent bàu Giam; 2° les villages de An-long et Chau-giang existant sur la carte Lemire et qui m'ont permis de m'assurer que le bàu Giam était bien la lagune de Tra-o. Le pays au sud du bàu [1] s'appelle Tan-tuy. Un pêcheur m'a indiqué, Nŭoc-ngot avec son bras étendu vers le Sud en me disant : xa, xa lám, (loin, bien loin), une journée de marche. Il y a donc lieu de présumer que la carte Lemire donne la direction du sông Phu-ly plus exactement que celle de Dutreuil [2].

Nous quittons Binh-dŭong à cinq heures du matin. Le premier territoire que nous traversons est celui de Tan-loc ; ses

1. Lac.

2. Quand, plus tard, je dressai les côtes en réduction de celles des cartes marines pour encadrer mes itinéraires, la position du Phu-ly par rapport à Nŭoc-ngot corrobora ces conjectures.

cases sont éparpillées à droite et à gauche à l'ombre de bouquets de cocotiers, et isolées de leurs voisines par quelques carrés de rizières. Après une demi-heure de marche, nous tombons au milieu d'un village de 150 cases environ, appelé Ven-phu, où l'on trouve à profusion le jaquier, le manguier et le papayer. Après Ven-phu, voici Van-dinh et Van-an qui possède un petit marché, et Loc-thai dont les vergers ressemblent aux précédents.

Le sol s'élevant et devenant pierreux, les champs d'arachides remplacent peu à peu les rizières qui ne pourraient plus être irriguées convenablement. La route est remarquable jusqu'à Van-lũong, village voisin de Loc-thai, par ses manguiers et ses cây mũu qui forment voûte en maints endroits. Nous sommes environnés de manguiers, c'est charmant.

Nous nous engageons ensuite sur de petits cols reliant la chaîne principale à un groupe de mamelons qui se dirige vers la mer. Le mot col donne toujours une impression de pente pénible à gravir. Il n'en est pas ainsi de ceux-là. Les ondulations, douces, n'ont qu'un kilomètre, et nous retombons en pays plat sur le village de Gien-khanh qui possède une cinquantaine de cases sur la route avec des manguiers pour ombrage. Le village de Lô-giây est à un kilomètre plus loin, dans les cocotiers et les arêquiers; la route passe au milieu et se continue, droite, gazonnée, peu élevée au-dessus des rizières qui ont refait de timides apparitions, mais bordée de cây mũu et de cây sõn [1] que je n'avais pas remarqués encore et dont l'écorce couverte à certaines places de baies vertes, ressemble à celle du cây da, mais est un peu plus rugueuse.

Jusqu'au sông La (ou *La-giang*) [2] nous voyons encore les villages de Bao-khanh et de Binh-thũong qui ont chacun une vingtaine de cases sur la route. Les mamelons, peu éle-

1. Arbre à laque.
2. Song et giang veulent tous deux dire cours d'eau, mais le premier, populaire, se place avant le nom, le deuxième, lettré, se place après.

vés, se succèdent à notre droite parallèlement à la route et présentent une série de petits vallons où la faune herbivore se donne rendez-vous matin et soir.

Arrivés au La-giang qui nous barre la route, nous suivons sa rive droite pendant quelques minutes jusqu'à la rencontre du bac qui nous dépose à Bong-sŏn.

Bong-sŏn. — Bong-sŏn est aussi appelé par les Annamites La-giang, du nom du fleuve; c'est la résidence du phu de Hoai-nhŏn et le siège du tram de Binh-trung. Un poste achevait de s'installer. De même qu'à Phu-mi, les habitants l'avaient construit gratuitement. Là, surtout, on n'avait pu constater aucune trace de rébellion. Je cantonnai à Bong-sŏn avant l'achèvement du poste et j'eus l'occasion de remarquer une fois de plus qu'un grand nombre d'officiers n'entendent rien aux choses administratives, parce qu'en eux, l'habitude du commandement tue la réflexion, éteint le discernement et nivelle tout ce qui respire dans une subalternité dont ils veulent être les chefs incontestés.

Dans une ville ouverte et paisible comme Bong-sŏn, dépendant administrativement du résident de Binh-dinh, le commandant du poste crut avoir le droit de m'imposer un autre logement que celui que m'avait donné le phu. Pour ne pas entrer en conflit j'opposai l'inertie.

La date fixée par l'autorité supérieure pour la fin des travaux gratuits était expirée que le capitaine continuait à exiger des travailleurs un surcroît de journées pour enjoliver son habitation de jardins anglais. Les coolies ainsi employés ne recevaient même pas une ration de riz et beaucoup d'entre eux travaillaient toute la journée sans manger, recevant des coups de bâton à la moindre velléité de fuite. Les autorités devaient fournir tous les jours à la troupe des bœufs, des poules ou des canards à des prix dérisoires.

Il est injuste autant que maladroit de faire subir un traitement coercitif équivalent à des habitants d'une même province, révoltés ou non. Les gens paisibles se voyant opprimés au même degré que ceux qui nous ont fait pendant toute l'année une guerilla acharnée, et jugeant qu'à rester tranquilles, ils n'ont à gagner que le mépris de leurs concitoyens, prendront part au premier mouvement insurrectionnel.

Remettre l'impôt aux cantons fidèles, doubler celui des réfractaires, faire subir toutes les charges de l'entretien des petits postes à ces derniers qui les avaient rendus nécessaires. et écarter des autres avec un soin minutieux tout surcroît de charge eut été plus équitable et de meilleure politique. L'amnistie et l'oppression doivent être restrictives sinon elles deviennent des dénis de justice pour ceux qui ne les ont pas méritées.

Au sud-ouest de Bong-sŏn, dans le canton de Kim-sŏn, se trouve une montagne aurifère appelée nui Vang (*montagne d'or)*, qui fut exploitée jadis. Le phu de Hoai-nhŏn, dont je m'étais concilié les bonnes grâces, envoya un de ses lính travesti en campagnard me chercher de la terre aurifère, laquelle analysée ne démontra que l'existence de quartz. Le linh, craignant les hordes qui parcouraient encore Kim-sŏn, avait dû rapporter une terre quelconque.

Le La-giang est formé de deux rivières, le Tra-binh, qui descend du Nord en fertilisant une profonde vallée, et le O-liem, qui vient du Sud et passe dans le canton de Kim-sŏn.

Bong-sŏn est pourvu d'un bureau télégraphique relié au réseau général.

On trouve sur le marché, de la soie, un crépon grossier, des porcs, de l'opium, des œufs, des cotonnades et des couleurs allemandes à base d'aniline, de la bimbeloterie annamite, des baguettes parfumées, des paniers, des concombres, de la canne à sucre, et une foule d'autres produits alimentaires.

Dans les jardins fleurissent les roses, la grenade, le tournesoleil, dans la campagne, on cultive le mûrier, la canne à sucre, l'arachide, le cocotier, l'arêquier et quelques rizières.

Le service du tram se fait sous une paillotte, le poste militaire ayant été construit autour du caravansérail qui est devenu le bâtiment central et sert de logement à l'officier [1].

De Bong-sŏn au tram de Bình-dé. — On peut faire ce voyage dans une matinée, mais il faut partir de bonne heure à cause d'une plaine terminale de sable blanc qu'il est désagréable de franchir en plein soleil. La route a de 8 à 10 métres de large, elle est gazonnée et ombragée, mais encombrée par une infinité de ponts en mauvais état qui obligent à se détourner ou au moins à descendre de cheval.

Au début, les cases sont éparpillées sur la route et on remarque à peine la délimitation des villages; c'est Thŭong-hien, à 440 mètres du fort, puis un petit marché, Trung-an, à 500 mètres plus loin, mais il faut déjà faire un kilomètre et demi pour atteindre An-duong, grand village ayant des écarts à droite et à gauche et sur le marché duquel on trouve de l'huile d'arachide, des poteries et du nŭoc-mam.

An-duong est situé sur un ressaut d'environ un kilomètre de largeur au-delà duquel nous remarquons Tai-luong. On marche encore une demi-heure pour se rendre au chŏ Bo-dé ou marché de Bo-dé. J'ai remarqué sur la route un nouvel arbre, à petites feuilles, le cây sam [2], parmi des cây da et des cây mŭu.

Le chŏ Bo-dé est un village d'une centaine de cases, très animé, bien achalandé. J'y fais une petite halte.

Je remarque que j'ai autant de femmes que d'hommes dans mon escorte; chaque soldat annamite a emmené la sienne. C'est pittoresque de voir toutes ces con gaí porter la musette et le bidon de leurs chasseurs et leur préparer la popote aux haltes. Mais cet attirail n'a rien de bien guerrier ni même de bien moral. L'existence annamite, au moins de cette partie du peuple dans laquelle nous recrutons nos soldats auxi-

1. Ce poste a été supprimé à la fin de 1888.
2. Scutulla scutellata.

liaires est celle de mâles et de femelles s'unissant au gré du hasard, pour se séparer après le rut. La femme est surtout nécessaire à l'homme pour lui faire cuire son riz. Un soldat ne s'abaissera pas à cuisiner lui-même, et j'ai vu plusieurs d'entre eux, impuissants par ablation, conserver des femmes assez jolies qui semblaient se confiner dans leur rôle de servantes.

Dans ces conditions, refuser la femelle au mâle qu'on veut séquestrer en le casernant eut été l'avortement certain du recrutement indigène.

Il existe dans chaque quartier la caí nhà des lính et celle de leurs femmes. Il est bien entendu qu'un lính doit être marié selon les lois de son pays pour obtenir l'admission de sa femme dans le phalanstère, mais comme nous n'avons pas grands moyens de contrôler ces mariages, et qu'au fond, les officiers se désintéressent de cette question, les lính amènent qui bon leur semble dans la case des femmes. Quelques uns de ceux qui restèrent avec moi pendant une quinzaine de jours, changèrent de femmes à chaque nouveau marché.

Et il faut croire que la chose est assez facile. Un de mes surveillants français, qui dépérissait dans un morne célibat, voulut imiter les lính. Il envoya son boy [1] sur le marché demander s'il ne se trouverait pas une marchande qui consentirait à quitter son éventaire pour partager le foyer ambulant d'un *ông thây dây thép*[2]. Le boy, à notre grande stupéfaction, amena une paysanne, grosse et rieuse, qui n'avait besoin que d'être un peu décrassée pour faire une bonne servante. Le surveillant, pris au mot, l'adopta.

Il est à remarquer, comme trait particulier de mœurs, que ces femmes qui se marient sans garantie, refuseraient cependant une liaison proposée d'avance comme passagère.

Du chŏ Bo-dé, nous chevauchons jusqu'au territoire d'An-

1. Domestique. Ce mot anglais est adopté avec ce sens dans toute l'Indo-Chine.
2. Maître fil de fer, surveillant du télégraphe.

sŏn sans nous arrêter aux villages de Phong-du, Nŭŏc-an, Tang-tan et Tŭ-toi, que nous traversons l'un après l'autre au grand ébahissement des indigènes qui ont à peine le temps de sortir de leurs cases pour nous voir passer. Mais je ne saurais trop le répéter, aucun acte extérieur ne dénote chez eux un esprit d'hostilité.

Nous nous arrêtons à An-sŏn pour tirer des canards sauvages sur un étang appelé baù Sang. Quelques notables sont déjà arrivés et nous présentent des noix de coco pour nous rafraîchir. Un gamin, sans que nous l'en ayions prié, est allé dans une frêle embarcation nous chercher un canard tué.

Au sortir du village, un tertre de sable nous cache la vue d'une plaine sablonneuse d'une blancheur aveuglante au bout de laquelle se trouvent le village de Lang-dé et le tram de Binh-dé.

Kim-bong et Tan-quan. — Binh-dé est le dernier tram de la province de Binh-dinh. Il inaugure une région appelée Ben-da par les indigènes. A 3 kilomètres au N. commencent les défilés de Ben-da qui séparent le Binh-dinh du Quang-ngai. Une petite vallée à l'ouest de Binh-dé et conduisant au fort de Lau-toc, résidence du sŏn phong [1] de cette région est également connue sous le nom de vallée de Ben-da.

Nous avons ici deux excursions à faire : l'une à la passe de Kim-bong, l'autre au fort de Lau-toc. Commençons par celle de Kim-bong. Les cartes annamites représentent la passe de Kim-bong avec une largeur extraordinaire et deux forts qui en gardent l'entrée. Cette large passe m'intrigue, je n'ai rencontré depuis Bong-sŏn que de simples ruisseaux, la distance de la côte à la route mandarine est trop minime pour permettre à ces ruisseaux qui hésitent dans le choix d'une pente, de se creuser un lit au point de former une embouchure telle que la passe représentée.

1. Chef des forces de la montagne.

Nous partons de Binh-dé à 5 heures du matin avec un lính de tram comme guide. Dès la sortie du caravansérail nous trouvons un sentier qui nous dirige vers Kim-bong dont nous apercevons confusément la pointe. Nous traversons Lang-dé encore endormi, et, coupant un coin de la plaine de sable, nous gagnons Qui-sŏn puis chŏ Dŭong. Les cases sont entourées de hautes haies vives, chaque habitant possède sa petite métairie avec ses poules et ses pigeons, ses cocotiers et ses arêquiers. Nous nous arrêtons un instant chez le phó-tông [1] pour le saluer et lui demander un cheval pour le sergent qui m'accompagne. Il habite une case très coquette, avec une aile pour ses femmes et une autre pour les domestiques. Sous un hangar sont rangés des instruments de labour et de culture, d'énormes récipients en bambous tressés contenant la réserve de riz, peut-être toute la récolte, puis, à côté, un tarare avec manivelle à main, à peu près de même forme et donnant les mêmes résultats que ceux employés encore de nos jours dans nos campagnes.

La vue de ce dernier instrument d'un bond m'a transporté en France et m'a suggéré aussi quelques idées bien étrangères au but de mon petit voyage. Il n'est pas rare d'entendre discuter les mérites réels d'un inventeur en tant qu'innovation, et l'on croit communément que la même idée adéquate ne peut naître dans deux cerveaux, cependant je rencontre ici quotidiennement des engins de travail similaires aux nôtres.

Je crus longtemps que l'idée première en avait été donnée par nos missionnaires, mais je me désabusai plus tard quand mes observations répétées dans plusieurs chrétientés me mirent à même de constater que les chrétiens vivaient partout d'une façon bien plus primitive que les bouddhistes.

Les norias indigènes, leurs tarares, leurs tamis, leurs pompes, leurs puits à bascule et leurs brouettes, ont beaucoup d'analogie avec les nôtres, ce qui me porte à croire que

1. Adjoint au cai-tông ou chef de canton.

le cerveau humain, qu'il soit dans la boîte d'un Yankee ou d'un Annamite, conçoit d'après des mêmes données innées les ressources que lui créent ses besoins. Si un nouveau peuple surgissait du sol et qu'il lui fût indispensable d'irriguer un plateau, il inventerait la noria et les aqueducs.

Le pays devient marécageux en se rapprochant de la lagune, le sol est coupé de filets d'eau bourbeuse, étoilé d'étangs aux bords couverts de palétuviers; des bambins pataugent dans la vase pour y chercher des clovisses et des poissons boueux. La mer nous est cachée encore par un épais rideau de cocotiers.

A Uong-khong, le sol, plus élevé, est couvert de tumuli : c'est le champ du repos.

A 7 heures, nous sommes sur les bords du sông Lo-ghé qui a une cinquantaine de mètres de largeur. C'est un bras du sông Tan-quan qui part de Tan-quan, ville que nous verrons tout à l'heure, et va se jeter dans la lagune. Nous cherchons sur celle-ci un endroit guéable, mais un bateau se détache de l'autre rive pour venir nous prendre. La lagune a 300 mètres de largeur à cet endroit; les barquettes sont trop petites pour nos chevaux qui passent, du reste, très bien à la nage.

Il est 7 h. 30, le soleil est déjà haut, mais ici, on craint peu ses coups sournois. Les cocotiers sont si pressés que leurs panaches s'entremèlent pour former une voûte ombreuse sous laquelle nous respirons avec volupté. Des cases en feuilles de cocotiers et en lamelles de bambous tressées sont éparpillées au hasard entre des cocotiers moins serrés, des cochons, des poules, des chiens, des marmots nus grouillent sur le sable tandis qu'hommes et femmes peignent, filent, tressent, tissent les fibres de l'écorce du fruit qui les fait vivre.

Voici une députation d'hommes à cai aó noirs. Le premier me présente un papier sur lequel je lis : *Le commandant de la* xve *région certifie que le maire et les notables du village de Thien-xuan, canton de An-sòn, phu de Hoai-nhön, sont venus faire leur soumission à la citadelle de Binh-dinh, le 3 avril* 1887.

Les maires de Tu-chanh et de Kim-bong m'en présentent de semblables. Ils nous conduisent ensuite dans une petite pagode et nous offrent le thé. Nous causons quelques minutes avec eux puis nous allons visiter la passe. Nous n'apercevons pas le moindre vestige de forts, et la passe elle-même n'a que 50 mètres de large seulement. Mais comme l'indique ma carte, elle s'élargit en lagune à environ deux cents mètres de la mer.

La pointe septentrionale, rocheuse, où vient finir un contrefort des massifs de Ben-da, est appelée par les habitants, núi Gieng. La rade est ouverte, peu sûre et fréquentée seulement pendant la belle saison. Son aspect est alors assez animé. Une flottille de jonques vient apporter du riz et de l'opium, de la faïence et des objets du culte, du thé, de la médecine, du papier, pour tout le nord du Binh-dinh et les Moïs amis. Ces jonques s'en retournent chargées d'huile de coco et d'arachides, de coton, de sucre brut, d'arec, de haricots et de pains d'arachides.

Un Chinois installé sous une paillotte près du chenal vint aussi nous prier d'entrer chez lui. Il ne faisait aucune industrie, mais, à en juger par les petits ustensiles épars dans sa case, il devait débiter de l'opium. Cet individu, qui cherchait à nous dérober son commerce, n'était pas un contrebandier pour les autorités indigènes dont la police est trop bien faite, mais il pouvait être considéré comme tel par nous d'un jour à l'autre et voici pourquoi.

Il n'y avait en Annam, à l'époque dont je parle, que cinq postes de douane française, Tourane, Phé-phô, Phô-yen *(Quang-ngai)*. Qui-nhön et Xuan-day [1]. Partout où nous ne pouvions affirmer nos droits ou nos prétentions par l'établissement de postes douaniers, les autorités indigènes continuaient à percevoir taxes et gabelles comme par le passé, et,

1. Les bureaux de Phé-phô et de Phô-yen dépendaient de celui de Tourane.

certes, il faudrait être bien infatué pour ne pas leur donner raison. Cependant elles ne le faisaient pas sans risques pour l'armateur dont le bateau était confisqué s'il était surpris par une canonnière ou une chaloupe de douane sans pouvoir présenter un sauf-conduit délivré par une douane française. C'est ainsi que tout le pays d'Annam au nord de Huê ne pouvait pas commercer parce qu'il ne possédait pas de douanes françaises. Et des gens bien informés m'ont assuré que de Vinh à Tourane, c'est-à-dire sur une étendue de côtes de 500 kilomètres environ, les produits pourrissaient en entrepôt quand les producteurs ne se décidaient pas à risquer l'aventure en jonque. Il faut reconnaître que ceux qui réussissaient à passer n'étaient pas, pour cela, des écumeurs de mer. On leur posait ce dilemme : Vous ne devez pas exporter vos denrées sans avoir payé les droits à notre douane; or, comme nous ne pouvons pas établir de douane chez vous, vous n'exporterez rien. Il en était de même, bien entendu, pour l'importation. C'était l'application ultra rigoureuse de l'art. 4 du traité du 6 juin 1884, qui n'ouvrait au commerce que les trois ports de Tourane, de Qui-nhŏn et de Xuan-day.

Et puisque je suis amené à parler de la douane, je ne puis laisser passer sous silence un fait qui pronostique l'arbitraire avec lequel elle agissait.

C'était à Phé-phô. Chaque année, quelque temps avant le renversement de la mousson, une riche négociante annamite de Cho-len y envoyait une grosse jonque de mer prendre un chargement de soie. La jonque arrivait bondée de riz, pénétrait dans la rivière jusqu'à Tra-nhu, et là, payait les droits exigés par la douane annamite. Elle y attendait la mousson N. E. pour redescendre en Cochinchine. Le jour de la proclamation de l'installation de la douane française à Phé-phô, on séquestra la jonque avec 30,000 francs de soie qu'elle renfermait. Cette proclamation n'avait pas été affichée à Tra-nhu. Quand la marchande, qui était venue cette année acheter elle-même sa soie apprit la saisie dont elle était victime, elle vint offrir à la douane 6,000 francs qu'elle possédait encore, disant qu'elle était honnête commerçante, qu'elle n'avait jamais esquivé les droits et qu'elle aurait offert volontiers de payer à la douane française si elle eût connu son établissement à Phé-phô.

C'était une chaloupe de douane qui avait fait la prise ; le chef du bureau de Phé-phô se rendant aux raisons de la bà già [1] lésée expliqua par télégraphe le cas au directeur des douanes qui répondit : Pour l'exemple, n'acceptez aucune transaction, saisissez et vendez.

La bà già, qui venait de Saïgon, ne pouvait croire que l'administration française pût commettre des abus pareils ; aussi adressa-t-elle une plainte au fils de Phan-tan-giang, alors envoyé royal dans le Quang-nam et de passage à Phé-phô. Elle s'exprimait ainsi : des pirates français se disant mandarins de la douane sont venus piller mon bateau, etc.

Avec de tels procédés, le commerce régulier entre l'Annam et la Cochinchine ne tarda pas à diminuer considérablement. En revanche, partout où j'eus l'occasion de côtoyer des criques ou baies, et je les ai toutes vues de Huê à Phan-rang, je remarquai des jonques mâtées, énormes, qui faisaient autre chose que de pêcher.

Pour revenir à Kim-bong, au moment où je visitai cette rade, il y avait une dizaine de jonques de mer qui attendaient un chargement. Or, comme la douane de Qui-nhŏn se trouvait à une centaine de kilomètres et celle de Quang-ngai à une distance à peu près aussi grande, et que les démarches dans ces bureaux eussent beaucoup nui aux exportateurs, les jonques voyageaient sans feu, la nuit, et prenaient dans le jour, l'apparence de bateaux de pêche, payant, au besoin, des pots-de-vin aux mandarins trop perspicaces.

J'étais considérablement étonné de voir ces bateaux, car je ne soupçonnais pas encore l'existence de Tan-quan. C'est

1. Bà già, vieille dame.

seulement lorsque je fis mes petits préparatifs de cuisine que le maire de Thien-xuan me dit : Mais le mandarin fil de fer serait bien mieux au marché de Tan-quan qui est grand et où il y a de belles maisons. Tan-quan n'est qu'à une demi-heure d'ici.

Je consentis à suivre son conseil et il nous donna un guide.

Les sentiers que nous suivions étaient bordés de maisons d'artisans, d'aucunes en briques ; à mesure que nous approchions de Tan-quan, elles étaient plus serrées ; enfin, nous débouchâmes sur un grand marché où s'agitaient une foule de femmes vendant toutes les denrées du pays. Notre arrivée était un événement. L'adjoint au maire nous conduisit chez un Chinois qui nous reçut de la façon la plus cordiale. Parmi toutes ces populations actives, je n'avais aucune crainte, je n'étais cependant accompagné que du sergent d'escorte et d'un domestique indigène.

Les maisons de commerce ont leur arrière-boutique sur le sông Tan-quan, et les sampans qui vont recevoir à Kim-bong les marchandises transbordées des jonques les déchargent dans les magasins. Toutes les récoltes convergent à Tan-quan pour être exportées.

Il y avait une activité commerciale si prononcée que la soudaineté de cette rencontre me stupéfia. On trouvait dans les boutiques chinoises des objets anglais et allemands, tels que pétrole, lampes, pendules, cotonnades, allumettes. Les entrepôts étaient bondés d'huiles. J'estime à une vingtaine le nombre des négociants et à une cinquantaine celui des petits commerçants.

Je m'expliquai alors la présence sur tous les marchés de l'intérieur de certains produits européens étrangers. Tout cela entre par les fissures de la côte, nous n'en voyons rien. A ce moment, ni le poste de Bong-sŏn, ni la douane de Qui-nhŏn, ni la résidence ne se doutaient de l'existence de cette ville. On avait bien vu un chŏ Tan-quan sur les cartes annamites, mais on n'y avait pas porté plus d'attention qu'aux autres marchés.

Depuis lors, M. Lemire, résident du Binh-dinh à qui j'en rendis compte, y passa en revenant du Quang-ngai et le poste de Bong-sŏn y fit des reconnaissances.

Nous revînmes à Binh-dé par un chemin un peu différent de celui que nous avions pris le matin, mais qui n'était guère plus long, huit à dix kilomètres au plus.

Le fort de Lau-toc. — Dès le premier jour de repos que je donnai à mes équipes, je partis visiter le fort de Lau-toc, avec mes deux surveillants militaires qui m'avaient demandé comme une faveur de m'accompagner. Il s'agissait de peiner pour leur plaisir, aussi ne sentaient-ils plus la fatigue d'une semaine de labeur. Une quantité de paons à rôtir au retour paradaient dans leur imagination. Et pour cela, que de préparatifs assaisonnés de quolibets! Ils avaient extrait les balles de plusieurs cartouches de guerre et en avaient fait de la chevrotine avec laquelle ils remplissaient de nouveau les douilles, voulant se payer la fiction d'une partie de chasse.

A 3 heures du matin, je me réveillais au grincement du café écrasé comme toujours sous une bouteille, à 4 heures nous étions en route. De ce côté-ci comme de l'autre des surprises nous attendaient. Là où je ne croyais rencontrer que des ravins ou des excavations arborescentes, je trouvais des villages cachés dans le feuillage, entourés de ruisseaux profonds, défendus par des portes et des haies vives. Et quand nous nous approchions, le tam-tam battait, on ouvrait la porte, des notables s'assemblaient sous l'ajoupa commun et nous regardaient passer, mais sans aucune marque de déférence. Le caractère de ces gens se rapprochait de celui des montagnards. Nous traversâmes ainsi Thi-tan, An-hoi ou chŏ Buyên, et An-dô; chŏ Buyên est le marché du vallon. Mes surveillants, l'œil vif, la jambe alerte, vont de l'avant. « Ah! bon diou! sont-y sauvages, ces pierrots-là! » s'écrient-ils. Et ils marchent toujours, d'une main tenant leurs souliers à cause des nombreux ruisseaux, de l'autre une ombrelle. Un côté du pantalon plus retroussé que l'autre et le fusil en bandoulière achèvent de donner à ces braves et gais garçons, leur cachet de troupiers en fourragères.

Le thalweg est fini, les villages aussi. Nous avons passé et repassé les mêmes ruisseaux sinueux et mes compagnons s'arrêtent maintenant pour se chausser. Quelques gradins étayés, plans coupés où les indigènes ont cultivé le riz, nous séparent encore de l'escarpement au haut duquel est perché Lau-toc.

Nous arrivons au fort à 8 heures et demie après une escalade de trois quarts d'heure.

Le dè-doc [1] nous reçoit accompagné de son lanh-binh [2] et nous fait entrer dans la salle de réception. Sa moustache et ses cheveux sont blancs. Il a l'air gêné de notre présence; nous sommes à coup sûr les premiers Français qu'il voit entrer dans la place.

Après avoir bu le thé et échangé force politesses froides, je demande au dè-dôc s'il veut bien me donner quelques petits renseignements. J'ai bien soin de lui expliquer que je n'ai aucune mission pour venir observer ce qui se passe chez lui, et que je suis venu en simple « lettré » de l'Occident *(hay chü ben Tây)* lui faire une petite visite et prendre quelques notes pour écrire un livre sur cette belle ligne de faîte couverte de fortins, de laquelle, m'a-t-on dit, on voit les provinces de Binh-dinh et de Quang-ngai, et une profondeur immense de forêts habitées par les Moïs.

Ses réponses sont néanmoins faites avec réticences; il ne me dit ni le nombre de ses soldats ni celui de ses armes. Son fort renferme une dizaine de maisons propres, en pierres, bien entretenues. Il y a quatre casernes avec râteliers d'armes, dépendances, cuisines et écuries. Deux bâtiments sont à double toit pour éviter les incendies. J'ai compté quarante fusils et quinze canons.

En attendant le déjeuner, je monte visiter un réduit établi

1. Commandant supérieur des troupes.
2. Général.

un peu plus haut sur un col d'où l'on aperçoit les plaines du Quang-ngai et, au Sud, toute la région de Bong-sŏn. Je vais également voir à 2 kilomètres Sud-Ouest un autre fortin sur la ligne de faîte; de ce point je compte sept autres forts dans la direction du Sud-Ouest, d'aucuns sur la ligne de faîte, les autres établis en corniche sur le flanc de sommets plus élevés. Un vieux mur de 3 mètres de haut, avec parapet du côté de l'Annam relie tous ces forts. Ce mur, d'après un dôi, a été construit il y a bien longtemps contre les invasions des Moïs. Il doit être vieux, en effet : les ronces et les hautes herbes le recouvrent; d'espace en espace, une tranchée pratiquée à coups de masse permet de passer d'un versant sur l'autre, mais l'autorité du roi d'Annam ne s'affirme guère au delà.

Il serait curieux au point de vue historique de savoir par quel peuple la muraille a été bâtie. Est-ce par les Kiams, ou seulement par les Tây-sŏn, ou plus récemment encore, par les Annamites? Je n'ai pu rien tirer du dê-dôc à ce sujet.

Après le repas, nous faisons le tour de l'enceinte qui comprend une escarpe sans parapet entre deux fossés, l'un extérieur, l'autre intérieur, ce qui fait croire que le fort est destiné à se défendre tout seul, les gens du dedans n'ayant pas l'accès de l'escarpe plus facile que ceux du dehors. Il ne manque même pas la cible qui est en assez bon état. J'offre aux mandarins un tir au Winchester, et nous voilà réveillant les échos des ravins d'alentour, silencieux sans doute depuis longtemps, car on sent que cet attirail de guerre n'est que le souvenir d'un passé plus glorieux qu'on s'efforce d'entretenir comme un fétiche. Un dôi ne m'a-t-il pas avoué que lorsque les Moïs arrivaient en bandes, toute la garnison s'enfermait et les laissait passer au retour comme à l'aller!

Il est trois heures, nous n'avons plus rien à voir. Je prends congé du dê-dôc et du lanh-binh qui ont peine à ne pas manifester leur contentement; nous serons peut-être de longtemps les seuls Français ayant troublé leur quiétude sur ces sommets.

Le signal du retour était attendu aussi impatiemment par mes surveillants. Les paons et les coqs de bruyère sortaient du bois vers quatre heures pour aller picorer en rizières, et, en allant doucement, nous devions arriver juste pour les recevoir. Ce n'est pas un paon, mais dix que nous aperçûmes. Nous avions convenu de tirer tous les trois ensemble, et, comme il arrive toujours en pareil cas, parce que l'on ne peut tirer au moment opportun, nous les manquâmes. Alors, au risque de nous blesser mutuellement, nous courûmes, chacun de notre côté, à la poursuite de ces jolies bêtes qui se contentaient de voleter. Et c'était un feu intermittent de tirailleurs; après les chevrotines, les balles tombèrent autour des paons enlevant la terre sous leurs pattes, mais, pour donner raison à la fable de l'ours, nous ne tuâmes rien.

Cette poursuite immodérée nous avait anuités, notre guide demanda des torches à An-do, et, de village en village, les éclaireurs se remplacèrent sans que nous ayons à exprimer le moindre désir ou à manifester la moindre volonté, comme si ce service eut été prévu et commandé.

Ce n'était certes pas ma personne qu'ils servaient si ponctuellement, puisqu'ils ne m'avaient même pas salué à mon premier passage, mais l'État représenté par un de ses fonctionnaires. Cette observance du devoir envers l'État est admirable dans tout l'Annam.

Nous rentrâmes à Binh-dé à huit heures du soir.

De Binh-dé à La-van. — Il ne nous reste que 7 kilomètres à franchir pour arriver à La-van. En sortant du tram, nous passons une petite rivière en bac, puis à 2 kilomètres plus loin commencent les défilés de Ben-da. Mais sur ces deux kilomètres, nous voyons encore deux villages, les derniers du Binh-dinh, Thi-sŏn et Hi-thŭong, peu populeux, mais non misérables, ils cultivent quelques rizières et élèvent un peu de bétail.

Les défilés, autrefois habités, sont maintenant déserts, les Annamites n'osent plus s'y établir par crainte des déprédations des Moïs.

Les pentes sont accessibles à pied, le chemin longe des ruisseaux, passe avec eux entre des rochers, ou grimpe, presque abrupt, sur un mamelon, pour redescendre l'autre versant avec d'autres ruisseaux.

A l'exception d'un restaurant indigène installé sur le point culminant des défilés, les premières cases que nous rencontrons sont celles de La-van sur la limite et le territoire du Quang-ngai.

CHAPITRE IV

DE LA-VAN A LA CITADELLE DE QUANG-NGAI ([A])

SOMMAIRE. — La-van et le huyên de Mo-dŭc. — De La-van à Mo-dŭc. — De Mo-dŭc à la citadelle.

(A) *Remarque.* — J'ai toujours entendu appeler cette province Quang-ghia par ses habitants, mais la prononciation vulgaire de Quang-ngai a prévalu dans nos administrations (Nghia et Ngai sont la traduction du même caractère en lettré et en vulgaire).

La-van et le huyên de Mo-dŭc. — L'avant-veille de mon départ pour La-van, j'avais reçu du huyên de Mo-dŭc [1] une lettre me priant de me trouver à La-van le lendemain à **11** heures du matin. Je m'y rendis avec empressement. Il arriva quelques minutes après moi, suivi de soldats costumés de rouge et portant son palanquin, son parasol, son sabre et des verges, sa pipe à eau et son coffret. Venaient ensuite les chefs des cantons de son arrondissement, les maires des villages les plus proches. et une queue de lettrés. Lui était un homme de trente ans, fort éveillé et intelligent, avec des ongles démesurément grands, ceux du pouce et de l'index avaient respectivement six et huit centimètres. Il m'expliqua qu'il était venu de la part du gouverneur me souhaiter la bienvenue et m'informer que je pourrais commencer la construction du télégraphe sur son territoire quand cela me plairait, que les poteaux gisaient sur la route et qu'il avait donné des ordres pour que les villages me fournissent autant de coolies que j'en demanderais. Il me pria d'accepter comme présents et gages d'amitié, un bœuf, vingt et une poules, qua-

1. Premier huyên au sud du Quang-ngai.

tre-vingt-cinq œufs et une douzaine de noix de coco. Je le remerciai avec effusion et nous bûmes du thé en camarades. Puis, mon déjeuner n'arrivant pas, j'acceptai de partager le sien qui consistait en saucisses, poulet à diverses sauces pimentées, nŭoc-mam que je trouvai délicieux, et de l'eau-de-vie de riz comme boisson. Mon panier arriva vers la fin du repas, je fis boire à mon tour au huyên du vin et du cognac qu'il dégusta en grimaçant.

Nos bonnes relations faillirent être interrompues dès le début par l'insolence du cai [1] de mon escorte qui, en notre présence, parlait à ses camarades fort irrévérencieusement du huyên. Ce mandarin en conçut une violente colère et se plaignit amèrement. Le dévouement des Annamites envers l'État, dont je parlais en termes élogieux en revenant du fort de Lau-toc, est surtout inspiré par la crainte des châtiments. Dès qu'ils peuvent esquiver ces châtiments, ils deviennent aussi insolents qu'ils étaient obséquieux. Mes lính, coolies quinze jours auparavant, croyaient, parce qu'ils portaient un fusil, être quittes de tous devoirs envers les autorités indigènes. Et, trop souvent, au quartier on leur enseigne l'indifférence pour tout ce qui n'est pas militaire, ridiculisant ceux qui saluent les fonctionnaires civils Français et Annamites. Or, l'indifférence ne se pratique qu'entre gens de même classe, tout individu salue celui qui occupe ou semble occuper par sa tenue et son maintien une position supérieure à la sienne. Chez un mandarin, personne ne cause, les hommes à son service attendent qu'il exprime un désir pour répondre *da* [2] et le satisfaire le plus promptement du monde.

Mon cai et mes chasseurs indigènes, recrutés d'hier, ne se gênaient plus ni devant le huyên, ni devant moi; ils n'ignoraient pas, parce qu'on avait eu soin de le leur dire avant le départ, que je ne possédais aucun moyen coercitif, et ils causaient entre eux à haute voix, ridiculisant le huyên

1. Caporal.
2. Prononcer *ya*, oui respectueux.

et peut-être moi aussi. Je les admonestai très sévèrement, leur rappelant qu'ils n'étaient que de simples coolies en armes et je les menaçai d'une demande de punition; je ne pouvais faire plus.

J'ajoutai que j'avais eu l'intention de leur distribuer les présents du huyên, d'autant plus appréciables que nous ne trouvions rien à manger dans ces défilés, mais qu'à cause de leur insolence, je les garderais pour leurs successeurs que je devais demander le soir même.

Le huyên se radoucit beaucoup après que je lui eus expliqué qu'en France les mandarins militaires seuls avaient le droit de punir les soldats, et que je ne pouvais, à mon grand regret, appliquer, comme il me le demandait, la peine du rotin à mes hommes.

Avant de nous séparer survint encore un sujet de contestation moins sérieux. Un sentier sur lequel se trouvait la maison du maire de La-van où avait lieu notre entrevue servait de ligne de démarcation entre le Binh-dinh et le Quang-ngai. Il me manquait sur le Binh-dinh trois poteaux que je fis prendre sur le Quang-ngai qui en avait en excédant. Un notable arriva, anxieux, parler à l'oreille d'un linh du huyên, puis ce linh fit part de la communication à son dôi, le dôi au lettré, le lettré au huyên. On eut dit la transmission d'un mot de passe. Tous se regardaient ébahis. Que s'était-il encore passé? Je ne comprenais pas. Ils sortirent pour constater le délit et me le dévoilèrent sur place en accusant les habitants du Binh-dinh de leur avoir volé trois poteaux.

J'eus encore cette fois le bonheur de calmer le mandarin, le priant de m'excuser, que c'était moi qui avais donné l'ordre de prendre les trois poteaux, parce qu'il n'y avait pas d'habitants sur le Binh-dinh limitrophe, et que les gens du Ben-da [1] avaient eu beaucoup de peine à venir jusqu'à La-van.

1. Le Ben-da est tout l'ensemble des défilés et vallons, de la grande chaîne à la mer.

C'est encore un défaut caractéristique chez les Annamites de pousser à l'excès cet instinct égoïste du terrier. Ainsi le huyên, avant de me quitter, témoigna le désir de me voir faire du piquetage. Je fis prendre la chaîne par deux hommes de sa suite, j'avais encore 200 mètres à mesurer dans le Binh-dinh, ils la lâchèrent ! Je n'en pouvais croire mes yeux. Pas un ne franchit le sentier et je mesurai cette courte distance avec mon boy. Une fois sur le Quang-ngai, tout alla à merveille. Je fis 4 kilomètres de piquetage, puis après avoir pris congé du huyên, je revins à La-van. A ma grande surprise, déjà des hommes creusaient un trou près de chaque piquet et d'autres plaçaient les poteaux à pied d'œuvre.

La-van fut pour moi un séjour charmant. C'est un petit cottage au milieu des mamelons et des ravins. De la porte d'entrée, on entend le coq de bruyère, et le sanglier passe quelquefois d'un air effaré. La première nuit que nous y couchâmes donna lieu à une prise d'armes. Nous étions à peine étendus sur nos lits de camp que des cris humains épouvantables, des hurlements lugubres, des onomatopées sinistres de cris d'animaux, nous mirent en alerte et nous sautâmes sur nos fusils. Le maire, réveillé par nos dispositions belliqueuses, accourut tout consterné nous expliquer que tous les jappements, aboiements et hurlements que nous entendions, provenaient des hommes de garde juchés sur une ceinture de miradors établis dans un petit vallon de rizières que les sangliers et les cerfs dévastaient la nuit. Depuis les semailles jusqu'à la récolte, un tiers des hommes du village montaient la garde chaque nuit, et, pour effrayer ces herbivores destructeurs, ils jetaient dans l'espace tout ce que les cordes vocales pouvaient leur permettre. Des chiens étaient attachés au pied des miradors et joignaient leurs voix à celles de leurs maîtres. Ceux qui vinrent travailler le lendemain à la construction de la ligne avaient tous des voix enrouées ou caverneuses.

Je ne voudrais pas quitter le Ben-da sans parler d'un village, Phu-nong, que j'ai placé sur la carte avant La-van et qui se trouve partout et nulle part. On n'aperçoit aucune case du chemin, mais d'étroits sentiers serpentant dans diverses directions conduisent à des huttes isolées sur de petits plateaux inapercevables. Du point culminant des défilés, deux villages de pêcheurs, Thŭ-ngai et Dong-phô apparaissent sur une petite plage, la seule qui échancre le massif.

De La-van à Mo-dŭc. — Quelques jours après mon entrevue avec le huyên, je lui rendis sa visite. J'avais une bonne nouvelle à lui annoncer. Au lieu de cinquante hommes d'escorte, j'entrais dans le Quang-ngai sans la moindre garde. Cette question d'escorte n'étant pas encore réglée, le sergent qui m'avait accompagné reçut l'ordre du capitaine de Bong-sŏn de ne pas pénétrer dans le Quang-ngai avec son détachement avant décision ultérieure. Il établit son quartier à La-van et chassa le sanglier pendant que je travaillai seul dans ce Quang-ngai mystérieux auquel on ne pouvait reprocher que l'expulsion des chrétiens indigènes qui avaient voulu se soustraire aux impôts et aux corvées.

Je reviens à ma visite. La route était longue, en toute autre circontance je me serais abstenu. Mais le huyên était ferré sur l'étiquette, et il avait lui-même fait cette route pour venir me voir.

Je partis à cheval à quatre heures du matin. Les défilés étaient encore pleins d'ombres, des bruissements d'animaux qui filent et le susurrement des ruisseaux troublaient seuls ces solitudes. J'allais devant moi confiant, sans crainte de m'égarer, Mo-dŭc se trouvait sur la route mandarine. Les derniers ressauts fuirent avec les dernières ombres ; la campagne cultivée était séparée du massif par les maquis d'où sortaient des chants de coqs sauvages et des bramements de chevreuils.

Le premier village que je traversai était gardé par une porte de bambous avec un corps-de-garde à l'extérieur. Des miradors dominaient chaque groupe de cases. Les sentinelles frappèrent sur leurs cliquettes dès qu'elles m'aperçurent.

Je déclinai ma qualité de ông quan dài thép et tous les obstacles s'aplanirent. Malgré l'heure matinale, on me pria de m'arrêter et un notable vint m'offrir le thé. Puis je pris une envolée de galop, entravée de temps en temps par un mauvais pont de planches disjointes. Je franchis maints villages au grand ébahissement des bambins qui voyaient leur premier Français, et j'arrivai au tram de Nghia-quang vers sept heures. J'y restai une demi-heure pour faire manger mon cheval, le dôi du tram et le chef de canton qui logeaient à proximité m'apportèrent des noix de coco pour me rafraîchir. D'autres gens vinrent bientôt m'entourer; la curiosité excessive chez eux en tout temps, était surexcitée par la rareté des passages de gens de ma race; mais petits et grands restaient respectueux, se contentant de me montrer du doigt en faisant leurs remarques à voix basse. Le Quang-ngai, séparé du Binh-dinh par les massifs de Ben-da, me semblait un Annam qui n'avait de commun que la langue avec les provinces limitrophes si fermentées que nos colonnes sillonnaient en tous sens.

J'écartai tout doucement mes curieux de la cravache pour me remettre en selle, un éclat de rire général et naïf accueillit mon départ. Avec mon costume si différent du leur, ma pauvreté d'expression dans leur langue, je ne pouvais me soustraire à leurs étonnements. J'avouerai cependant que ce rire plein, sans retenue, espèce d'esclaffement gouailleur, me piqua fortement à mes débuts. Il me fallut les assurances réitérées de bon nombre de notabilités indigènes pour me convaincre que l'Annamite riait ainsi non seulement pour manifester le contentement de sa curiosité satisfaite, mais souvent aussi pour souligner une simple remarque.

Je repris ma course vers le Nord. A peine avais-je franchi le col de My-trang que soudain, un objet hideux suspendu à une branche d'arbre sur la route me fit arrêter. C'était une tête d'homme dans un panier; les cheveux passaient au travers des tresses de bambous qui, étant à claire-voie, laissaient voir aussi la forme confuse du crâne. Puis j'en remarquai cinq, dix, quinze, et je ne les comptai plus. Il y en avait parfois plusieurs après le même arbre. Je devins perplexe et me demandai si dans un pays où l'on fait si bon marché des têtes on aurait, à l'occasion, beaucoup de considération pour la mienne. Je demandai quelques renseignements à un coolie nhà quê [1] que je rencontrai portant sa charrue sur son épaule, mais je ne distinguai dans son patois que le mot Moïs qui revenait à toute phrase. Je crus comprendre que c'étaient les pillards moïs qu'on punissait ainsi.

A part deux ou trois bacs, ma course fut ininterrompue jusqu'à Hoi-an, où se tient un grand marché. Je mis pied à terre pour examiner les denrées. Le premier mouvement des vendeuses fut de se sauver. Nous avons une réputation de violence envers les femmes chez le peuple annamite qui ne me paraît pas justifiée. Elles nous redoutent comme des satyres et se cachent dès qu'elles nous aperçoivent, abandonnant leur charge sur la route.

Pour rassurer celles de Hoi-an, j'accaparai un lettré qui passait, et nous nous promenâmes la main dans la main, ce qui est un grand signe de confraternité.

Une dernière chevauchée me conduisit à Mo-dûc où je fus reçu joyeusement par le huyên. Je lui offris quelques flacons d'alcool de menthe m'excusant de la modicité de mon cadeau sur ce que j'étais venu tout seul pour aller plus vite. Je déjeunai avec lui, je fumai quelques pipes d'opium.

Il m'expliqua l'énigme des têtes coupées. Le Khâm-sai, en revenant de pacifier le nord du Binh-dinh, avait épuré sa province en exécutant tous les individus suspects de conspiration et il avait exposé leurs têtes sur les arbres de la route pour servir d'exemple aux autres habitants.

Je quittai le huyên à 2 heures, lui promettant de revenir le voir bientôt quand je serais cantonné plus près de chez lui.

J'aurai peu de choses à ajouter pour compléter ce voyage.

1. Paysan.

En arrière de La-van, les villages de Tan-ghim, Phu-cŭong et Tan-duc, disséminés dans les replis verdoyants du sol, sont aussi invisibles que Phu-nong. Deux ou trois cases seulement bordent la route, ce sont de malingres restaurants. Lang-than est le nom du village aux miradors. Cette vigilance s'exerce contre les Moïs dont le sentier de communication aboutit par une série de cols à Lang-than. Après ce village, Lang-thi et Hien-thŭong sont espacés l'un de l'autre d'environ un kilomètre. De Hien-thŭong on me montre la saline de Ban-ké qui exporte une grande partie de son sel au Binh-dinh.

Les rizières, signe de prospérité, apparaissent peu à peu pour couvrir le sol à Nghia-quang, tram.

Le caravansérail est solide, propre, avec une grande salle ouverte, une autre fermée, et toutes deux avec lits de camp et tables; les cuisines et écuries sont également en bon état.

Nous entendons le soir, le canon de Ngŭ-cŏ qui est tiré tous les jours à l'aube pour effrayer les Moïs ou au moins pour leur démontrer qu'on fait bonne garde.

La carte officielle porte à la suite de Lau-toc, sur les hauteurs qui dominent toute la province de Quang-ngai, une série de forts ayants tous le suffixe cŏ, qui veut dire régiment. Cela pourrait s'expliquer en ce que chaque fort est gardé par un effectif composant une unité militaire sous les ordres du commandant de ce fort.

Je m'étais bien promis, dans l'établissement de mes itinéraires, de n'avoir pas recours aux cartes indigènes qui sont trop fantaisistes, cependant la position de ces forts m'a paru assez intéressante à noter, quoique je fasse des réserves sur l'approximation de leur emplacement et même sur leur existence. Mais le renseignement tel que j'ai pu le donner servira toujours à guider, à l'occasion, des commandants de reconnaissances, si l'avenir nous réservait des complications dans le Quang-ngai.

De Nghia-quang à Mo-dŭc, le sol est peu élevé jusqu'à la

colline de My-trang, toute cette partie est inondée aux pluies. Les lagunes se gonflent, les arroyos débordent, la plaine n'est plus qu'une vaste nappe d'eau et les habitants, de cultivateurs deviennent pêcheurs. Avec un filet de la forme de ceux qui nous servent à prendre les papillons, mais vingt fois plus grand, ils surprennent le fretin qui voyage.

La route est partout très belle et entretenue; aux abords des villages, des arbres séculaires projettent leur ombre bienfaisante sur une nuée de bambins qui jouent tout nus dans la poussière.

Deux bacs bien desservis sont établis l'un sur le sông Caubao, l'autre sur sur le sông Ta-cau.

Une infinité de villages qu'il serait puéril d'énumérer puisqu'ils sont tous portés sur ma carte, anime et égaie la route jusqu'au tram de Nghia-sŏn, près de Mo-dŭc, où nous allons cantonner en quittant Nghia-quang.

De Mo-dŭc à la citadelle. — Nghia-sŏn est à proximité de Mo-dŭc, 2 kilomètres tout au plus.

Le huyên s'attachait à mes pas de 6 heures du matin à 11 heures du soir, sans sieste ni trêve. Et il ne venait pas seul; des lettrés, notables, écoliers, saute-ruisseaux, le suivaient en troupe. Il me fallut faire le médecin malgré moi, mais je profitai de l'expérience de Sganarelle. Je possédais heureusement une panacée : de l'alcool de menthe. Son goût est plus agréable et plus pénétrant que celui de l'essence de badiane, médicament universel des indigènes. Après une fumerie d'opium, le huyên s'était frotté les tempes avec de l'alcool de menthe et s'en était trouvé plus léger.

Tout le monde voulut se guérir avec la petite bouteille. Il vint un individu qui ne possédait plus que la moitié de ses fesses. J'y appliquai de la ouate imbibée d'alcool de menthe étendu d'eau et je recommandai au patient de renouveler la compresse deux fois par jour pendant une quinzaine. J'espérais l'empêcher de se gratter pendant ce laps de temps, et par cela même, obtenir une amélioration. Quand j'appliquai la compresse, il poussa des cris horribles, mais le huyên lui laissa le choix entre le rotin et la compresse.

Des céphalalgies, des coliques, des douleurs, des maladies imaginaires, j'en soignai pendant quatre jours autant qu'un médecin renommé d'un quartier de Paris. Cependant le cas du huyên embarrassa beaucoup ma science de rencontre. Peyrard lui-même se fût trouvé perplexe. Je lui procurai cependant une certaine accalmie par des soins de propreté, mais je me vis forcé de lui avouer que notre science est tellement vaste qu'un seul homme ne peut pas arriver à tout connaître, et que je préférais consulter un savant docteur de Tourane avant de lui appliquer des remèdes dont je n'étais pas sûr de l'efficacité

Quand je repassai, six mois après, à Mo-dūc, le malheureux était remplacé.

Les cadeaux aussi allèrent bon train. Le huyên, s'il donnait, aimait également à recevoir et même à prendre. Il me dérobait tout ce que je ne pouvais soustraire à son investigation. Ayant un jour aperçu dans ma main une pièce de dix cents, il m'en demanda cinquante pour faire un collier à son enfant ; il me prit ma boîte à savon, mon couteau, une bouteille de liqueur, du vin, du cognac, des boîtes de conserves ; il voulut la chaise longue de mon surveillant qui protesta ; enfin, ne sachant plus que me demander, il me prit un isolateur pour en faire un porte-manteau.

Avant de partir pour Nghia-mi, voulant m'assurer si la communication télégraphique était bonne avec Bong-sŏn, j'installai mon appareil de campagne sur une petite table de pagode au milieu de la route mandarine. Mon correspondant ne surprit-il pas mes signaux ou n'avait-il pas disposé les communications de mon côté dans son bureau, toujours est-il que mes appels demeurèrent sans réponse. Et toute la petite cour d'arrondissement m'entourait, attendant avec curiosité un signal qui ne vint pas de moi. Le huyên me suivait toujours. Profitant, me dit-il, de ce que je parlais si facilement à Binh-dinh, il me pria de faire prévenir sa deuxième femme, en permission dans cette ville, d'avoir à réintégrer le domicile conjugal. Il me fallut user de supercherie pour sauvegarder mon prestige en produisant des signaux. J'avais placé ma petite pile sous la table; après avoir disposé mon manipulateur de manière à envoyer sur la ligne un courant continu, j'affectai de poser une main dolente sur mes genoux et, de cette main, j'enlevai et replaçai alternativement un pôle de la pile, mes mouvements étaient répétés par l'aiguille du galvanomètre qui déviait aux interruptions du courant. Je feignis de porter pendant quelques instants une grande attention à ces mouvements de l'aiguille, puis je déclarai que l'expérience était finie et la dépêche du huyên transmise à Binh-dinh. Avant de quitter Nghia-sŏn, j'envoyai cette dépêche par tram postal à Bong-sŏn, avec prière de la faire suivre immédiatement à destination.

Mon étape à Nghia-mi fut une vraie marche triomphale, entrecoupée d'arrêts pour saluer les députations de notables qui apportaient des victuailles et des fruits, chaque passant se découvrait à notre rencontre, il eut fallu manger et boire dans tous les villages.

Mon convoi n'avançait pas sans un certain décorum. En tête marchait mon cai [1] portant un drapeau tricolore sur la partie blanche duquel j'avais fait écrire en gros caractères noirs les mots *ông quan dây thép*, de cette façon, quand je traversais des villages non informés de mon passage, un éclaireur venait à distance lire le drapeau et allait rassurer les autres. Le huyên de Mo-dŭc me reprochait de ne pas faire suivre le drapeau de quelques porteurs d'insignes; pour le contenter, je donnai à un des miliciens qu'il avait préposés à ma garde, ma carabine Winchester qui ne m'était d'aucune utilité, à un autre je confiai un grand éventail de plumes, un quatrième portait dignement mon grand casque de moelle de sureau ou mon chapeau selon le moment de la journée.

1. Cai est employé ici dans le sens de chef des coolies; prononcer caye comme dans Biscaye.

Devant eux, en pointe d'avant-garde, un autre milicien frappait à intervalles à peu près égaux sur un tam-tam. L'influence du milieu me gagnait, et je n'affirmerais certes pas que je ne me suis jamais surpris à balancer démesurément les bras quand j'étais à pied, comme doit le faire tout Annamite influent qui se respecte. Et je crois devoir dire à ceux de mes lecteurs qui, ayant déjà habité la Cochinchine ou le Tonkin, hausseraient les épaules d'incrédulité, qu'ils ne se sont jamais sans doute trouvés aussi isolés et aussi considérés, dans un pays aussi purement annamite que le Quang-nghia.

Et je comprends les aventuriers qui se font proclamer roi dans certaines tribus, comme de Mayréna l'a fait chez les Bahnars. A force d'être adulé, respecté, servi, on s'habitue à toute cette déférence qu'on considère bientôt comme une chose due et indispensable. Le souvenir de mon séjour au Quang-nghia est déjà lointain, mais je ne m'ennuyais pas en ce pays et je m'y serais volontiers attardé si mes fonctions me l'eussent permis ; j'y pense souvent avec un certain bien-être d'esprit.

Nous fîmes une grande halte au chǒ Ti-pho. Elle est indispensable aux coolies, qui en ont eu la coutume transmise par leurs parents. Le chǒ Ti-pho est un écart de Ti-pho, à cheval sur la route mandarine, avec divers groupes de cases s'étendant des deux côtés. Des arbres magnifiques ombragent cette route sur tout l'espace occupé par le chǒ Ti-pho. C'est réellement un lieu de repos. En revoyant mes notes, je lis ces lignes écrites un soir que j'y couchai : *Qu'il fait bon respirer la paix ! Ici tout est verdure, ombrage, tranquillité.*

Je passe ma sieste à tirer au revolver sur des bouteilles vides avec le maire. Il tient son arme à deux mains et détourne la tête en appuyant sur la gâchette ! Un voyageur doit avoir pour préoccupation principale dans ces pays hébétés par tant de siècles d'immobilité, de laisser, à chaque passage, une marque quelconque de supériorité soit au physique, soit au moral.

On peut acheter sur le marché, du coton, de l'arec, des chapeaux, des poteries, des ananas, des cotonnades.

Je reparle encore de cette admirable paix du Quang-ngai, parce qu'on l'a souvent contestée et aussi parce que j'ai déjà beaucoup parlé de piraterie, de massacre, de guerillas. Le Quang-nghia est resté, en effet, une heureuse solution de continuité dans le soulèvement de la partie d'Annam située au sud de Huê. Si nous avions rencontré une ligne de résistance ininterrompue de Huê à Phan-tiet, la pacification eut nécessité beaucoup plus de temps et de soldats. Mais les révoltés du Binh-dinh et du Quang-nam, se heurtant à la barrière du Quang-ngai ne pouvaient combiner d'actions communes et se réfugiaient chez les Moïs qui, eux aussi, pour la plupart amis de l'indépendance et de la paix, leur signifiaient de ne plus venir troubler les échos de leurs montagnes.

De Ti-pho à Nghia-mi, nous ne rencontrons que deux villages, Phu-loc et Bu-dé, dont les cases sont jetées à l'aventure parmi les rizières et les champs de maïs. A Phu-loc je vis passer en courant des coolies porteurs de lamelles de bambous chargées d'écriture ; c'étaient des émissaires du phu de Tŭ-nghia, allant porter des ordres aux chefs de canton. Toute la correspondance sommaire se fait ainsi : un chef prend une lame de bambous, y écrit ses instructions, applique son cachet au bas et ce bambou court de village en village jusqu'à destination ; l'ordre, quelque arbitraire qu'il soit, est aussitôt exécuté ; s'il ne l'est pas par impossibilité autre qu'un cas de force majeure, le fonctionnaire reçoit le rotin et s'explique après.

Je rencontrai le phu à Phu-loc. Il était assis à l'ombre et me pria de descendre un instant de cheval, ce que je fis de bonne grâce. Des sbires vinrent planter des piquets devant moi et apportèrent des liens. Un maire fut amené, aussitôt couché sur le ventre, les pieds et les mains attachés solidement aux piquets, le pantalon ramené des hanches sur les jarrets. Puis j'entendis tam chuc ! *(quatre-vingts)*. Quatre-vingts coups d'un jonc flexible sur la chair nue ! Je sautai en selle mais pas assez vite pour que je n'entendisse pas les premiers cris du patient. Et qu'avait-il fait? Le phu apprenant mon arrivée pensait que j'aurais besoin immédiatement des poteaux qu'il devait me fournir par ordre du gouverneur, et, comme les gens de Bu-dé avaient déjà fourni les leurs, il fit retomber sur Phu-loc, en retard, tout le poids de son inquiétude, et, à tout hasard, pour faire montre de dévouement, il avait fait amener sur mon passage le maire et les notables, le carcan au cou, comme des criminels. Mais j'ai déjà eu tant de preuves de la duplicité de ces gens-là que je ne serais pas étonné que la verge ait effleuré les fesses et qu'une fois mon convoi hors de vue, tout ce monde ait été délivré et se fut ébaudi de la bonne farce qu'on venait de me jouer.

Le rotin est la peine commune, criminelle, familiale, judiciaire, royale. Un enfant de deux ans qu'on veut corriger est étendu sur le ventre et une petite *cadouille* [1] imprime sur sa chair tendre de petites lignes roses; un fils plus grand la reçoit de son père, sérieusement, et se couche à son ordre: les administrés récalcitrants, les prévenus, les prisonniers, les condamnés à mort la reçoivent périodiquement, parfois tous les matins.

Dans les interrogatoires, l'inculpé est toujours attaché aux piquets, prêt à recevoir la verge s'il ne répond pas dans le sens indiqué par le juge, c'est pourquoi tout prévenu est toujours coupable quand le veut le juge. J'ai vu des accusés de rébellion recevoir cent coups sur chaque fesse, le rotin était rouge de sang et enlevait des lambeaux de chair meurtrie; on appliquait un emplâtre et l'on recommençait quelques jours après, jusqu'à l'aveu du prévenu.

Cette peine vous poursuit même après la mort. Nguyên-van-duân, qui s'était laissé chasser du Phú-yên par les Tây-sŏn, s'empoisonna de désespoir. Nguyên-anh, après avoir

1. Corruption de *cà duôi*, *raie*. La queue de ce poisson a quelque analogie avec le rotin flexible employé pour la peine dont il est question.

LA PEINE DU ROTIN

pleuré sur son cercueil, ordonna de lui infliger cent coups de rotin, pour avoir volontairement abandonné son prince (1790). Remarque singulière, les indigènes préfèrent la peine de la cadouille à toute autre. Beaucoup d'entre eux ont du reste la chair calleuse par le renouvellement fréquent de cet exercice. Il est arrivé quelquefois à mes surveillants dans un mouvement de colère, de donner une bourrade ou un coup de canne sur l'épaule d'un coolie paresseux, l'individu qui avait été frappé se plaignait amèrement au mandarin qui venait me prier de ne pas laisser brutaliser ses hommes; s'ils ne travaillent pas, disait-ils, appliquez-leur vingt coups de rotin, mais réglementaires !

Nghia-mi est sur la rive gauche du song Vè ou Vè-giang, le marché est appelé chŏ Van-mi, le sông Vè va rejoindre l'embouchure du sông Ta-cuk à Phô-yen. Je m'installe au tram pour deux ou trois jours. Le phu de Tŭ-nghia m'y rend visite et m'apporte en présent un bœuf et d'autres victuailles. Le huyên de Mo-dŭc dont je croyais être débarrassé arrive quelques instants après le départ du phu, son premier mouvement est de s'emparer de mon porte-monnaie que j'avais laissé sur ma table. Il a cependant la délicatese de me rendre les boutons de nacre qui y étaient contenus. Mais je me fâche et je me vois obligé de lui dire que je ne pouvais cependant pas me dépouiller pour lui seul, puisque je devais rencontrer d'autres mandarins avec lesquels je me ferais un plaisir d'entretenir des relations aussi amicales qu'avec lui. Il me rendit mon porte-monnaie d'un geste résigné, mais en me demandant à quelle heure je comptais aller chez le phu, parce qu'il désirait m'y rencontrer avant de pousser son chemin jusqu'à la citadelle où il allait rendre compte au gouverneur que mes travaux étaient terminés dans son huyên. La curiosité et peut-être bien un peu l'envie le talonnait, il voulait voir ce que j'allais offrir au phu. Je lui répondis que j'irais à quatre heures et je me fis excuser près du phu jusqu'au lendemain, espérant bien que le huyên n'y serait plus.

Le phu est un homme bien plus digne et plus réservé ; il

me fait rendre les honneurs par des porteurs de lances et un parasol. Il s'excuse de ne pas connaître les usages français et craint de me mécontenter en me recevant mal. A la vérité, il est gêné, ses gens aussi, ils ne savent quelle position garder ni ce qu'ils doivent m'offrir. On m'apporte une petite collation où tout est mêlé, bananes, tranches de noix de coco, œufs durs, poisson sec, vermicelle, que je dois goûter sans ordre gastronomique. A la fin du repas, je présente mes cadeaux en m'excusant aussi. Et il y a de quoi, mes objets sont aussi hétéroclites que son déjeuner : une paire de rasoirs dans leur boîte, un porte-monnaie, un flacon d'huile antique, un flacon d'alcool de menthe et une bouteille de chartreuse.

Dans le cours de notre conversation, le phu m'affirme que la province de Quang-nghia est beaucoup plus pauvre que celles de Quang-nam et de Binh-dinh, et malgré son opulence apparente qui contraste avec la dévastation de ses deux voisines, elle reste la moins peuplée, la moins vaste et possède le moins de vallées.

On cultive principalement dans le phu de Tũ-nghia la canne à sucre et le maïs.

De Nghia-mi à la citadelle, la distance est de 11 kilomètres, j'ai hâte d'arriver et je la franchis au galop. Il n'y a d'ailleurs rien de nouveau à observer. Signalons cependant pour le voyageur trois petits arroyos qui débordent aux pluies et les villages de Nhu-nan et de La-ha qui ressemblent à tous les autres.

CHAPITRE V

DE QUANG-NGAI A HOA-VAN

SOMMAIRE. — La citadelle, Phô-yen, Tan-an. — De la citadelle à Hoa-van.

La citadelle, Phô-yen, Tan-an. — Aux abords de la citadelle grouille une population mercantile et soldatesque; les restaurants regorgent de lính dépenaillés, les cases étroites s'écrasent l'une l'autre avec leurs éventaires garnis de peignes, de glaces ayant une photographie de femme chinoise collée au dos, de boîtes à tabac, de nécessaires à bétel, d'allumettes, de flacons de peinture allemande, de boutons en verroterie pour caí áo [1]; les perruquiers ambulants rasent leurs clients et leur nettoient les oreilles avec une minutie inconnue en Europe, les femmes des lính reviennent du marché avec du poisson, du porc et des fruits à pain, et, sur le pont du fossé manœuvrent une vingtaine d'hommes aux commandements de *portez armes, présentez armes*, qui se répètent jusqu'à la pose. Ces pauvres diables n'ont appris que cela, sans doute pendant une courte jonction avec nos troupes dans le Binh-dinh, et, pour attester leur dévouement, ils se mettent en manœuvre dès qu'un Français est signalé.

Mais j'aperçois un casque, c'est le chef de la douane de Phô-yen qui a eu l'amabilité de venir à la citadelle me souhaiter la bienvenue. Nous sommes aussi contents l'un que l'autre de nous rencontrer, lui, pour savoir quelques bruits du dedans, et moi, du dehors. Il me conduit chez le gouverneur. C'est un vieillard d'une douceur inexprimable, qui administre en patriarche. Il a le grade de quan bô ou mandarin

1. Tunique indigène.

percepteur des impôts ; je lui présente une lettre du Có-mât lui faisant connaître le but de ma mission. Après l'avoir lue, il s'adressa malignement au douanier : Hein ! il n'est pas comme vous le mandarin fil de fer, il ne vient pas faire le pirate, et encore, si vous partagiez avec moi !

Cette apostrophe mérite quelques éclaicissements. Le directeur des douanes avait dit à son subordonné : vous allez vous rendre au Quang-ngai avec trois employés, vous prendrez une jonque à Tourane et vous chercherez un point de la côte avantageux pour débarquer et vous installer ; s'il y a une douane indigène vous la supprimerez et vous appliquerez nos tarifs. Le douanier débarqua à Phô-yen où fonctionnait une douane annamite qu'il congédia le jour même. Il n'avait aucune lettre de créance, et, comme le disait le quan bô, on se demandait dans le pays si l'on n'avait pas affaire à quatre aventuriers qui s'éloigneraient quand ils auraient réalisé une certaine somme. Quelque temps après, le gouverneur fut sans doute avisé par le Có-mât, car il noua des relations très cordiales avec la même douane qui lui offrit successivement une petite popote, du vin, de la bière et des liqueurs. Tout cela fut mis en service pour le dîner offert le soir même de mon arrivée par le quan bô.

Le lendemain, je partis visiter Phô-yen, résidence des douaniers. Phô-yen n'est autre que le village que j'appelais Khoi-thang sur le bulletin de la Société de Géographie de l'Est du quatrième trimestre 1886. Mais la confusion n'est qu'apparente. Il sera longtemps encore très difficile d'établir une carte de l'Annam avec les noms qui prédominent. Les négociants appellent ce village Phô-yen et les pêcheurs Khoi-thang. Depuis lors, le nom de Phô-yen a prévalu parce que la douane l'a adopté. Il en est de même du sông Cô qui n'est autre que le sông Vè, mais qui change de nom à partir de Tan-an (Tou-xa).

Le soir, j'eus la bonne fortune d'assister à une incinération qui se fit avec un naturalisme à exaspérer les plus fervents amateurs de crudité. Le cadavre était étendu sur un lit de

RESTAURANT INDIGÈNE
(Fac-simile d'un dessin annamite).

camp. Deux réchauds flambaient sous un parasol de pagode. Quand nous arrivâmes, une jambe coupée en deux grillait sur ces réchauds avec grande cacophonie de tam-tam, de gongs et de crincrins. Des coolies sciaient l'autre jambe. On recueillait les cendres mêlées à celles du charbon de bois dans des boîtes laquées. L'air ambiant était empesté. Nous avalâmes, le douanier et moi, chacun la tasse de thé qu'on nous offrit et nous prîmes congé des opérateurs. Cette coutume n'est pas pratiquée en Annam. Le mort était-il étranger et avait-il demandé à être incinéré suivant les mœurs de son pays? C'est ce que je ne pourrais dire, le dégoût l'ayant emporté sur la curiosité. Je me souviens pourtant que son faciès était bien annamite ; les races similaires, du reste, se confinent dans les montagnes.

Je retournai à la citadelle par Tan-an, ville en grande partie chinoise, entrepôt commercial de la province. Il en est de cette ville comme de Phô-yen. En 1886, l'Annamite auquel je m'adressai pour en connaître le nom me répondit : Tou-xa, un deuxième et un troisième me confirmèrent ce nom. Mais la ville dont le nom général est Tan-an comprend dans son agglomération plusieurs villages annamites qui ont conservé leurs noms primitifs. Et je me trouvais dans un de ceux-là quand je questionnai les indigènes. Il faut donc dire Tan-an et non Tou-xa. Les produits de la province sont drainés vers cette ville par des agents chinois qui font des échanges ou prêtent sur récoltes. Ce que j'ai dit de Tan-quan dans le nord du Binh-dinh peut être appliqué à Tan-an. Cette ville fournit la plus grande partie des revenus de la douane.

Le chemin de Phô-yen à Tan-an part de l'ancienne douane indigène en face de Phô-yen, passe à Phu-cũong dont tous les habitants se livrent à la fabrication du nũoc-mam, traverse le sông Phu-nhon et se rend à Tan-an par le marché de Tou-xa qui a conservé le nom par lequel on désignait autrefois la ville. La distance est d'environ 6 kilomètres. Il y en a 12 pour revenir de Tan-an à la citadelle. Celle-ci est carrée, avec bastions aux angles et portes au milieu de chaque face; elle mesure 400 mètres de côté. Quand j'installai le bureau télégraphique en présence du quan bô qui s'émerveillait à la vue des appareils, pour piquer sa curiosité et aussi sa langue, je le priai de poser sur celle-ci le bout d'un fil communiquant avec la pile. Il grimaça d'une manière si comique que son entourage oubliant toute déférence se mit à rire aux éclats. Mal leur en prit, car le quan bô ordonna à tous les mandarins, quan, dôi et lettrés de passer leur langue au fil de la pile et, pendant deux jours, je ne cessai d'envoyer des commotions à ces braves gens qui s'exécutaient comme en service commandé.

Et les visites! Je vidai une caisse de chartreuse en quelques jours. Je me souviens du lanh-binh, entre autres, qui me demanda un jour une paire de souliers blancs que j'avais aux pieds, et, sans attendre ma réponse, me fit déchausser par un de ses lính. Je me laissai faire, mais je priai le lanh-binh de me donner au moins ses savates en échange. Elles étaient trop petites, et le lendemain, je dus me parer de mes souliers de gala en cuir verni. Grande surprise de sa part, et ce à quoi je ne m'attendais pas, reproches amers. Je fis la sourde oreille, mais ses yeux ne quittaient pas mes souliers; il se baissait pour les caresser de la main et il fit tant le doucereux que je consentis à reprendre mes souliers blancs.

Le quan bô, parvenu au bout de sa carrière, n'a jamais fait manœuvrer une arme à feu. Je lui donnai un petit revolver nikelé dont la gâchette mobile sur un axe se refermait sous la crosse. Je lâchai un coup pour lui montrer la manière de s'en servir. Dans l'après-midi il me fit demander. Son arme ne fonctionnait pas et il se plaignait de ce que je la lui avais donnée pour ce motif. — Si vous n'en avez pas d'autre, disait-il, je vous la rendrai. La baguette de sûreté avait glissé dans une chambre du barillet, et fort heureusement pour lui, car il essayait de remuer la gâchette en tournant le revolver en tous sens, aussi bien le canon dirigé vers lui que vers le jardin. Je lui fis une seconde démonstration de l'arme

UN CORPS DE CHANTEUSES ANNAMITES

suivie d'un nouvel essai, et je le priai instamment de la garder. — Je l'accepte, répondit-il enfin, mais j'en ferai cadeau à un mandarin militaire, car je ne suis pas assez familier avec les armes.

Quand il fallut nous quitter, le quan bô donna des fêtes et y invita toute la douane.

Un hercule portant à chaque main deux énormes poids pesant au moins chacun vingt kilogr. fit trois fois le tour du jardin. Nous passâmes ensuite au théâtre. Je ne connais rien de plus monotone; l'éloquence dramatique y est l'art de piailler, de crier, de vociférer. Il y a de la mise en scène, des étendards, des sabres; les acteurs sont maquillés, les mandarins et guerriers sont représentés en costumes officiels dépenaillés, l'orchestre composé de gongs, de tams-tams, de flutes, de cliquettes, est assourdissant, les exécutants sont accroupis à droite et à gauche de la scène; on joue des drames, des combats, des enlèvements suivis d'accouchements sur la scène; les changements de décors se font sans baisser de rideau; les acteurs qui ne jouent pas attendent tranquillement leur tour à l'arrière de la scène près de l'orchestre, et quand le rideau reste entr'ouvert [1], on voit ceux qui se tatouent. Les femmes ne jouent jamais au théâtre, mais forment un corps spécial de chanteuses qui ne se joint jamais aux acteurs. Les spectacles sont toujours gratis. Les acteurs viennent jouer à la requête d'un mandarin ou d'un particulier riche qui paient de la manière suivante : le fonctionnaire immédiatement au-dessous ou ami de celui qui a commandé le théâtre se place devant un tam-tam, parfois un invité de haute marque se place devant un autre, puis ils soulignent d'un coup de tam-tam tous les passages à effet et jettent sur la scène un petit chapelet de sapèques de la valeur de dix centimes. Parfois trois coups et trois chapelets partent successivement, c'est un rappel. Deux employés du théâtre se

1. Ce rideau se trouve entre l'arrière de la scène et un cabinet commun pour la toilette des acteurs.

vautrent sur la scène au milieu des acteurs et ramassent les sapèques qu'ils reforment en ligatures et qu'ils repassent à l'approbateur contre un jeton. A la fin du spectacle, les jetons sont payés au directeur du théâtre. Mais ces pièces sont interminables; à certaines grandes fêtes royales, on joue plusieurs jours sans s'arrêter ni jour ni nuit.

De la citadelle à Hoa-van. — A un kilomètre de la citadelle coule un grand fleuve qui va mêler ses eaux à celles du sông Vè à Phô-yen, c'est le sông Ta-cuk. La largeur du lit majeur est au bac de 760 mètres, mais le lit mineur n'a pas plus de 300 mètres. A la saison des pluies, les bancs marginaux disparaissent sous les flots qui atteignent les rives du lit majeur et souvent débordent dans la campagne.

Aux environs du bac, la rive gauche est formée de bluffs que les indigènes alimentent au moyen d'énormes norias et de petits canaux endigués. Les norias sont mises en mouvement par de petits barrages qui constituent des sauts artificiels.

Pendant l'été, la chaleur est tellement intense dans cette région que les Annamites se brûlent les pieds en marchant sur le sable des rives. Quand, pour supporter notre ligne télégraphique, nous élevâmes un poteau multiple sur un banc marginal situé au milieu du fleuve, il nous fallut une centaine de coolies; l'opération ne se termina qu'à onze heures du matin. Dès qu'ils reçurent l'autorisation de se disperser, nous vîmes ces pauvres diables courir à toute vitesse et s'arrêter toutes les deux ou trois secondes pour danser sur leurs chapeaux afin de se refroidir la plante des pieds.

Le sông Ta-cuk sépare le phu de Tŭ-nghia du huyên de Binh-sŏn. Le plateau de la rive gauche est élevé d'une vingtaine de mètres et l'altitude se maintient en allant vers le Nord. Le sông Ta-cuk forme une riche vallée très profonde qu'il serait intéressant de visiter; il est navigable pour jonques jusqu'à une certaine hauteur. Remarquons en passant que si dans le Binh-dinh aucun arroyo n'est praticable aux jonques, ils le sont tous dans le Quang-nghia.

Jusqu'au tram de Nghia-loc, les rizières couvrent encore généralement le pays. La route est splendide, bordée de beaux arbres, large de 10 à 12 mètres et bien entretenue. Nous voyons d'abord sur la rive gauche du fleuve, le village de Phu-nan où fonctionnent deux norias, l'acqueduc suit le bord de la route jusqu'aux environs du marché de Phŭong-rŭu. Nous passons rapidement au milieu des villages de Phu-gieng et de Yen-phŭoc, puis nous allons faire une petite halte au tram de Nghia-loc : nous avons déjà parcouru 10 kilomètres.

La dévastation du Quang-nam se pressent déjà. Le dôi du tram de Nghia-loc nous apprend que les rebelles ont osé pousser jusque chez lui et ont pris trois chevaux appartenant au service du tram. Plus loin, à My-tieng, nous verrons une maison de Chinois brûlée et une autre dont la porte est ligaturée avec du fil provenant de la destruction de la ligne télégraphique de Tourane à Quang-nam, et enfin, nous trouverons le tram suivant saccagé.

A partir de Nghia-loc, le paysage change d'aspect, ce n'est plus la rizière mais ce n'est pas encore la forêt. Le sol est graveleux, plus propre à la culture des arachides qu'à celle des céréales. Du côté ouest, les montagnes se rapprochent insensiblement. Je rencontre à Xŭong-yen le secrétaire du huyên qui m'apporte un porc et de la volaille; il excuse son maître de n'être pas venu me recevoir à la limite de son arrondissement; ils sont malades tous deux.

A la vérité, le lettré est attrabilaire et le mandarin chancelle d'ivresse, mais d'une ivresse noire, telle que doit la donner l'infernale eau-de-vie de riz, avec l'opium comme corrollaire. Son visage ne m'est pas inconnu, c'était un de mes assidus de la citadelle et un de mes plus entêtés buveurs de chartreuse. Il accourait sans parasol, sans autre suite que le porteur de sa boîte à bétel et s'installait carrément sur ma table, demandant un verre à mon domestique. Cette invasion exubérante ne laissait pas que de me crisper, d'autant plus qu'il engoulait son riz chez lui et venait aussitôt éructer sur ma table croyant me faire honneur et plaisir.

Je me hâtai de lui offrir ce que je lui réservais : une boîte à savonnette en étain ciselé remplie de pièces de dix cents pour faire un collier à son enfant, et une bouteille de rhum, puis je pris congé de lui.

Son autorité morale est affaiblie, son habitation semble déserte, l'herbe croît dans la cour, tous les bâtiments sont en torchis. Les pirates l'ont pillé, dit-il, pendant son absence, et ils ont brûlé la maison. Et il me fait remarquer un terre-plein couvert de décombres noircis.

Jusqu'à My-tieng nous ne rencontrons que deux villages, Lieng-thi et Lan-giang, Mais My-tieng est un bourg important sur le sông Hô. Le marché appelé chŏ Chau-hô, fournit des légumineuses, des arachides, du sucre, des poteries, du poisson frais et séché, du coton brut et filé. Près de là se tiennent des teinturiers. La base dont ils se servent est une espèce de bruyère qu'ils nomment cây tam et qui donne une couleur bleue. Le cay tam est séché, puis macéré dans une grande cuve. On retire les feuilles, on plonge les étoffes dans la cuve et on les étend au soleil. L'opération est terminée, il ne reste plus qu'à la répéter un certain nombre de fois suivant qu'on désire un bleu plus ou moins foncé.

De gros sampans remontent le sông Hô, chargés de sel et de riz. Les rizières reparaissent jusqu'au tram de Nghia-binh, de petits ruisseaux descendant de la montagne maintenant tout près de la route facilitent l'irrigation. Sur la rive gauche du sông Hô, un village s'est établi : Tieng-dau. Un autre, Phu-loc, le suit à quelques centaines de mètres. Puis encore un autre à la même distance, Chau-to. Partout où l'on peut cultiver le riz, les cases se muitiplient. Puis la distance entre Chau-to et Tei-binh est à peu pès la même qu'entre Chau-to et le sông Hô; en tout, de Tei-binh au sông Hô, 4 kilomètres et demi seulement.

Tei-binh est le nom d'un passage fortifié; c'est la clef du Quang-nghia par le Nord. Mais les défenses ne sont pas redoutables. Quelques miliciens sans armes à feu gardent ce passage fermé à trois endroits par une muraille peu élevée. Il est adossé à un mamelon que contourne un chemin qu'il est facile de suivre pour éviter les portes du retranchement. Un poste en paillotte est établi sur le sommet de ce mamelon. Les retranchements sont habités par une cinquantaine de nhà quê formant le village de Tei-binh, mais tous, cultivateurs et soldats, sont campés provisoirement et ont toujours l'air d'avoir une jambe levée pour être plus tôt prêts à fuir.

Le tram de Nghia-binh s'élève sur un petit mamelon, à cheval sur la muraille ; il est saccagé, ses chevaux ont été volés par les rebelles du Quang-nam.

Immédiatement après le retranchement du Nord se trouve le marché de Nŭoc-nam. Il est relativement important. Quelques montagnards viennent y faire des échanges.

A 3 kilomètres au-delà de Nghia-binh, un petit mamelon verdoyant termine la zône cultivée. Au-delà, c'est le sable, aussi loin que la vue peut porter. Si nous marchons encore un kilomètre nous rencontrerons deux arbres isolés sur la route marquant la limite des deux provinces ; ce sont ceux que nous avons vus en terminant notre voyage de Huê à Hoa-van.

FIN DE LA DEUXIÈME PARTIE

TROISIÈME PARTIE

DE BINH-DINH A PHAN-RANG

CHAPITRE PREMIER

DE BINH-DINH A THUY-HOA[1]

SOMMAIRE. — Le marché de Vang-hoi aux approches du Têt. — De Vang-hoi à Sông-cau. — De Sông-cau à Vung-lam. — De Vung-lam à Thuy-hoa en jonque. — De Vung-lam à Thuy-hoa par terre.

Le marché de Vang-hoi aux approches du Têt. — Il fait beau, nous sommes en février, la saison des pluies vient de cesser, mais ce n'est pas encore le beau temps fixe. Ce mois de transition a des jours délicieux. Nous irons sans nous presser coucher au tram de Binh-phú. La route mandarine est large, nous chevauchons trois de front, mais les arroyos sans pont nous imposent des haltes et des descentes de cheval inattendues. Le premier de ces cours d'eau est le sông Mui-dac que nous avons déjà passé sur un pont au pied des tours d'Argent et que nous retrouvons à quelques centaines de mètres au delà de la bifurcation du chemin de Qui-nhön.

Une demi-heure après, nous sommes au marché de Dai-

1. Voir pour le commencement de ce voyage, la carte de la province de Binh-dinh, p. 94.

tinh. On y vend des cotonnades anglaises, du riz, du maïs, des noix d'arec, du tabac, de l'huile d'arachide. A l'Ouest, la note claire d'un vallon de rizières se rit du ton fauve des monts environnants.

Les villages sont pressés, les rizières ininterrompues. C'est Quan-tinh avec 200 cases à droite de la route, puis Binh-dien, siège d'un tram et grand village d'environ 400 cases, et Deu-tei, qui en compte 200, éparpillées sur le sông Cai-da, large de 400 mètres, au débouché de la vallée de Ha-nhao. Le sông Cai-da est navigable pour jonques seulement en hiver, alors les indigènes se livrent à l'exploitation des bois qu'ils amènent par des ravins jusqu'à la rivière.

Nous nous arrêtons pour déjeuner au marché de Vang-hoi, à 2 kilomètres plus loin. C'est l'approche du Têt, fête nationale, unique, universelle, attendue avec impatience par toutes les classes de la société. Pour ce jour-là, on reblanchit les murs, on relaque les autels des ancêtres, on remplace tous les talismans, amulettes, préceptes, allégories en papier doré qui restent appendus ou collés dans les caí nhà et sur les portes, d'un Têt à l'autre.

Le Têt, j'oubliais de le dire, c'est le nouvel an. Les huit jours qui précèdent se passent dans un tohu-bohu de gens qui volent la nuit avec une témérité dont ils ne seraient pas capables en aucun autre moment, de pauvres diables qui cherchent à troquer jusqu'à leurs meubles, de marchands qui liquident, de colporteurs de pétards, baguettes parfumées, images bouddhiques, objets d'autodafés en bambous recouverts de papiers bariolés ; quoi encore ? on débite du cochon, on entasse des noix d'arec, les riches achètent des pièces d'étoffe, des caí khan *(turbans)*, des chapeaux. Il faut de l'argent et quelque chose de neuf au risque de vendre tout le vieux. La plus grande activité règne dans les restaurants qui débitent force tasses de thé, d'eau-de-vie de riz, bols de haricots, de riz blanc comme neige assaisonné de gelée de porc ou de sauce de poissons.

Il nous a été donné de voir ce spectacle en pleine activité.

C'est curieux et gai, ces petits bambins endimanchés, marchant dans l'ombre projetée par leurs vastes chapeaux coniques; il n'y a pas jusqu'aux bà già qui n'aient dans leur accoutrement un oripeau flambant neuf.

Mais le désagrément insupportable de ce Têt, c'est la désertion inévitable des domestiques. Le mien n'a pas manqué à la coutume quoique nous soyions en voyage. Il a même pris l'avance et m'a abandonné depuis Binh-dinh en me volant une bouteille de chartreuse et une paire de souliers !

Ce n'est pas ce qui nous empêchera de déjeuner avec un peu de bonne volonté. Un nho [1] s'offre à nous faire du feu pour quelques sapèques. Puis il nous plume tout vivant notre poulet. Mais il se sauve à un mouvement d'indignation que je ne puis réprimer. C'est une habitude inhumaine chez tous les Annamites de plumer la volaille vivante.

Le nho ne tarde pas à revenir et à nous faire rôtir notre poulet. Nous y ajoutons une omelette et une boîte d'asperges en conserve et voilà comme on déjeune en route. Notre gamin demande à nous suivre jusqu'à Hon-cohe son pays natal, où il va faire le Têt, dit-il, nous le lui accordons à la condition qu'il saignera les poulets avant de les plumer.

De Vang-hoi à Sông-cau. — Suivi de notre nouveau domestique, nous marchons jusqu'à Phu-tai sans que rien de remarquable ne nous arrête. Nous nous rapprochons peu-à-peu des montagnes et les rizières font place au maïs et à la canne à sucre.

Phu-tai a été occupé longtemps par un détachement d'infanterie de marine, il est aujourd'hui évacué. L'administration du Protectorat a profité de l'état léthargique des lettrés pour supprimer un à un tous les petits postes, ne conservant qu'un noyau de troupes dans les chefs-lieux de province et quelques clefs de vallées.

Phu-tai est un village de peu de valeur, mais qui avait

1. Gamin, petit.

son importance stratégique pendant la révolte. Les rebelles qui tiraient sur Qui-nhôn depuis les mamelons de la vallée des Paons, se ravitaillaient par Phu-tai et Vang-hau ou se repliaient par le col de Cu-mong. La création du poste de Phu-tai les éloigna.

C'est la brousse maintenant jusqu'au col de Cu-mong et au-delà. Binh-phú est sur le milieu du col, et sert de limite aux provinces de Binh-dinh et de Phú-yên, comme l'indique son nom, composé des préfixes des deux provinces.

Ce tram n'est pas bien gai, mais j'aime la forêt. Rien de plus saisissant qu'une nuit étoilée, donnant aux arbres et aux branches, aux feuilles, des silhouettes grimaçantes de faunes, de stryges et de vampires, auxquels d'autres fantômes, réels ceux-là, prêtent leurs horribles cris et leurs bramements lamentables. L'imagination aidant, vous voyez des félins les escarboucles franchir la route, vous entendez des bruissements d'herbes, des manifestations insolites semblent vous dire que la nature ne vous appartient plus et que vous êtes un intrus dans cette réunion fuyante de noctambules, et vous pressez le pas pour arriver plus vite au logis.

Une soixantaine de cases abritent les gens du tram et leurs familles, ainsi que quelques nhà quê qui tiennent des restaurants.

La route est mal entretenue, comme sur la plupart des cols. Chaque année les pluies creusent davantage les rigoles entre chaque pierre ou roc du chemin.

Au-delà du col, le village de Lang-tram au milieu de la vallée étale ses rizières à droite et à gauche de la route, avec des bouquets de bambous cachant les cases ou les hameaux.

De la base du col à Lang-tram, on traverse quatre ruisseaux qui se transforment l'hiver en torrents et deviennent périlleux.

A 3 kilomètres plus loin, nous voyons le marché de Thach-ké. Pour y parvenir, on franchit successivement six petits ponts en bois donnant passage à autant de ruisseaux. Pendant la saison des pluies, cette partie de la route mandarine est très difficultueuse. Une multitude de torrents descendent de la montagne se dirigeant vers la mer, débordant et inondant le pays.

Les cocotiers sont ici plus nombreux qu'aux environs de Qui-nhôn. Le marché de Thach-ké est particulièrement approvisionné en riz, maïs et poissons salés.

Le premier village que nous rencontrons après Thach-ké est encore un marché, Binh-tan, qui compte environ 400 cases, et qui est situé au milieu d'une belle plaine de rizières et de cocotiers.

Un chaînon latéral, rattaché au groupe par le défilé de Tam-hoi, nous cache la baie de Cu-mong et ses salines. Au temps où Tourane et Qui-nhŏn étaient les deux seuls ports ouverts au commerce, les navires apportant des denrées à Tourane, qui demandaient à aller prendre à Cu-mong du sel comme fret de retour, se voyaient contraints d'emmener un employé de la douane, de le nourrir et de le payer, puis de le ramener à Tourane leur chargement effectué. Et cet employé avait pour mission d'empêcher le navire de trafiquer!

Le tram de Phu-khé est à 4 kilomètres de Binh-tan, au début du défilé de Tam-hoi. Quelques cases adjacentes, logements particuliers des gens du tram, sont les seules habitations qu'on y voit. Les cols sont peu susceptibles d'exploitation par les Annamites qui préfèrent la rizière à toute autre culture. Nous verrons cependant plus loin des mamelons cultivés, les seuls qui le soient en Annam. Du versant méridional du défilé, on aperçoit la baie de Xuan-day, finement découpée, et coquette avec sa bordure de palmiers.

Nous passons sans nous arrêter à Lé-huyen, village de 200 cases, et nous arrivons à Sông-cau, nouveau chef-lieu de la province *(février* 1889). Un vice-résident administre avec l'aide d'un tuan-phu ; le bureau télégraphique qui était à Vung-lam a suivi la résidence, la douane et l'escale des paquebots également.

Mais le commandant de la garnison a voulu rester à Vung-lam.

Le marché de Sông-cau offre une infinie variété de poissons de mer et d'eau douce, des cocos, du riz, maïs, patates, porcs, cordages, filets et poteries.

Le village est situé sur l'embouchure du sông Cau, large d'environ 400 mètres et qu'on traverse évidemment en bac.

Nous couchons à Sông-cau. C'est la veille du Têt, quelques-uns le commencent déjà. Sur la place publique, des musiciens ambulants raclent des instruments à une corde, battent du tam-tam et des cliquettes, et quand la cacophonie laisse à désirer, ils poussent des cris alternativement gutturaux et nazillards. Un gamin collecteur implore la générosité des assistants.

Et les pétards éclatent de tous côtés, les fusées détonantes aussi ; il faut que chacun fasse du bruit.

De Sông-cau à Vung-lam. — De l'autre côté du sông Cau se trouve le village de Long-binh dont les habitants se livrent à la confection des jonques et sampans.

Nous nous engageons à peu de distance dans un nouveau défilé, celui de Quan-quich, entièrement cultivé, comme pour démentir mes impressions de la veille. Nous avions mis 30' à le franchir, mais nous nous étions arrêtés 1/4 d'heure au sommet pour admirer les côteaux de la baie de Vung-lam, coquettement défrichés et séparés en lots géométriques par des haies de plantes grasses et d'arbustes. Cela m'étonnait d'autant plus que je connaissais l'horreur profonde de l'Annamite pour ce qui n'est pas à peu près au niveau de la mer. Les tribus montagnardes ont seules la constance de défricher. Quelques indigènes à qui je demandai pourquoi on cultivait les coteaux me répondirent : « il faut bien, puisque le riz ne pousse pas en plaine ».

MUSICIENS AMBULANTS

A la vérité, le sable et les mamelons couvrent les trois quarts de la province.

Mais il faut chercher ailleurs la raison déterminante de cette dérogation aux coutumes, la côte d'Annam est aussi aride en cent autres endroits, sans offrir cette particularité. Je serais plutôt tenté de croire, quoique cette origine remontât au XVIIe siècle, que les Annamites trouvèrent ces coteaux déja mis en culture par les Kiams, et continuèrent à les exploiter, d'abord pour profiter du défrichement, et plus tard par esprit de routine.

Au milieu de la plaine, dans un fouillis de feuillage, fourmillent les cinq cents cases du village de Khoan-hau. Son marché abonde en poissons, riz, maïs, huile, arec, tabac, porcs. Les environs sont cultivés en rizières, maïs, canne à sucre, haricots et patates.

Vingt-cinq minutes après nous sommes à Vung-lam, un des plus beaux sites de la côte. Il faut le voir de l'entrée de la rade. C'est une baie idéale, telle qu'en rèvent les jeunes imaginations, avec son fond de cocotiers dont les feuilles puissantes se découpent sur la transparence de l'éther, avec ses eaux tranquilles, aussi molles et azurées que le ciel qu'elles reflètent. Les coteaux défrichés, retournés, divisés en petites propriétés où chaque habitant vient cultiver son champ de patates et de maïs, achèvent de donner au paysage cet air pastoral qui manque à la généralité des paysages tropicaux, où l'on craint de trouver sous les palmiers, sur les bords d'un fleuve, le fauve ou le saurien.

Mais on éprouve quelque déception en débarquant. Dès qu'on a pris contact avec ce site, le charme se rompt. L'horizon est borné par quelques cases malpropres où grouillent des Annamites loqueteux et indolents. Ah ! c'est que le site est une création de la nature et non de l'habitant !

Cependant, en tournant le dos au village, l'illusion tend à renaître, c'est une marine mignonne, avec ses esquifs aux voiles étincelantes sous le soleil, qui décrivent de gracieuses courbes sous le souffle régulier de la brise du Sud.

De Vung-lam à Thuy-hoa en jonque.— Je devais me rendre à Thuy-hoa par mer. J'emmenais avec moi six petites jonques chargées de cables que je devais épisser pour traverser le lit mineur du sông Da-rang, large de 3,500 mètres.

Vers le soir, alors que nous étions à hauteur de l'île Mai-nha, le temps changea, un fort vent debout nous obligea de tirer des bordées sans fin qui nous ramenaient toujours au même point. La jonque dansait, virait, se cabrait sous les flots en ébullition. Las de ce rôle de Sisyphe, nous jetâmes l'ancre dans une crique de l'île, par 2 mètres de fond, mais il n'eut pas été prudent de débarquer.

Mon surveillant, à demi fou du mal de mer et de la crainte de se noyer, voulait accoster; j'eus toutes les peines du monde à l'en dissuader. Le timonier resta à la barre toute la nuit, pour le cas où la corde de l'ancre viendrait à se casser, et nous nous étendîmes, passifs, fatalistes, au fond de la jonque, essayant de dormir. Mais tantôt c'était une bouteille, tantôt un verre ou un fusil, voir même une malle qui, ayant perdu l'équilibre graduellement, nous tombaient sur les jambes.

Je tentai d'allumer un photophore ; la mer se vengea de ma témérité en nous envoyant une lame qui cassa le verre et nous inonda. Ruisselants d'eau, il fallut se soumettre et ne plus bouger. Mon surveillant, ancien zouave, rageait, pestait contre ceux qui faisaient embarquer les gens qui ne savent pas nager, et finissait par me faire rire. C'est que nous devions après Thuy-hoa, nous rendre à la baie de Cam-ranh avec notre jonque, ce qui représentait, en cas de vent contraire, un voyage d'une quinzaine de jours. « J'irai tout seul à pied à Cam-ranh! » s'écriait-il, « j'aime mieux être mangé par les tigres que de boire un coup d'eau salée. Au moins avec les tigres on peut se défendre! » Et comme je riais plus fort : « Vous pouvez bien rire, vous savez nager. Ah! seulement que je puisse débarquer, on ne m'y repincera plus. — « Mais, mon pauvre ami, lui disais-je, si la jonque coulait, je serais aussi bien loti que vous, il fait si noir qu'on ne voit plus où est la côte. »

Et les secousses du bateau nous jetaient l'un sur l'autre, moi, riant toujours, lui, jurant contre son « sacré métier ».

A cinq heures du matin, la mer était plus calme, mais le vent toujours contraire, quoique anodin ; c'était du reste inévitable, la mousson étant S-O.

Le pilote avait mis le cap sur l'île Verte, que, gisant inertes au milieu du fatras des objets de voyage souillés, nous restions les yeux ouverts, sans prononcer une parole.

Enfin le soleil étant venu nous visiter, nous passâmes la tête dehors. Les bateliers renforçaient l'action de la brise de travers par les rames et nous avancions assez bien. On apercevait l'Épervier et la roche du dèo Ca.

Le sông Da-rang passait près de l'Épervier, nous n'en étions donc pas éloignés. « Ce n'est pas la peine de faire à déjeuner, » dit le surveillant, « puisqu'on va arriver. » J'étais un peu de son avis. Mais nous décrivîmes des zigzacs sur cette maudite rade jusqu'à quatre heures du soir, avant de pouvoir affronter la barre.

Et dès qu'on nous vit entrer si témérairement, deux barques de pêcheurs, massives, longues, conduites chacune par douze rameurs, vinrent nous remorquer. Une heure après nous étions au bureau télégraphique de Thuy-hoa, dévorant un dîner gracieusement offert par l'agent : nous n'avions pas mangé depuis notre départ de Vung-lam.

Il manquait deux jonques de cables qui arrivèrent le lendemain matin.

De Vung-lam à Thuy-hoa par terre.—Afin de continuer mes cartes itinéraires sans lacune, j'ai recueilli, glanant de divers côtés, les renseignements topographiques et économiques ci-après sur la section de Vung-lam à Thuy-hoa :

Vung-lam est appelé aussi Keu-sŏn, ainsi qu'un petit arroyo situé à quelques centaines de mètres au nord du village ; il est très peu large, mais on le traverse quand même en bac.

Après Vung-lam vient le défilé de Xuan-day qu'on met une heure à parcourir et dont les reliefs sont en grande partie cultivés. Il donne accès sur une plaine sillonnée de cours d'eau ayant leurs embouchures aux ports de Xuan-day et de Phu-sŏn.

Cai-dua sur le sông Cha, possède un marché approvisionné en poteries, soies, riz, maïs, patates, vermicelle, eau-de-vie de riz, sucre, etc.

Tan-lay, à 35 minutes, sur le sông Da-han, au pied du défilé de Da-han; environ 400 cases.

Défilé de Da-han, en partie cultivé, chemin montueux et pierreux.

Phú-tan, tram et marché, à 1 heure 15 de Tan-lay, sur le sông Mui-ba.

Cet arroyo est presqu'à sec pendant l'été; son lit mineur est de 200 mètres. Le marché fournit riz, maïs, arec, huiles, patates, etc.

Mi-phu, à 1 heure 20. Plaine de rizières; 300 cases, belle route, élevage de chevaux.

Phong-phu, à 15 minutes. Rizières, Marché : chevaux, bœufs, porcs, riz, arec, soies, cotonnades.

Phu-dinh, à 20 minutes. Se trouve à l'Est de la route, 200 cases dans une belle plaine de rizières. A quelques kilomètres à l'Ouest, succession de coteaux bien cultivés.

Hoa-da, à 40 minutes, 300 cases. Élevage de chevaux.

Phu-lŭong, à 30 minutes, 200 cases à environ 1 kilomètre Est de la route. On aperçoit quelques dunes de sable blanc.

Phu-phan, à 1 kilomètre Ouest de la route, au milieu des rizières.

Phú-vinh, à 1 heure et demie. Tram et village d'une centaine de cases.

Le sable a gagné l'Ouest de la route qui commence à onduler sur les dunes.

Xang-tei, à 20 minutes, 200 cases sur le sable. Quelques rizières dans les dépressions.

Phu-cau, à 15 minutes, 300 cases disséminées dans les dunes broussailleuses. Une trentaine seulement bordent la route, mais sont appelées à se déplacer à cause de l'envahissement des sables. Une mission catholique est établie dans les environs, sur les premières collines.

CHAPITRE II

DE THUY-HOA A NHA-TRANG

SOMMAIRE. — De Thuy-hoa au dèo Ca. — Le dèo Ca. — La baie de Hon-cohe. — De Hon-cohe à Nhâ-trang, le col des Barricades.

De Thuy-hoa au dèo Cá. — Thuy-hoa, ainsi qu'on appelait le poste militaire, n'est pas le nom du village, c'est An-tinh, dont les cases entourent un petit mamelon couronné par une tour kiam et une pagode. Plusieurs familles de singes se sont établies et perpétuées dans la broussaille du mamelon et gambadent jusque sur les arbres des enclos qui se trouvent au pied.

Le marché est appelé chŏ Yen, il est très important. Il est vrai qu'à l'époque où j'y suis passé, il avait à ravitailler la garnison du poste se composant d'une cinquantaine d'hommes, les trois quarts indigènes.

Les environs de Thuy-hoà sont sablonneux, et, chose surprenante, fournissent du bétail. Il y a même ce fait à constater que le Phú-yên est la province qui possède le moins de pâturages et qui produit le plus de chevaux.

Cette bizarrerie dans le choix des exploitations tendrait à faire admettre qu'en violentant la nature, nous pouvons l'amener, malgré sa résistance apparente, à nous être utile.

J'ai vu bien des fois, pendant un séjour d'une quinzaine à Thuy-hoa, ces pauvres bêtes errer sur les sables à la recherche de quelques brins d'herbe.

Les juments sont employées comme moyens de transport et font des voyages au Khánh-hoà et au Binh-dinh, ainsi que dans les vallées. Les chevaux entiers sont réservés à la selle, la remonte de notre corps d'occupation du Tonkin s'est largement approvisionnée au Phú-yen.

Le huyên de Thuy-hoa réside à 4 kilomètres de An-tinh. Il me facilita ma mission de tout son pouvoir. C'est un fonctionnaire très dévoué, ou au moins, très passif. Il était journellement tiraillé par le missionnaire et le commandant du poste. L'un revendiquait sans trêve des terrains ayant appartenu jadis aux catholiques, l'autre, à qui tout crédit était refusé, réquisitionnait coolies, bambous et paillottes pour l'entretien du poste.

Mais l'arbitraire le plus frappant consistait en l'achat de troupeaux pour le ravitaillement du poste de Hon-cohe. Les bœufs étaient payés de 15 à 20 francs par tête, au prix de la mercuriale indigène, mais, tandis que l'Annamite acheteur débarrasse immédiatement son compatriote de l'animal et le lui paye, les fournisseurs réquisitionnés par le huyên sur l'ordre du commandant du poste, étaient contraints de conduire leur bétail à Hon-cohe situé à quatre jours de marche. Il y avait souvent plusieurs bêtes malades en route ou enlevées par les tigres, mais le poste de Thuy-hoa ne payait qu'au retour le nombre de bœufs accusé par le commandant du poste de Hon-cohe.

Mon surveillant perdait l'appétit chaque fois que je lui parlais de reprendre la mer. Nous, étions, par terre, à six jours de Nhà-trang, où nous devions nous arrêter avant d'aller dans la baie de Cam-ranh; je me décidai pour cette voie. Mais je n'avais pas les jambes d'acier de l'ancien zouave et j'achetai pour effectuer ce trajet, une jument, coûtant bien meilleur marché qu'un cheval entier. Je la payai 60 fr.

J'allai faire mes adieux au huyên sur cette monture. Le digne homme eut un mouvement de répulsion en me voyant, et me montrant le dessous de la queue de l'animal, me dit : *cái, cái, không có,* (c'est une jument, ne la montez pas) [1]. Puis, étant entré chez lui, il me dit qu'un Annamite, quelque misérable

1. Littéralement : femelle, femelle, non.

qu'il soit, se couvrirait de ridicule s'il montait une femelle.

Je n'achetai certes pas une autre bête, mais bien des fois j'entendis sur ma route prononcer ce mot *cái* sur un ton goguenard.

Du point où la route mandarine le traverse, le sông Darang est divisé par des îlots sablonneux en trois branches, mais à la saison des pluies, d'octobre à janvier, l'eau recouvre tout l'espace compris entre la tour kiam et Phu-lam, et un bac fait le va et vient entre ces deux points.

Le sông Da-rang n'est autre que le sông Ba qui arrose de belles vallées avant de venir s'annihiler dans les sables.

Sur un des lits mineurs, nous passâmes à 10 mètres de deux énormes vautours, qui cessèrent de dévorer une carcasse de chien pour nous regarder insolemment, j'en tuai un presque à bout portant. Et telle était leur audace que l'autre se mit à tournoyer au-dessus de nous comme s'il cherchait une proie à sa vengeance. Un enfant serait passé là, seul, qu'il eût été, ce n'est pas douteux, enlevé par ces atroces animaux.

Le but de notre première journée de marche était le tram de Phú-hòa.

La route de Phu-lam au tram de Phú-tanh est assez monotone, les environs sont couverts uniformément de rizières, la route est basse, dépourvue d'arbres, avec des ponts en plein cintre très élevés qui sont l'indice de fortes inondations.

Partis du télégraphe à 6 heures 50, nous arrivons à Dongmy à 8 heures 5. Mais nous avions perdu 20' aux trois bacs du sông Da-rang.

Les dunes apparaissent à 4 kilom. à l'est de Dong-my; nous nous rapprochons aussi de la Table de Pierre [1], visible en mer depuis la sortie de la baie de Xuan-day.

Après un quart d'heure d'arrêt, nous nous remettons en route pour Phú-tanh où nous devons déjeuner, mais il n'est que 8 heures 45 quand nous y arrivons, et puis, le tram est

1. Le Dá-Bia.

défectueux. La muraille et ses portes subsistent encore, seulement, le caravansérail est une maigre paillotte et les gens du tram ont l'air de fuir.

Nous avançons encore jusqu'au sông Ban-thach, et, de l'autre côté, nous tombons sur un marché où deux cents femmes se disputent la vente du riz, de la volaille, des œufs, du poisson, des crevettes, des ananas. Nous bivouaquons sous un cay da qui nous ombrage tous. Notre nho a recruté un quasi-cuisinier à Thuy-hoa, qui nous dispense de mettre la main à la pâte. Mais nous faisons notre marché nous-mêmes par distraction; c'est, en effet, amusant, de discuter la valeur d'un objet qui vaut deux sapèques de cuivre ou le cinquième d'un sou.

Le marché est appelé chŏ Ban-thach ou chŏ Ban-nham indistinctement.

Nous partons à 1 heure 15. Une demi-heure après, nous sommes à Thach-xa, où nous remarquons beaucoup de porcs et de bétail.

Entre le sông Ban-thach, la montagne et la mer, une série de villages avec cultures, closent la région semi-fertile. A partir du dèo Ca, l'état sauvage du pays va s'accentuant.

Nous entrons ensuite dans la mignonne vallée d'Hau-sŏn, jolie, verdoyante, avec ses papayers, ses pamplemousses, ses arêquiers, goyaviers, bananiers, et ses champs de maïs. Les habitations sont disséminées dans le vallon, entourées chacune d'un petit verger. Les troupeaux paissent en liberté, sans crainte apparente du tigre. Le dèo Ca semble toujours reculer. Nous avons eu la Table de Pierre à notre gauche, elle est maintenant derrière nous. Et nous ne montons toujours pas. Le chemin est sinueux, entrecoupé de ruisseaux. Le vallon se prolonge toujours. C'est que le Dá-Bia n'est qu'un contrefort oblique au massif, ayant son point d'attache au cap Varella.

Le dèo Ca. — A 3 heures 15, nous traversons en bac le sông Quan-cat, et un quart d'heure après, nous sommes devant le premier escarpement. Une pagode ou mièu, gardée par deux dragons en granit, reçoit les dévotions des passants qui prient Bouddha d'éloigner le tigre ou lui rendent grâce s'ils viennent du Sud.

Dès le début, nous escaladons un mamelon pour le redescendre aussitôt, presqu'à pic, par des sentiers étroits frayés entre les rochers, où mon cheval ne passe qu'aiguillonné de la voix et de la cravache.

Puis ce sont des bois gigantesques, vierges, avec des arbres de 30 mètres ; quelques-uns, rongés des siècles, gisent en travers du chemin ; on passe sous des fourrés, sur des rochers, dans des ruisseaux stagnants moirés par la décomposition végétale.

A 5 heures 30, nous arrivons à Phú-hòa. C'est peu luxueux, mais suffisant pour des hommes exténués. Quatre cases en paillotte sur une terrasse, au milieu d'un défilé, avec quelques arbres fruitiers et un ruisseau limpide, tel est le tram de Phú-hòa.

Quant au marché dont parlent certains documents, je n'en ai vu nulle trace.

Le lendemain, à 5 heures 20 du matin, mon petit convoi continuait sa route. Moi, je partis, accompagné d'un guide du tram, à travers la forêt, avec l'intention de gagner le vallon par des cols non fréquentés.

Je croyais la connaître, cette mystérieuse forêt vierge, je n'avais vu que la lisière. Il me fallut un caprice de chasseur pour me familiariser avec ses horreurs et ses beautés.

Je marchais en avant, tenant mon fusil de chasse tout prêt à faire bon accueil aux paons et aux faisans, mon guide me suivait avec ma carabine.

Rester fidèle au sentier ne pouvait me plaire longtemps ; je m'engageai dans le lit d'un torrent devenu, par sécheresse, débile ruisseau. Je ne tardai pas à découvrir des traces de bœufs sauvages. Nous quittâmes le torrent, les yeux fixés sur ces empreintes, l'oreille tendue aux moindres souffles.

Nous avions atteint 8 heures, le soleil, maître absolu, avait déjà fait rentrer tous les êtres vivants sous le bois impénétrable, et l'on n'entendait plus que le bruit des branchettes desséchées que, malgré mes précautions, je cassais sous mes gros souliers ferrés. Nous arrivâmes à une jungle plus impénétrable que la forêt, les herbes, deux fois hautes comme un homme, se redressaient après notre passage, nous nous fûmes infailliblement perdus dans ce pâturage de mastodontes.

Nous marchâmes ensuite sur des traces de chevreuil, puis nous nous engageâmes dans un sous-bois de lianes et d'épines. Pas un coupe-coupe pour se frayer un passage. Plus moyen de chasser, les taillis sont trop touffus, les pentes trop raides, les ronces me déchirent le visage et les mains, les lianes m'enserrent les jambes et le cou, se prennent sous mes talons et me font tomber; mon guide, comme tous les êtres passifs de ce pays-ci, descend toujours sans se plaindre et fait tous ses efforts pour se frayer un passage. Il finit par tomber et casse la crosse de ma carabine.

Enfin, je trouve une piste de sangliers, du moins, je le crois. Elle n'est pas grosse; c'est un dôme de branchages dont le point culminant ne m'irait pas à la ceinture.

Nous marchons maintenant accroupis, espérant que cette piste nous conduira vers un ruisseau et celui-là dans le vallon. Nous y arrivons en effet, au ruisseau, mais c'est un ravin où il nous faut sauter de roche en roche, traverser des bassins, reprendre la brousse, pour éviter un enchevêtrement de lianes ou un saut formidable. Plus d'une fois je glissai sur mon guide, l'entraînant dans ma descente. Ce torrent nous conduisit enfin à un superbe banian dont les branches adventives étaient tordues comme les tentacules d'une pieuvre titanesque. Mon guide grimpa sur une de ces branches, aussi grosse et élevée qu'un hêtre, et aperçut la plage à peu de distance, nous étions dans le vallon de Xom-ro, mais en brousse encore.

Xom-ro, sur la baie de Ro (*Vung Ro*), n'a que six cases; c'est le seul village du vallon. Ses habitants vivent de pêche et d'échange de leurs poissons avec d'autres denrées transportées par des passants auxquels ils servent aussi du chè huè (*espèce de thé*).

Le seul ornement de la plage est un arbre à l'ombre duquel on reprend haleine. Mon convoi m'y attendait. Mes coolies étaient des lính du tram allant de Phú-hoà à Hoà-ma. Ils avaient mangé. Nous reprîmes immédiatement notre marche en avant.

A une demi-heure de là, nous gravissons un nouveau col, le dèo Co-ma ou dèo Co-ngüa *(col du Cou de cheval)*. Il est tout petit, une demi-heure d'une base à l'autre, mais il est encombré de roches.

La baie de Hon-cohe. — Du dèo Co-ma nous apercevons la baie de Hon-cohe et ses rives en panorama, mais on distingue plus de sables et de forêts que de rizières. La presqu'île est inhospitalière; sur la plage opposée, on nous montre, loin encore, le tram de Hoà-ma.

A nos pieds, mais en dehors du chemin, se trouve le village de Co-ma que nous n'avons pas la curiosité d'aller visiter, quoique ce soit le seul en vue; nous avons peine à nous diriger au milieu des fondrières qui ont succédé aux reliefs rocheux.

Les terrains marécageux sont venus après, puis quelques rizières et enfin, Hoà-ma, à midi.

J'abandonne la direction de la popote à mon surveillant pour me reposer un peu. Dans ces pays chauds, où le soleil s'empare en tyran de l'horizon dès 7 heures du matin, la marche est pénible et altérante. Il faut avoir la volonté de ne pas boire en route. Un repos de quelques instants à l'ombre enlève la soif sans exciter à l'exsudation comme l'eau ou le thé. La sieste après déjeuner, outre qu'elle entrave la digestion, enlève tout entraînement pour continuer la marche.

Je me suis toujours très bien trouvé de la méthode suivante : aussitôt arrivé au gîte d'étape, repos et court sommeil, puis ablutions et déjeuner. Après le café, mise en route.

Ainsi, ce jour, nous quittâmes Hoà-ma à 3 heures, sur la proposition du surveillant que je n'eusse voulu forcer à marcher. Je pouvais encore me servir de mon cheval de temps à autre ; lui, n'avait que ses jambes, mais il tenait à honneur de prouver qu'il était plus ferme sur terre qu'en jonque.

Le dôi du tram appelle le fond de la baie Com-nhang, du nom d'un village dont on aperçoit la ceinture verte sur une lagune à 2 ou 3 kilomètres au Sud.

A 3 heures 20, nous sommes à Quang-phŭoc. Ce village est divisé en groupes de cases ayant chacun son enceinte de haies vives, et, ce qui rend l'ensemble particulièrement pittoresque, chacun sa plantation d'arêquiers. Chaque groupe est séparé de son voisin par des rizières, les cultures sont abondantes; nous n'y étions plus habitués.

Voici une note textuelle détachée de mon carnet : « *Ah! mais ces groupes de cases ne finissent plus, quelle stupéfaction après l'aridité que nous foulons depuis vingt-quatre heures!* »

Quang-phŭoc compte au moins trois cent cinquante cases, des fours à chaux, à briques, des forgerons.

Le riz est cultivé depuis la route jusqu'à la montagne.

Et Quang-phŭoc fini, voici Tu-bong avec ses plantations de bétel, ses poivriers grimpant aux palmistes, aussi riche, aussi fertile, sur la rive droite du sông Tu-bong.

Les indigènes se sont pressés sur cette oasis que n'atteint pas l'eau salée. Il y a d'autres villages encore ; en remontant la rivière, Ninh-phuoc et Lang-tinh, puis du côté de la baie, Lóng-thô, Tong-thuong.

Le sông Tu-bong sépare Quang-phŭoc de Tu-bong.

A 4 heures 5, nous gagnons Hao-hanh où il y a quelques maisons en pierres. A 4 heures 40, nous sommes à Giem-dieng, à 5 heures, à Lang-ho. Ces villages n'ont pas l'importance des premiers. Nous retrouvons la brousse sablonneuse au delà de Lang-ho, jusqu'à Xom-hao. Nous traversons un arroyo à sec, un autre à gué, le pont a été cassé au dernier débordement.

La nuit est arrivée, nous sommes à Phu-hoi, et pas encore

au tram. Heureusement on nous dit qu'il n'est pas loin, à 200 mètres de la route mandarine. On nous y conduit, nous n'y voyons plus; il est sept heures 15.

Nous ne rencontrons personne au tram, pas de lumière, et je demande vainement le dôi ou le cai.

Il y a des Annamites qui, par chauvinisme, ne pourront jamais nous supporter. L'état du pays était cependant paisible, j'avais laissé de petits cadeaux dans les trams précédents, le dôi de Hoà-lam était certainement avisé de notre arrivée. Je l'envoyai chercher par deux lính, on répondit qu'il s'était caché. Pourquoi? On ne savait pas.

Après s'être fait un peu bousculer, les coolies du tram nous avaient apporté du bois et de l'eau. Je laissai leurs chefs à leurs méditations farouches, recommandant au factionnaire de faire bonne garde.

A 4 heures je fis empoigner dans leurs cases et garder à vue les dix coolies de relève dont j'avais besoin pour aller Hon-cohe.

Le village où se trouve le tram de Hoà-lam est appelé Quan-hoi.

Nous partons à 4 heures 50; l'ancien zouave a préparé le café pendant qu'on — *razziait* — les coolies. Ah! si je l'avais laissé y aller, il aurait bien ramené autre chose!

A 5 heures, nous franchissons une lagune sur une digue avec solution de continuité résolue par un pont en planches, la longueur totale est d'environ 400 mètres. Elle donne accès au marché de Gia *(chŏ Gia)* et au village de Tan-my, qui possède quelques maisons en pierres.

Dès la sortie de chŏ Gia, nous entrons en jungle.

Quelques carrés défrichés indiquent que l'indigène a osé s'aventurer jusqu'au sông Hien-lŭong, mais au-delà, le territoire appartient aux animaux sauvages, dont on aperçoit les empreintes toutes fraîches sur le sable de la route.

Le sông Hien-lŭong, divisé en deux bras, l'un de 60, l'autre de 140 mètres, n'a pas de bacs, nous le traversons avec de l'eau jusqu'aux aisselles.

Un convoi de bœufs se rendant à Hon-cohe nous attendait au gué, le conducteur m'avoua qu'il avait peur de passer sans les Français parce que le tigre était « beaucoup méchant ». Et je crois que bien lui en prit, car à 6 heures, une tigresse nichée près de la route mettait de son haleine de fauve tout le troupeau en désordre, avant même que nous ne l'ayons aperçue.

Elle franchit la route d'un saut gigantesque et nous la vîmes pendant quelques instants, couronner les arbustes de ses bonds prodigieux. Le sable était couvert d'empreintes énormes, et d'autres beaucoup plus petites, de sorte que je ne pus me rendre compte du nombre de petits qui la suivaient ou qui, en ce moment, étaient peut-être blottis tout près de nous.

Il est surprenant de voir en ces mêmes lieux passer des cerfs, et plus souvent, de les entendre bramer, guidant vers eux leur impitoyable ennemi.

On ne rencontre pas une case jusqu'au tram de Hoà-huynh où nous arrivons à 10 heures. La route est mauvaise, sablonneuse, sans ombrage, sans ruisseau, semée de flaques d'eau et de crevasses; les arbustes et les arbres sont rabougris : c'est la nature dans ce qu'elle a de plus désolant.

Le surveillant écrasait ses ampoules sans se plaindre, mais il tirait involontairement la jambe, et il consentit, après quelques réticences, à partager ma monture.

Nous ne pouvons trouver d'eau potable ni d'herbe pour le cheval, pas plus au tram qu'à Nuŏc-sŏn, le village voisin.

Le caravansérail de Hoà-huynh est en torchis, les environs sont misérables, couverts de broussailles et de bas-fonds d'eau stagnante.

Un habitant de Ninh-het nous apporta un serpent long de 2 mètres 1/2, qu'il avait tué avec son coupe-coupe. Le milieu du corps pouvait avoir de 10 à 12 centimètres de diamètre, sa couleur était gris tacheté de fauve et noir, et il avait une queue pointue, avec laquelle, disaient les gens du tram, cet animal ouvre le ventre de ses victimes.

Deux chemins partant de Hoà-huynh conduisent à Hon-cohe, l'un est oblique à la route mandarine, c'est le plus court, mais il faut le connaître. Les linh du tram peuvent l'indiquer. L'autre emploie la route mandarine encore sur une distance de 3 kilomètres, puis une autre route, belle aussi, qui rétrograde à angle aigu. Cette dernière est à l'usage des voyageurs venant du Sud, de la vallée de Ninh-hoa.

Hon-cohe n'est qu'un hameau sans importance, mais un poste militaire y avait été créé, tant à cause de la facilité d'accès par la rade que par la nécessité d'échelonner les petites unités d'occupation. Un télégraphe y avait été également installé, il a survécu au poste.

Une presqu'île étroite, formée d'un banc de sable, avec un mamelon boisé au bout, quelques cases sur le banc, voilà Hon-cohe. On y accède par une digue en pierre, rompue au milieu, pour laisser passer le flot montant qui va alimenter quelques salines. La plage est inculte, sablonneuse, avec dunes, herbes rases, brousses.

Les chevreuils abondent sur la pointe boisée de la presqu'île ; on tuait de l'enceinte du poste les plus aventureux.

De Hon-cohe à Nhà-trang. — Après une journée et demie de repos, nous continuâmes notre itinéraire.

Nous devions aller coucher le premier jour à Ninh-hoa et j'espérais arriver à Nhà-trang le lendemain. Nous partîmes sans escorte ; en 4 heures nous étions rendus.

Ninh-hoa est sur le sông Dô qui fertilise une petite vallée couverte de villages. C'est le siège du tram de Hoà-my, du huyên de Tan-dinh, d'une mission catholique, d'un marché. La ville de Ninh-hoa compte beaucoup de maisons chinoises. Partout où il y a quelques produits à accaparer, le Chinois s'y implante, avec sa maison de briques sans fenêtres, n'ayant qu'une porte massive, comme une redoute, et ses rues regorgeant d'immondices qu'il a jetés hors de sa maison. Ninh-hoa, malgré son importance relative dans la région, est une ville morte en dehors des jours de marché. Le céleste fume son opium dans sa casemate, on n'aperçoit dans la rue ni lui, ni les siens. Seuls quelques gavroches annamites, bâtards de Chinois, vous suivent en vous persiflant, et des chiens, pelés, galeux, vous mordent les mollets sans aboyer.

Nous ne pûmes nous maintenir au tram où nous nous étions installés. Dès lors que nous n'avions pas une suite de soldats, nous étions conspués comme des coolies français. Toute une bande déguenillée encombrait l'entrée du tram sans qu'aucun individu voulut nous apporter de l'eau et du bois, ou couper de l'herbe au cheval.

Je sortis à l'aventure chercher un refuge plus fermé, où à défaut de serviteurs, d'être seuls nous puissions avoir le loisir. Tout près du tram, une maison annamite confortable entourée d'une enceinte palissadée attira mon attention. C'était la demeure du huyên. J'allai lui demander l'hospitalité. Quel ne fut pas mon étonnement, nous étions d'anciennes connaissances ! J'avais habité chez lui à Phu-my, dans le Bình-dinh. Aussi me reçut-il cordialement. Les coolies de Hon-cohe avaient fui, il m'en donna d'autres.

Nous avions pour le lendemain une rude étape à faire. Il était convenu que nous partirions à 4 heures. Mon surveillant me réveilla au moment précis de boire le café, et nous nous mîmes en route. Nous marchions depuis une heure, approchant d'une montagne, qu'il était encore nuit. Je n'osais m'y aventurer de crainte que le tigre ne dévorât le dernier coolie du convoi. Je pensai alors à consulter ma montre ; il était 3 heures. Le zouave m'avait tiré la carotte pour ne pas marcher au soleil. Je fis arrêter le convoi et je montrai l'exemple en m'étendant au milieu de la route, mon casque en moelle de sureau comme oreiller. Quelques minutes après, tout le monde ronflait. Nous nous réveillâmes au jour. Le cheval avait été attaché à un piège à tigre et nous avions dormi à l'entour ! Il ne restait plus qu'à rire de l'aventure puisqu'aucun accident n'était arrivé.

La route est assez bonne, nous côtoyons des mamelons sauvages à notre droite, tandis que le littoral de la baie de

Binh-cang est couvert de marais herbeux ou salants!

Nous trouvâmes une pauvre femme dans le petit vallon de Phu-hun qui pleurait sa jeune fille enlevée la veille au soir par le terrible maître de la région.

Les linh du tram marchaient aussi deux ensemble, à la file indienne; le premier devait fuir avec les dépêches pendant que le tigre dévorerait le dernier. Ils étaient munis d'un petit jonc flexible dont le sifflement, dans leur croyance, devait faire peur au félin.

Rien à signaler jusqu'à Hoà-cat, sinon les salines de Tan-phu.

Le tram de Hoà-cat, ainsi dénommé officiellement est appelé Hoà-kerk par les habitants. Toutes les cases, y compris le caravansérail, sont en paillottes. Il n'y a rien de cultivé. Les mamelons qui bordent la route sont cependant susceptibles d'être défrichés, mais l'Annamite ne peut vaincre son indolence et sa sainte frayeur du tigre qu'il ne désigne qu'avec l'appellatif préalable de « monsieur » *(ông cóp)*.

Après un déjeuner sommaire, nous reprenons notre route interminable à travers la brousse. Enfin nous gagnons le col des Barricades qui nous sépare encore de la vallée de Nhà-trang.

Quel est ce Français qui vient à notre rencontre? Eh! c'est mon ami G... qui étudie sur place les moyens de garantir la ligne des déprédations des éléphants. Il cantonne sous un ajoupa, avec une équipe de coolies.

« Tu vas rester avec moi, » me dit-il. « j'ai un sanglier à manger. Mais ton cuisinier nous le préparera, le mien est égorgé ». Et G. ne plaisantait pas. Ce malheureux était sorti vers 7 heures du soir, à quelques mètres du refuge, et avait été enlevé sans qu'il ait eu le temps de pousser un cri. On l'avait retrouvé le matin, presqu'intact, la gorge ouverte, le corps exsangue.

Le sanglier avait été tué dans une mare près de l'ajoupa. Tous les soirs une troupe de paons descendait dans une clairière voisine. Nous achevâmes la journée en tuant chacun le nôtre.

« Tu n'es pas au bout de tes surprises, attends-toi à une représentation nocturne, » me dit G.

Vers 10 heures, en effet, nous entendîmes des arrachements d'arbres, des cassements de branches, des déplacements de corps énormes. Les coolies entretenaient un grand feu. L'ajoupa avait été élevé autour d'un gros arbre contre lequel G. avait fait appliquer une échelle. Nous grimpâmes rapidement en haut, et nous pûmes voir une bande de pachydermes ravageant un coin de bananiers sauvages ; les derniers venus, ne pouvant prendre part à la curée, trop exigüe, arrachaient avec fureur les arbustes voisins. Et nous montions instinctivement plus haut. Au jour, des crottes monstrueuses, toutes fraîches, dispersées, attestaient les écarts de cette agape de mastodontes.

Cet endroit avait été habité autrefois par quelques bûcherons, on voyait encore leurs cases écrasées.

Nous ralliâmes Nhà-trang tous ensemble, le lendemain matin. Le paysage avait changé. Ce n'était plus la nature brûlée, salée, des baies de Binh-cang et de Hon-cohe, mais la montagne boisée, vierge, belle, verte, avec des pistes d'éléphants comme voie de pénétration, et un sous-bois exubérant de sicas merveilleux.

Le col, ou plus exactement, le défilé des Barricades est ainsi nommé parce que, tout récemment encore, des pirates avaient obstrué la route à un endroit où elle se trouve encaissée, et tout voyageur, pour franchir la barricade, était astreint à un péage onéreux. On voit encore les ruines de leur retranchement.

Les Annamites nomment le col, dèo Ba-dan.

Nous débouchons dans une vallée où réapparaissent peu à peu les cultures et les villages, avec de nombreux troupeaux de chevaux et de buffles. Puis la rivière de Nhà-trang traversée en bac, nous filons au grand galop jusqu'à Nhà-trang, sans même nous arrêter à la citadelle de Diên-khánh que nous reverrons du reste en nous rendant à Phan-rang.

CHAPITRE III

DE NHA-TRANG A PHAN-RANG

SOMMAIRE. — Lutte horrible de mon ami B... avec un tigre. — La vallée de Nhà-trang. — De Diên-khánh à la baie de Cam-ranh. — De la baie de Cam-ranh au tram de Thuân-lai. — De Thuân-lai à Phan-rang.

Lutte terrible de mon ami B... avec un tigre. — En arrivant à Nhà-trang, j'eus la douleur d'apprendre qu'un de mes camarades venait de succomber à la suite d'une lutte avec un tigre.

B... ayant appris qu'un de ces animaux interdisait tout passage sur un chemin de la haute vallée, était parti plein d'enthousiasme, entraînant avec lui un autre fonctionnaire de la résidence et le missionnaire.

Ils arrivèrent à 10 heures à l'endroit où, d'après le guide, le tigre avait déjà tué deux Moïs. Les compagnons de B... lui proposèrent de prendre un bain dans un ruisseau voisin et de déjeuner ensuite. « Je suis venu pour tuer le tigre, » leur répondit-il, « je vais le chercher. » Et il disparut suivi d'un milicien, son fidèle compagnon de chasse. « Voici déjà la marmite du Moï, » s'écriait-il quelques secondes après, en la faisant voltiger vers le ruisseau.

Dix minutes plus tard, on entendait deux coups de fusils, suivis de plusieurs autres à intervalles plus éloignés. Les baigneurs sortirent précipitamment de l'eau et coururent avec leurs armes du côté des coups de feu. B..., terrassé par le félin qui lui avait posé une patte sur la tête et l'autre sur l'épaule, cherchait à l'étrangler. — Le milicien n'osant viser le tigre de crainte de tuer son maître, tirait en l'air pour appeler du secours. Le missionnaire abattit le tigre d'un coup de mousqueton à bout portant.

Et quand B... fut délivré, il eut cette exclamation superbe d'indifférence pour sa douleur : « C'est égal, il est plus fort que moi. » L'enthousiasme et la grandeur de la lutte l'anesthésiait. Et cependant mon pauvre ami avait le crâne ouvert et l'épaule fracassée. Il raconta lui-même qu'il avait rencontré le tigre à 6 mètres, qu'il l'avait visé à la tête, de profil, mais que son fusil étant au cran d'arrêt, le premier coup avait raté ; qu'il avait eu le temps d'armer, seulement ce contre-temps lui avait fait précipiter le second coup qui n'avait fait qu'érafler le front de l'animal. Le milicien avait tiré en même temps, et sa balle avait pénétré le poitrail du tigre. Et le félin furieux s'était lancé d'un bond sur B... qui n'ayant pas eu le temps de recharger, avait amorti le choc en tenant son fusil élevé en l'air comme pour garantir sa tête d'un coup de sabre. Ils avaient roulé tous deux, le tigre étant blessé grièvement, et ils avaient engagé un combat singulier, athlétique, mais inégal. B... ayant eu le dessus avait cherché à crever les yeux de son adversaire, mais un coup de griffe sur l'épaule, avait ramené sa veste et paralysé ses mouvements. S'il avait eu un revolver ou un poignard, il sortait vainqueur.

Le récit de cette lutte homérique fut les dernières paroles sensées du pauvre B... qui, rapporté sur une civière de branchages, souffrit horriblement et mourut le lendemain.

Bénier avait vingt-cinq ans, il était doué d'une force extraordinaire et d'une adresse peu commune. Ces qualités n'ont pas suffi. Il lui eut fallu un armement mieux perfectionné. La carabine ordinaire et le fusil de guerre peuvent amener ces conséquences regrettables. Il faut, pour tuer les fauves, une arme supérieure avec balles à pointes d'acier, à défaut de balles explosibles. Les balles en plomb ordinaire s'amortissent sur les os et ne causent pas assez de ravages.

La vallée de Nhà-trang. — La dénomination de Nhà-trang échappe à toute investigation : aucune ville, aucun hameau ne porte ce nom, qui est celui de toute la région baignée par la rade.

Les paquebots de la Compagnie des Messageries Maritimes mettent huit heures pour venir de la baie de Xuan-day et mouillent dans une petite crique connue sous le nom de Cŭa-bé. Ce mot signifie port. C'est donc une tautologie. On dit : aller à Cŭa-bé, entrer à Cŭa-bé; on ne serait pas plus explicite en disant qu'on va mouiller à l'île Poulo ou à l'île Culao (*Ces deux derniers mots signifiant île).*

Et c'est dans toute l'Indo-Chine une furie de mélanger les mots annamites et français dans la conversation; le mal ne serait pas grand encore, si l'on ne prenait ensuite l'habitude de considérer ces mots annamites comme des noms propres et de leur donner des majuscules.

Dans peu de temps nous aurons les montagnes de *Cŭa-bé* et l'archipel du même nom, pourquoi? Parce qu'un indigène ayant mal compris la première personne qui lui demanda le nom du pays, lui répondit en montrant la baie : « Ça, c'est un port. » Il serait infiniment plus rationnel de dire ou tout en annamite *di cŭa bé, vào cŭa bé*, sans individualiser le mot *cŭa* par une majuscule, ou tout en français : *aller au port, entrer au port.*

Rien de cultivé dans cette crique : dès le rivage, c'est la forêt sans transition, repaire de fauves. Le bateau glisse tout près d'un îlot couvert d'une végétation épaisse, égale, d'un vert sombre. Une fois stoppé, on se demande où l'on va mettre pied à terre. En cherchant bien, on aperçoit là-bas, au fond de la lagune, quelques cases de pêcheurs : c'est le village de Minh-cuing, qui aurait dû, rationnellement, donner son nom au port.

Nhà-trang est séparé de Minh-cuing par une lande sablonneuse d'environ 6 kilomètres. Mais on peut y aller avec une embarcation en coupant la rade.

De même que Cam-ranh avait été choisi par M. Aymonier, Nhà-trang fut le point de la côte que préféra M. Brière, pour y établir la résidence du Thuân-khánh [1].

1. Réunion administrative du Binh-thuân au Khánh-hoà.

M. Aymonier voulait assainir et peupler les rives désertes de la baie de Cam-ranh par l'établissement d'un pénitencier. M. Brière, qui eut à réprimer quelques velléités de révolte, jugea indispensable de se rapprocher des autorités indigènes qu'il soupçonnait de connivence avec les fauteurs de troubles, et Cam-ranh fut abandonné.

La résidence de Nhà-trang est située sur la baie de ce nom ; c'est une plage très saine, agréable à habiter. M. Brière y a fait planter des cocotiers qui donneront plus tard une fraîcheur bienfaisante à l'intéressante petite colonie qui jusqu'à présent ne compte que le résident, son chancelier et son commis, l'agent du télégraphe et celui des travaux publics. Et encore, le résident, nomade par fonctions, ne fait-il chez lui que de rares apparitions. Toujours en route, M. Brière apparaît sans cesse avec sa chaloupe sur un point de la côte soit pour régler des questions de service avec ses mandarins, soit simplement pour affirmer son autorité par sa présence. C'est que réellement, une province d'une telle longueur — *environ 500 kilomètres* — et qui ne comporte point de garnison n'est pas facile à administrer, et le Gouvernement ne pouvait faire un choix plus heureux que celui de M. Brière pour succéder à M. Aymonier.

Le village près duquel on a installé la résidence est appelé Cù-hoân. Il est habité par des pêcheurs et des fabricants de nŭŏc-mam, sauce de poissons pourris. Les pêcheurs sont en avant, entre la rade et le sông Ham, sur une langue de sable qui doit être l'ancienne barre de cette rivière. Les industriels sont établis un peu plus loin, sur le bras méridional de l'arroyo. Leurs habitations sont d'une saleté repoussante ; on remarque beaucoup d'enfants couverts de plaies syphilitiques. Sur la rive gauche du bras septentrional du sông Ham, se trouvent les ruines d'une tour kiam élevée sur un monticule.

La vallée de Nhà-trang est plus pittoresque que fertile ; le fleuve, qu'on appelle rivière de Nhà-trang parce que son débit est peu considérable, arrose autant de palmiers lacustres que de rizières. Plusieurs sites, tels que le bac de Chŏ-moi, la pagode de Sanh-trung-tŭ, Cŭa-bé, sont remarquables.

Les riverains immédiats du fleuve ont cependant tenté de cultiver du riz et y ont réussi partout où l'eau salée apportée par la marée n'envahissait pas les champs.

De Cù-hoân à la citadelle de Diên-khánh, la distance est d'environ 10 kilomètres. A mi-chemin nous rencontrons un village chinois, ajourd'hui délabré, sale, hanté de corbeaux et qu'un marché quotidien ne suffit pas à animer. Les quelques maisons qui subsistent encore sont massives et semblent construites dans un but de défense ou de réunions secrètes. On ne peut pénétrer dans le village que par certaines ouvertures; *Chŏ-moi*, c'est le nom qu'on lui donne aujourd'hui, est un repaire de Chinois louches, faux droguistes, qui vivent de tout excepté de ce qu'ils paraissent vendre.

Et cette citadelle de Diên-khánh, tant de fois occupée par les troupes de Gia-long, abandonnée aussi. Les fossés et les murs sont couverts de bambous, si bien qu'on ignore s'ils existent encore. Elle est gardée par cinquante miliciens indigènes. Un bô-chánh *(trésorier)*, en est le gouverneur; il est assisté d'un án-sát *(juge)*; mais ces mandarins n'ont aucune troupe, aucune suite : ils sont aussi isolés dans cette citadelle en ruines qu'ils le seraient dans un îlot de Nhà-trang.

Derrière la citadelle, à 2 kilomètres à peine, la mission du P. Auger, établissement aussi précaire que les précédents. Ce missionnaire est un brave homme, qui sait, lorsqu'il nous parle, qu'il ne prêche pas des néophytes et nous reçoit avec autant de sans-gêne que de générosité. Le P. Auger n'a pas oublié qu'il est Français : il dit qu'il aime son pays et il le prouve en se mettant à tous les instants à la disposition du résident. Que ne sont-ils tous ainsi!

De Diên-khánh à la baie de Cam-ranh. — Sur le chemin que nous venons de parcourir, les rizières sont maigres et peu étendues; nous en rencontrerons encore quelques-unes pendant la première heure de marche, puis commencera la nature inculte, hésitante d'abord, osant à peine sortir de terre, s'appuyant sur des fourrés plus épais, clairsemés encore; les espaces libres sont couverts de hautes herbes; on y entend parfois quelque faon qui brame, des paons qui crient, des coqs qui chantent, et, par-dessus tout, une infinité d'oiselets qui piaillent, sifflent, s'appellent et se répondent. Et si l'on quitte la route pour s'enfoncer dans cette jungle mignarde qui borde la haute futaie, on peut voir les gentils animaux qu'on entendait tout à l'heure : ici c'est la tête d'un cerf encadrée dans un bouquet d'arbustes, ou d'un paon la longue queue chatoyante d'émeraude et d'or.

Le tram de Hoà-tan est situé à 16 kilomètres environ du tram de Hoà-thanh, dont j'avais omis de parler, et qui se trouve sur la route mandarine à 400 mètres de la citadelle.

Le territoire compris entre Diên-khánh et Phan-rang est le plus sauvage, le plus inculte, et, partant, le plus misérable de l'Annam. Le touriste chasseur y trouvera son compte : éléphants, cerfs, loups, sangliers, lièvres et lapins, paons et coqs, voire même et surtout le tigre, ce félin impitoyable qui ne fait grâce à aucun voyageur isolé dès que les ombres de la nuit s'étendent sur cette Thébaïde redoutable.

Mais tout éclectique qu'on puisse être, on a besoin de manger; il ne faut donc pas oublier la question substantielle; car sur une route de près de 100 kilomètres, on ne trouve pas une douzaine d'œufs à acheter.

Hoà-tan est cependant une oasis dans cette région inculte. Quelques coolies cultivateurs sont venus se joindre à ceux du tram pour l'exploitation d'une petite clairière. Nous y sommes passés au moment de la récolte, et ce petit coin présentait assez d'animation, la nuit surtout, quand chaque habitant, craignant pour sa rizière les déprédations des herbivores sauvages, se hissait dans un mirador élevé sur des bambous au-dessus de son champ, et toute la nuit, pour éloigner ces animaux, criait, aboyait, hurlait en des onomatopées lugubres.

De Hoà-tan au tram de Hoà-du, c'est-à-dire sur un nouvel

espace de 16 kilomètres, la région est complètement inhabitée. Si, pour tout vestige humain, on rencontre à mi-chemin deux cases entourées d'un champ de patates, quelques ares de rizières les avoisinent, les indigènes s'y arrêtent pour boire une tasse d'eau. Avant Hoà-tan, nous apercevions la haute futaie non loin de la route; des arbres majestueux s'élançaient tout droits vers les nues et offraient au colon la richesse à discrétion. Au delà de Hoà-tan, la jungle s'étend et se perpétue jusqu'au pied des monts éloignés de 5 à 10 kilomètres.

Je me suis égaré un soir dans cette jungle à la poursuite d'un faon que j'avais blessé. Jamais je n'ai éprouvé pareille terreur. Le soleil se couchait que je marchais encore au milieu de ces hautes herbes, allant de bouquet en bouquet, espérant découvrir les poteaux télégraphiques qui marquaient la route; je marchais depuis longtemps, trop longtemps, car j'aurais dû déjà arriver au cantonnement, si j'avais suivi une bonne direction. Je grimpai sur un arbre et je m'aperçus que je me dirigeais sur une montagne qui se trouvait entre moi et la route mandarine. Je repris une course folle, tangente à cette montagne; les mille cris des bêtes nocturnes commençaient à se faire entendre, les bouquets d'arbres prenaient des formes fantastiques; je tombais dans des trous de sangliers, je m'enfonçais dans les dépressions bourbeuses des éléphants, je trébuchais sur des ossements d'animaux dévorés; on ne voyait plus rien, pas de lune; je suivais d'instinct ma direction, tirant un coup de carabine toutes les cinq minutes pour éloigner les fauves. Le refuge sur un arbre était chose impossible, la place étant déjà occupée par de grosses fourmis.

Après une heure de course folle, alors que je commençais à désespérer, j'aperçus à la pâle clarté des étoiles un poteau télégraphique; c'était le salut. Mais je ne savais maintenant s'il fallait aller à droite ou à gauche de ce poteau. Comme toujours en pareille circonstance, je pris le mauvais côté et je ne m'en aperçus qu'en arrivant près d'un ruisseau que je reconnus pour être au sud du tram de Hoà-du. Soufflant, suant, je repris ma course vers le Nord, tirant toujours ma carabine de temps à autre. On me répondit bientôt, puis des torches vinrent à ma rencontre. J'étais sauvé, mais je n'irai plus chasser le soir en forêt.

De la baie de Cam-ranh au tram de Thuận-lai. — Hoà-du est à quelques centaines de mètres de l'extrémité septentrionale de la baie intérieure de Cam-ranh. La route mandarine côtoie cette baie jusqu'au delà du tram suivant, appelè Hoà-quan. C'est encore la brousse, mais avec marécages ; nous sommes au niveau de la haute marée et l'eau s'infiltre assez profondément dans les terres. En parcourant cette nouvelle étapé de 15 kilomètres, on ne rencontre aucune case, pas un seul indigène, si ce n'est le coolie du tram chargé des transports postaux.

La monotonie du voyage est rompue par l'apparition de deux buffles en liberté, que mes miliciens assurent être sauvages. « *Con trâu núi,* » me disent-ils, *ông bán chêt dŭŏc.* » (buffle montagne, monsieur tirer tuer pouvoir). Ils étaient de taille gigantesque, couleur de chair, avec un poil rare et gris. Je fis tirer en même temps que moi deux miliciens à cent mètres environ ; nous atteignîmes le plus gros qui s'enfuit, suivi de son compagnon, dans les labyrinthes de la jungle. J'appris plus tard que deux jours après, des coolies du tram l'avaient trouvé mort.

Nous voici à Hoà-quan. J'y rencontre le huyên de Vinh-xŭong qui s'y est établi ; quelques cases se sont groupées autour de sa résidence, et cette agglomération a pris le nom de Ba-ngoi. Le huyên était autrefois à Cam-ranh, en même temps que la résidence du Thuân-khánh. La baie de Cam-ranh est connue des marins, qui y relâchent quelquefois. Mais là encore le nom a été torturé ; les Annamites ouvrent de grands yeux quand on leur parle de Cam-ranh qu'il ne connaissent pas ou plutôt qu'ils ne connaissent que sous le nom de Cam-linh.

Quand on compare la solde annuelle d'un huyên, qui est de quelques centaines de francs, à ses besoins d'existence, on est tenté de le prendre en pitié, aussi bien que tous les autres fonctionnaires indigènes.

Mais la hiérarchie annamite ayant pour base le système familial, chaque mandataire d'une partie de l'autorité du roi, chef suprême, reçoit de ses administrés tout ce qui lui est nécessaire. Et si l'on veut bien considérer que la monnaie n'a été imaginée que pour faciliter les transactions en nature, qu'elle est, par conséquent, inutile à quiconque peut satisfaire gratuitement tous ses caprices, on ne sera pas loin d'envier le sort de ce sous-préfet annamite aux appointements si maigres.

La perception de l'impôt en nature, non contrôlée, il l'enfle et en retire une provision personnelle. Des corvées pour bâtir ou améliorer sa résidence sont à sa disposition chaque fois qu'il les demande; les plus beaux poissons, l'arec, le bétel, le thé, l'opium, lui sont offerts par les opulents de son arrondissement; aucun indigène ne peut lui faire une visite sans apporter des présents; désire-t-il une deuxième ou une troisième épouse? ses administrés s'empressent de la lui offrir. Les prébendes, dîmes et corvées sont pour lui une source de revenus et de félicités et justifient l'irrégularité avec laquelle le roi paie ses fonctionnaires. Il n'en pourrait être autrement. Sans doute, ce système administratif contraste avec nos idées d'intégrité, mais il ne faut pas oublier que l'Annam a une longueur de plus de 1,200 kilomètres et que les relations entre les différentes provinces et la cour ne comportent aucune exactitude ni précision, et rendent tout contrôle administratif dérisoire.

Chaque administrateur indigène, huyên ou phu, relève bien du gouverneur de sa province; mais, à condition d'échelonner ses visites de manière à faire bénéficier son chef immédiat d'une partie de ses revenus illicites, il peut vivre en paix. Et les contribuables s'en accommodent : c'est un roulement prévaricateur jusqu'au dernier échelon social. Ceux qui ne détiennent aucune parcelle de l'autorité trouvent encore à augmenter leurs ressources par des moyens astucieux au détriment de leurs compatriotes ; mais comme cette conduite sociale est réciproque, chacun finit par y trouver son compte.

J'ai été amené à cette digression par la surprise que j'ai éprouvée en trouvant un confortable inespéré chez le huyện. Il n'y a pas dans tout le village le plus petit coin de terre arable, l'arrondissement semble désert, mais l'autorité du mandarin s'étend sur les pêcheurs de la côte et les Kiams de la montagne.

Hoà-quan est le dernier tram de la province de Khánh-hoà, et le suivant, appelé Thuân-lai, en est éloigné de 24 kilomètres ; c'est une rude étape pour un piéton.

La route mandarine contourne la plage encore sur quelques kilomètres, puis pénètre en forêt. Les pachydermes y sont en assez grand nombre ; en huit jours nous avons vu trois fois les éléphants. La première fois, j'étais à cheval, accompagné d'un cavalier indigène ; nous tombâmes nez à nez, en débouchant dans une petite clairière, sur sept éléphants.

Ces placides animaux me causèrent si peu d'émotion, que je m'arrêtai à 20 mètres d'eux et que je les observai avec une indifférence qu'ils semblaient, du reste, bien partager. Ils s'en allèrent les premiers en se frayant lentement avec leurs trompes une voie dans le fourré. Les lapins et les lièvres bondissaient sous nos pas, les poules et coqs sauvages étaient si nombreux, que chaque éclaircie nous donnait l'illusion d'un coin de basse-cour. Nous vîmes également dans cette même journée, quelques singes et deux quadrupèdes du genre loup. Faut-il ajouter à cette profusion quelques Moïs, montagnards indépendants et timides, armés de lances et de coutelas pour se défendre des fauves et qui se sauvent à toutes jambes dans le bois quand ils m'aperçoivent? Il en est cependant quelques-uns de moins craintifs, qui cultivent les vallons. Les Moïs se partagent avec les aborigènes Kiams, la région montagneuse. Et si nous apercevons la nuit, bien haut, les feux de leurs inaccessibles habitations comme autant de planètes scintillant dans l'espace, la clairière de Do-ta, les vallons de Tuy-da et de Thuân-lai que nous traversons successivement pour nous rendre au tram de Thuân-lai, nous font faire connaissance avec des Moïs et des Kiams qui récoltent leur riz ; ceux-ci ne se sauvent pas, mais, poussés par cette méfiance particulière à tout être sauvage, ils se groupent comme des buffles qui flairent un danger. Les types diffèrent beaucoup de l'Annamite, pour se rapprocher de l'Indien, surtout le Kiam, qui doit en descendre : les découvertes archéologiques de M. Lemire dans la province de Binh-dinh et les études de MM. Aymonier et Navelle le prouvent surabondamment.

Les montagnes du Khánh-hoà sont habitées par des Moïs (sauvages) se subdivisant en tribus qui portent différents noms, Orang-Glaï, Kahov, Tjadang, etc.

« Les Annamites, fort portés à l'exagération, je suppose, « sur des choses qu'ils connaissent mal, parlent de trente-« six peuplades ou familles, et prétendent que ces sauvages « du Khánh-Hoà seraient plus nombreux que la population « annamite de la province.

« En général, les gens de ces tribus misérables sont encore « plus frugaux que les Annamites; sauf, à l'occasion, à se « bourrer de victuailles pour rattraper le temps perdu. Ils « se nourrissent de maïs, de riz, d'ignames, de patates et « autres tubercules, ils font du vin de maïs fermenté.

« Les hommes, pour cacher leur nudité, ceignent ordinai-« rement la bande étroite; quelques uns, les moins éloignés « dans l'intérieur, portent le pantalon annamite.

« Tous ces sauvages du Khánh Hòa habitent des cases sur « pilotis, couvertes de chaume ou de feuilles. Les hommes « portent les cheveux longs aussi bien que les femmes.

« Les Kahov, à l'ouest de Ninh Hòa, que l'on dit plus « blancs de peau que les autres, auraient la coutume de se « limer les incisives supérieures; les filles y sont surtout con-« traintes, sous peine de passer pour sorcières ou femmes de

« rien. Ces Kabov fumeraient beaucoup de tabac et ne chi-« queraient pas de bétel; leurs habitations sont propres; « leurs filles se baigneraient vêtues; ils brûlent des carrés de « forêts et ne labourent pas. Ils savent tisser les étoffes. On « trouverait chez eux des fondeurs de métaux, des forge-« rons, des orfèvres et il y aurait en abondance dans leur « pays une sorte de fer aciéreux, malléable, flexible à froid, « dont ils font leurs armes.

« Parmi ceux qui, plus reculés, seraient indépendants des « autorités annamites, on cite un nommé Xao, possédant plus « de cinquante éléphants, plus de cinquante troupeaux de « chevaux, plus de cinquante troupeaux de buffles; un « homme très riche quoi! disent les Annamites.

« En général, les relations illégitimes sont punies par de « fortes amendes, chez ces montagnards. Les filles feraient « les demandes en mariage, prétend-on, assertion qui me « paraît suspecte. Le fiancé apporte une jarre de vin, un « gong, des buffles, des porcs, selon ses moyens ; ces cadeaux « acceptés, il vient habiter chez sa femme, en ayant soin de « ne pas oublier son couteau et sa hotte, parties essentielles « de son trousseau. Le mari ou la femme qui veut divor-« cer doit rendre tous les présents reçus du conjoint.

« Pendant les couches, un grand feu est entretenu près « de la femme ; et, au bout de trois jours, ont lieu les rele-« vailles.

« Dès l'âge le plus tendre les enfants à la mamelle sont « nourris avec de certaines bananes.

« A la mort des parents, on invite la famille, les amis, « pour festoyer, pleurant et riant à la fois. Le corps est « mis en terre, au fond d'une fosse, entre quatre planches « ni ajustées, ni clouées. Les festins recommencent après « l'enterrement. Le deuil est indiqué par une bande ou tur-« ban de toile blanche roulé autour de la tête et qu'il ne faut « jamais enlever; il tombera en loques à la longue.

« Au Khánh Hoà, à Nha Trang, à des époques fixées, les « Dò Dũa, titre donné aux fonctionnaires annamites chargés

« des sauvages, qui ont paraît-il, le monopole du commerce, « des échanges avec les Moi, amènent leurs tributaires à la « citadelle pour livrer l'impôt au grenier royal; impôt qui « consiste en ky nam ou bois d'aigle, en défenses d'éléphant, « cornes de rhinocéros, cire, bétel, maïs, rotin, huile de bois « torches, etc.

« Il y a, en effet, deux centres de perception du tribut des « sauvages : 1° à Khánh Hòa, près du marché de la citadelle, « et 2° à Ninh Hòa, au lieu dit Truöng Sáp.

« Les tributaires du Nord apportent leur impôt une fois « l'an à Ninh Hoà et un grand mandarin de la citadelle va « le percevoir, ainsi que les nombreux présents pour lui et « sa suite, présents qui doublent ou qui triplent la quotité « du tribut primitif.

« Les sauvages y viennent souvent de fort loin, à dos d'élé- « phant, par troupe de quarante à cinquante. Les mandarins « leur achètent des éléphants pour le service du Roi. Et, à « l'occasion de cette perception annuelle du tribut des sau- « vages, une sorte de grande foire est tenue au Trüöng Sáp, « qui est à une lieue du chö Dinh, dans la plaine de Ninh « Hoa, avons-nous dit. Les habitants des villages annamites, « à la ronde, s'y rendent et peuvent, à ce moment, commer- « cer librement avec les sauvages qui frappent de leurs cym- « bales pendant les cinq jours que dure la foire et échan- « gent leurs produits, leur cire surtout. Trüöng Sáp, le nom « de ce marché, signifie, je crois : « exhibition, étalage de « cire.

« Pendant le reste de l'année, les sauvages retombent sous « la coupe réglée des Dò Düa, fermiers qui achèteraient leur « monopole au prix de 25 barres d'argent payées annuelle- « ment à la citadelle, plus une dizaine de barres en pots- « de-vin.

« De même qu'au Binh Thuân, ces Annamites affament les « sauvages pour leur écouler du sel, des morceaux de toile « ou de mauvaises écuelles. Leurs exactions sont telles que, « ces montagnards de race généralement timide, et qui

« n'ont que trop de raisons pour l'être, vont jusqu'à tuer « leurs oppresseurs. Mais alors les représailles sont d'une « férocité inouïe, système général des Annamites vis-à-vis « de ces Moi, qu'ils redoutent autant au Khánh Hòa qu'au « Binh Thuân. Il y a quinze ou vingt ans, un sauvage ayant « insulté, menacé même un Dò Dũa qui le poussait à bout, « fut brûlé vif pour l'exemple [1] ».

A environ 10 kilomètres de Hòa-quan, part, à droite de la route, le chemin qui conduit à Cam-ranh par Do-ta. Immédiatement après, nous rencontrons une clairière, puis à 5 kilomètres plus loin, le vallon de Tuy-da, qui a dû jadis être cultivé par les lính du tram de Thuân-hòa, mais le dôi de ce tram ayant été enlevé par un tigre, on transporta le caravansérail à 4 kilomètres au Sud, en un point où finit le bois, et l'on appela le tram, situé alors dans le Binh-thuân, Thuân-lai.

On voit encore, à un kilomètre et demi de Tuy-da, les ruines du tram de Thuân-hoà qui servait de limite aux deux provinces, comme l'indiquait son nom.

De Thuân-lai à Phan-rang. — Nous sommes dans le Binh-thuân, dernière province de l'Annam, dont le sort a été deux fois sur le point de changer : en 1883, après le traité du 25 août, et en 1887, après la révolte.

J'étais un chaud partisan de l'occupation des provinces du Sud par la Cochinchine, c'était une préparation à leur annexion inéluctable dans un avenir plus ou moins éloigné. Le moment était propice, le ressaisirons-nous jamais? L'Annam venait de se révolter, c'était, du Nord au Sud, un cri d'extermination contre les Français; les rebelles, fanatisés par quelques lettrés, brûlaient leurs propres villages et démolissaient leurs pagodes pour ne point nous laisser d'abri. M. Aymonier, secondé par un chef cochinchinois dévoué, le phu Loc, pa-

1. E. Aymonier, *Excursions et Reconnaissances* (Bulletin publié par le Gouvernement de la Cochinchine française) mai-juin 1886, p. 26-29.

cifia le Bình-thuận et le Khánh-hoà au moyen d'une répression rapide et énergique dont le résultat, fut promptement obtenu. Il réorganisa l'administration en un tour de main et mit cette province dans l'impossibilité de nous nuire. Comme conséquence de la fusion administrative avec la Basse-Cochinchine, les indigènes du Bình-thuận qui, en 1883, avaient souri aux bruits d'annexion, se fussent confondus insensiblement avec les Cochinchinois. Cette annexion eut pu se faire d'autant plus aisément que le Khánh-hoà, inculte, inhabité, malsain, est une espèce de limite économique qui aurait assez naturellement borné notre possession méridionale.

A un kilomètre de Thuận-lai, nous rencontrons le petit village de Nhon-sơn, environné de quelques rizières ; puis, après avoir marché encore une demi-heure, s'offrent à notre vue deux monuments kiams, dont les bas-reliefs représentant des guerriers et des divinités hindoues, sont admirablement conservés. Une jungle monotone, avec ses bouquets d'arbustes disposés presque symétriquement, s'étend à perte de vue sur notre droite, tandis qu'à l'Orient, la broussaille a été brûlée et décroît jusqu'aux salines qui guettent la marée montante. Encore 4 kilomètres et nous allons entrer dans une région plus riante, mieux cultivable et aussi mieux exploitée. Les riz viennent d'être récoltés ; on a rentré les épis et laissé les pailles en meules hors des cases trop petites ; de lourds chariots aux deux roues massives gisent inoccupés dans les champs voisins, tandis que les buffles glanent en liberté les quelques brins épargnés par la faucille.

Nous quittons maintenant la route mandarine pour aller à Phan-rang.

Des tas de sel aux formes géométriques ressemblent à de blancs tumuli et là où les flots sont moins aventureux, les métairies se succèdent jusqu'au bout d'une profonde vallée dont on pressent les richesses agricoles.

Phan-rang, terme de notre voyage, est situé à 8 kilomètres de la route mandarine.

Mais n'allez pas chercher une ville ou un bourg répondant

au nom de Phan-rang : il n'y en a pas. En cherchant Phan-rang on découvre Ken-dinh, comme en allant en Beauce on arrive à Chartres. Phan-rang est, comme Nhà-trang, le nom de la région dépendant de la rade de même nom. Mais comme cela se rencontre fréquemment en Annam, le point le plus important d'une région, outre sa dénomination particulière, est plus généralement connu sous le nom de cette région, de même que la citadelle d'une province en porte le nom.

A Ken-dinh, nous trouvons un marché alimentaire important où viennent les Kiams; un bureau télégraphique [1], un fortin en terre gardé par cinquante miliciens; c'est aussi la résidence du phu, élève de nos écoles saïgonnaises et qui parle correctement le français. Indubitablement on y trouve un missionnaire : le P. Villaume exerce son ministère non loin de Ken-dinh. Sur la proposition de l'employé du télégraphe, nous allons faire une visite aux douaniers qui habitent, sur la plage, à 7 kilomètres de Ken-dinh, un bourg appelé Dao-ca, situé à l'embouchure d'une rivière par où sortent les jonques chargées de sel.

Là, comme dans les autres petits postes douaniers de la côte, les recettes sont minimes, et, pour ainsi dire, simplement locales. La surveillance est insignifiante; chaque découpure de la côte est un lieu de débarquement clandestin, les contrebandiers sont quasi sûrs de l'impunité par la duplicité avec laquelle ils agissent : tandis qu'ils débarquent dans une crique un chargement d'opium dont l'entrée régulière serait assujettie à des droits très élevés, ils occupent la douane voisine avec une importation de faïence chinoise ou d'allumettes chimiques, et il y a tout lieu de croire que la multiciplicité des postes de surveillance douanière et le parcours côtier fait d'une manière incessante et par itinéraires irréguliers quadrupleraient nos recettes en doublant seulement nos dépenses.

1. Ce bureau est désigné administrativement sous le nom de Phan-rang.

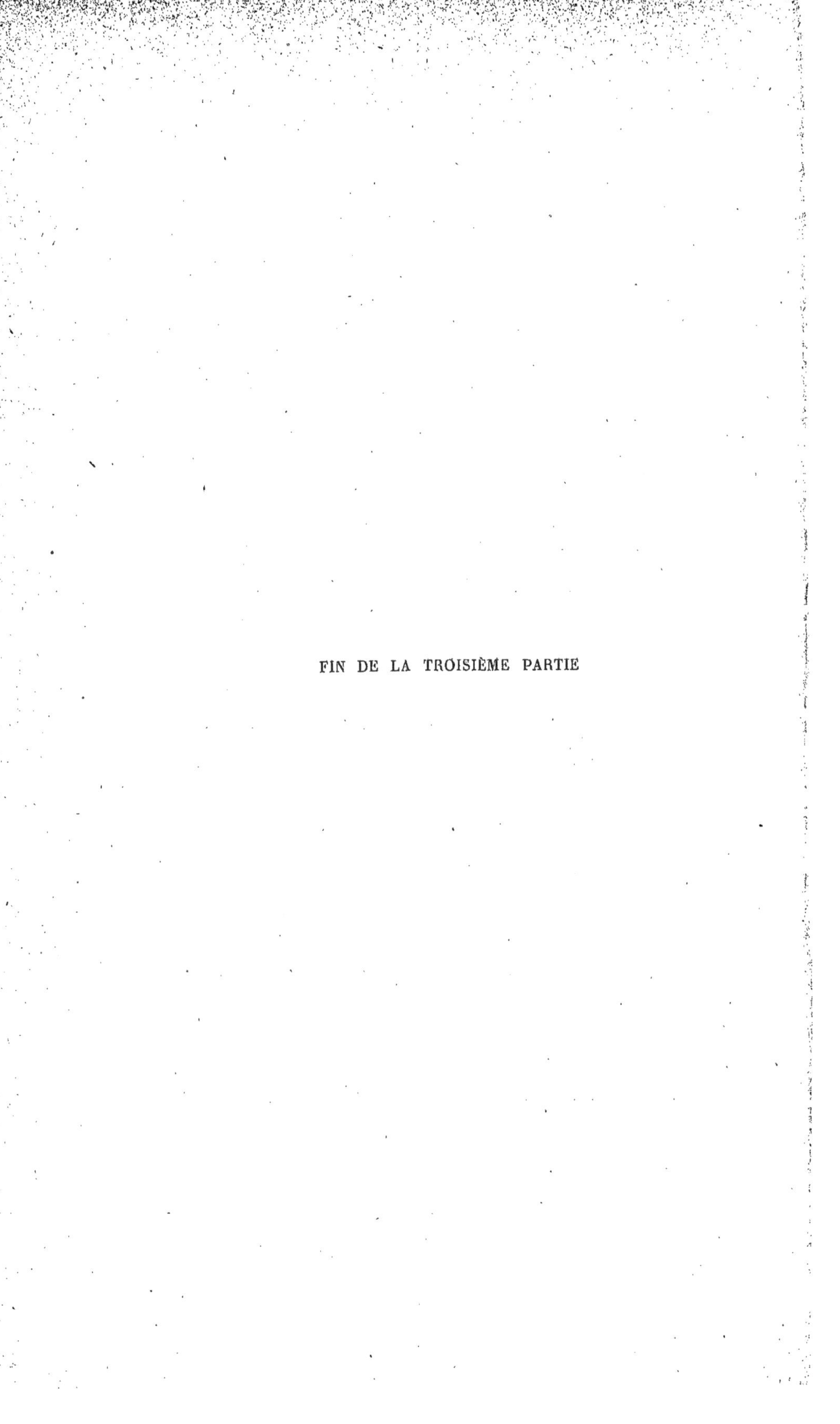

FIN DE LA TROISIÈME PARTIE

QUATRIÈME PARTIE

LE BINH-THUAN [1]

(DE LA FRONTIÈRE DE COCHINCHINE A PHAN-RANG)

SOMMAIRE : Généralités. — Le désert et Man Thiêt. — Man Ri et Ka Rang. — Man Rang.

Généralités. — Nous ne connaissons pas de publications faites sur le Binh Thuân ; et le résumé de toutes les conversations entendues depuis la conquête de la Cochinchine peut se traduire ainsi : « Pays pauvre, qui fournit des chevaux à la colonie. » — « Lande stérile ! » a-t-on pu répéter tout récemment [2] à la tribune française, en parlant de cette *terra incognita.*

Le Binh Thuân s'étend de la frontière de la Cochinchine française jusqu'au sud de la baie de Cam Ranh, sur une longueur de deux degrès, soit 220 kilomètres environ, à vol d'oiseau. La route Royale ou Mandarine y compte seize trams ou relais de poste, placés à 18 ou 20 kilomètres de dis-

1. Ma mission s'étant terminée au Binh-thuân, il ne m'a pas été permis de visiter cette province. Tout ce chapitre est extrait *ad litteram* de la judicieuse Étude de M. Aymonier, publiée dans le bulletin no 24 des *Excursions et Reconnaissances de Cochinchine.* — J'ai tenu à respecter l'orthographe des noms géographiques qui diffère un peu de la mienne.

2. Cette publication est de 1885.

tance en moyenne, soit, avec les détours, près de 300 kilomètres de route depuis le dernier tram français de Thuân Biên, dans la province de Baria, jusqu'à celui de Thuân Lai, près de la frontière du Khánh Hòa.

Cette longue province présente au plus haut degré ce caractère de bande étroite entre les monts et l'océan, qui permet aux maîtres de la mer de dominer si facilement l'Annam. Ou plutôt, ce n'est même pas une bande : les cinq plaines sont, si on veut nous permettre cette comparaison, les cinq graines d'un chapelet, dont la route Royale serait le fil, et nous verrons plus loin ce qu'est cette route.

Ces cinq divisions naturelles du littoral du Binh Thuân sont successivement, en allant du Sud au Nord :

1° Le désert, vers la frontière cochinchinoise ;

2° Man Thiêt ou Phan tiêt ;

3° Man Ré ou Phan Ré ;

4° Klan ou Ka Rang ;

5° Man Rang ou Phan Rang.

Ces noms annamites vulgaires ne sont autres que les corruptions des appellations données par les anciens maîtres du pays, les Hòi, phénomène qui se reproduira à peu près dans tout l'Annam, à commencer, probablement, par Huê, la capitale.

A ces plaines correspondent des baies maritimes dont aucune n'est bien fermée ; et si les barques indigènes peuvent aborder à tous les ports du Binh Thuân, il n'y a pas de rade sûre pour les bateaux européens.

Les plaines, séparées les unes des autres par les étranglements que forment les montagnes de l'intérieur, lançant jusqu'au bord de la mer des contreforts de 600 à 800 mètres environ d'altitude, sont arrosées par de petites rivières, nulle part navigables, dont la direction générale court du Nord au Sud, puis s'infléchit au Sud-Est pour se jeter dans la mer ; à sec, ou roulant très peu d'eau en février-mars, tous ces torrents remplissent leur vaste lit aux pluies de la mousson du Sud-Ouest. Les crues rapides ne durent que quelques heures débordant sur les campagnes voisines. Les flots roulent de gros troncs d'arbres ; la traversée en barque est assez pénible. Si elles étaient bien saignées, ces rivières pourraient arroser des champs immenses.

Dans les plaines du Binh Thuân vit une population que l'on peut estimer entre cent cinquante mille et deux cent mille âmes ; les deux tiers annamites.

L'autre tiers descend des anciens dominateurs de l'Annam, les Chams ou Ciams, ou Ciampois, habitants du Ciampa.

Dorénavant nous orthographierons leur nom Tjame, et Tjampa, celui de leur pays. Nous aurons ailleurs l'occasion de donner les raisons qui nous font adopter cette transcription à la hollandaise.

Les Annamites les appellent Hòi, *barbares*, et ils désignent par la qualification générale de Moi, *sauvages*, les diverses peuplades : Orang Glaï, Tjrou, Kahor, qui habitent les monts, où elles cultivent généralement le riz à la mode primitive, en abattant et en incendiant des carrés de forêts.

Dans les plaines de cette province immense, les rizières ne paraissent guère, séparées qu'elles sont par des déserts, des parties incultes ou non défrichées. De sorte que, à première vue, le voyageur est tenté de juger le pays défavorablement et de le croire encore moins peuplé qu'il ne l'est réellement, la route Mandarine recherchant le sol sec et les régions désertes.

La population, relativement très peu dense, s'est agglomérée sur les bords des cours d'eau ou sur le rivage de la mer, dont les villages annamites ne s'écartent guère au delà d'une petite journée de marche. Des villages tjames doublent cette distance, mais ils sont très clairsemés ; à Tân Linh, dépendance de Man Thiêt, on en rencontre, encore ici, à deux ou trois journées de la mer.

L'océan s'est retiré selon les traditions locales, que l'examen du pays confirme pleinement. Ici, pas d'alluvions importantes, et les retraits de la mer ne peuvent s'expliquer que par le soulèvement lent et continu qui paraît agir sur les côtes de l'Indo-Chine.

A Man Rang, beaucoup de puits, même creusés en terrain relativement élevé, ne donnent que de l'eau salée ; or, il n'y a aucune raison d'admettre l'existence de mines de sel gemme.

La province a quelquefois, dit-on, ressenti des secousses, des tremblements de terre. A Man Thiêt, il y a quelques années, le sol se crevassa profondément sur une longueur d'un kilomètre environ. Le sol de Man Rang s'est fendillé à plusieurs reprises. Il y a quinze ou seize ans, l'une des montagnes de Ka Rang se crevassa étrangement ; les mandarins crurent devoir aviser la cour de ce phénomène.

Le Binh Thuân, placé sur cette ligne de partage qui sépare les pays où les deux moussons produisent des effets différents, pourrait, théoriquement, avoir deux saisons pluvieuses, ou bien deux saisons sèches. Ce dernier caractère a plutôt prévalu, et le climat est sec. Les rivières, à qui leur faible étendue ne donne qu'un régime de torrent, gonflent, il est vrai, à la même époque que celles de Cochinchine, mais les montagnes d'où elles coulent arrêtent les pluies tout en subissant leurs effets.

Dans les plaines, les pluies sont plutôt rares, et les saisons diverses, irrégulières, bizarres même.

Il y a d'ailleurs à distinguer :

Le climat de Man Thiêt et du désert diffère peu de celui de Baria, du cap Saint-Jacques. Les vents y soufflent moins fortement que dans le reste du Binh Thuân, et celui de la mousson du Sud-Ouest amène souvent des pluies en quantité vers mai, juin, juillet, septembre, de même qu'en Cochinchine française. Le vent du Nord-Est y est à peu près sans pluies, aussi la moisson du riz a lieu à Man Thiêt plus tôt que dans le reste de la province. Le climat de Man Thiêt passe pour être sain.

A Man Rí, le climat, intermédiaire entre celui de Man Thiêt et celui de Man Rang est plus sec qu'à Man Thiêt et les vents y soufflent avec moins de force qu'à Man Rang. Les deux moussons amènent quelquefois de la pluie, mais plus généralement la mousson du Sud-Ouest.

A Man Rang, le vent du Nord-Est souffle avec une force terrible, surtout au début de la mousson ; d'avril à juin, il alterne avec le Sud-Ouest qui règne de juin à septembre ; en avril-mai, il pleut sur les montagnes. En juin-juillet, à la saison des orages, quelques pluies peu abondantes seraient totalement insuffisantes pour arroser les rizières, sans les canaux d'irrigation qui puisent aux cours d'eau gonflés par les averses des montagnes. En août et septembre, la mousson plus régulièrement établie, ne donne que peu de pluies. Celles-ci recommencent un peu dans la plaine de Man Rang en octobre et novembre.

De décembre à mai, il ne pleut généralement pas. Les cours d'eau débordent surtout en octobre et novembre, mais cette inondation manque quelquefois, au grand détriment des rizières, ce qui eut lieu en 1884.

Si les vents réguliers, surtout le Nord-Est, soufflent perpétuellement avec force au Binh Thuân en amoncelant sur des plages d'énormes dunes de sable, par contre, les tempêtes, les typhons y sont inconnus.

Par suite du voisinage de l'équateur, le thermomètre ne descend jamais très bas dans les plaines, mais, en revanche, la chaleur est singulièrement tempérée par les vents continuels. Celui du Nord-Est se lève, au plus tard, vers dix heures, midi, et il souffle jusqu'au soir. On n'est jamais incommodé par la chaleur dans une maison bien couverte.

Les vents présentent des inconvénients; ils soulèvent du sable, de la poussière, ce à quoi il faut attribuer, je pense, la la fréquence des maux d'yeux des habitants. Les lunettes de conserve sont indispensables à l'Européen qui voyage ou séjourne dans ce pays.

A Man Rang, où les vents dominent davantage, où la chaleur est plus tempérée, nous n'avons jamais aperçu, du 15 décembre au 15 mars, le moindre vestige de cette moiteur des vêtements renfermés, ou de cette moisissure des chaussures oubliées, que ne connaissent que trop les Cochinchinois, même en pleine saison sèche. En outre, une rivière qui n'assèche jamais, aux eaux claires, limpides, très fraîches, dont nous avons usé abondamment en bains et en boisson sans en être jamais incommodés, nous permet de donner la palme à cette plaine qui serait, je pense, un excellent sanitarium pour la Cochinchine.

A ce propos, peut-être conviendrait-il d'examiner les montagnes dont plusieurs forment de hauts plateaux, et qui sont habitées, considération essentielle; les insuccès de jadis, dans la colonie, étant dus surtout à ce fait que les monts choisis étaient inhabités et inhabitables.

Toutefois, nous avons souvent entendu dire que les moustiques abondaient sur les montagnes du Binh Thuận, que nous n'avons pas explorées d'ailleurs. Au contraire, dans les plaines le moustique est rare, l'usage de la moustiquaire totalement inconnu.

Le désert et Man Thiêt. — En quittant le tram français de Thuận Biên dans la province de Baria, la route suit le rivage de la mer. Le voyageur qui n'aperçoit pas une seule habitation, marche sur la bande de sable ferme que les flots lavent à marée haute; à gauche, au delà des dunes, sont des marais. Au bout de 14 à 16 kilomètres on atteint la frontière, marquée par un tout petit ruisseau, à l'extrémité de la chaîne de montagnes qui finit au cap Bà Kiêm ou Bà Kê.

En territoire annamite, la route continue sur la plage marine, toujours déserte et toujours ayant à gauche de nombreux marais près du rivage. L'un de ces marais, le Hô Dâng, est considérable; toutefois, son déversoir est assez facilement guéable, même aux pluies.

A 15 kilomètres environ après avoir passé la frontière, la route atteint le village de Cù Mi, où est situé le premier tram annamite, celui de Thuận Phüöng, distant d'une trentaine de kilomètres du tram français de Thuận Biên.

De Baria à Cù Mi, une route de traverse plus courte que la route mandarine passe, dit-on, par Xièng Môc, village de Baria.

Depuis quelques années, la population commence à devenir plus dense à Cù Mi où, dans toute cette région, des marais couverts de palétuviers s'étendent sur de vastes espaces.

Au delà de Cù Mi, la route, toujours suivant la plage, ne rencontre aucune habitation jusqu'à la hutte isolée de Thuân Phũöc qui sert de tram, le deuxième du Binh Thuân, entre Cù Mi et La Di ou La Gi.

Ces deux centres, Cù Mi et La Di, sont à la distance d'un tram et demi, et sur tout ce parcours désert les marais sont nombreux et considérables.

Près du rivage de sable, à quelques dizaines de mètres, le plus souvent, la forêt est très basse, noyée; la mer, en se retirant, a laissé de grands marais dont le plus célèbre est le Hô Ong Quac, avant d'arriver à la hutte isolée de Thuân Phũöc dont il est plus rapproché que de Cù Mi.

Ce marais immense, à peu près à mi-chemin entre Cù Mi et La Gi, s'étendrait au loin dans les bois. Il est certainement très poissonneux, mais nul n'ose s'y aventurer et sonder ses profondeurs mystérieuses, de crainte des féroces crocodiles. A la saison des pluies, mousson du Sud-Ouest, ses eaux gonflées crèvent la dune tantôt en un point, tantôt en un autre, s'ouvrant avec violence un passage à travers les digues de sable que le vent lui a opposées pendant la saison sèche. Son déversoir, qui atteint jusqu'à 20 mètres de largeur sur 1 et 2 mètres de profondeur, permet aux sauriens, tout en restant dans l'eau douce, de venir saisir au bord de la mer même le passager, le porteur de lettres.

Au delà du Hô Ong Quac, le tram de Thuân Phũöc, entre Cù Mi et La Gi, est très éloigné de ces deux points, mais encore trois fois plus de Cù Mi que de La Gi.

Avant d'atteindre ce dernier centre, on passe à quelque distance d'un petit village tjame caché dans la forêt, et qui est appelé Phu Tri par les Annamites.

Bien entendu que depuis la frontière jusqu'à La Gi, la route suit l'étroite bande de sable relativement ferme, entre les flots de la mer et le sable mourant des dunes, ruban en pente de quelques mètres de largeur, que la mer lave à marée haute, et où les coups de vent couvrent le passant d'écume.

Ce tracé fait par la nature est suivi par la route mandarine dans presque tout le Binh Thuân.

A La Gi finit la région de ces grands marais, formidable limite naturelle entre la Cochinchine française et l'ancien Tjampa.

Au delà du village de La Gi on traverse, au moyen d'un bac près de la mer, le bras méridional d'un petit cours d'eau qui arrose ce pays, puis une île d'un demi-kilomètre de largeur, et ensuite l'autre bras qui est guéable.

Plus loin la route continue sur le bord de la mer, près des brousses incultes qui croissent sur une bande de terrain plat entre l'océan et la ligne des monts à 10 ou 15 kilomètres dans l'intérieur.

Enfin, on atteint le troisième tram du Binh Thuân, celui de Thuân Trinh ou de MaLi, tout près du petit port de Ma Li ou de Tam Tân, d'où les Chinois expédient du poisson à Singapore, et qui prend de plus en plus d'importance. On traverse ce marché, puis, en bac, une lagune qui est au delà.

La route suit encore le rivage de la mer pendant 4 à 5 kilomètres, et traverse un petit ruisseau qui vient des rizières que l'on rencontrera un peu plus loin.

Enfin la route quitte le bord de la mer pour suivre un terrain sec, mais pas longtemps. Bientôt elle atteint une plaine de rizières abandonnées qu'elle traverse pendant 4 à 5 kilomètres, et le plus souvent dans l'eau.

Ces rizières étaient autrefois cultivées par les partisans du Quan Dinh.

Plus loin, la route traverse une forêt de quelques kilomètres de longueur, et enfin, elle atteint le premier tram convenable du Binh Thuân, celui de Thuân Lâm, le quatrième de la province. Ce relais de poste est couvert en tuiles, clos de murs. Quelques beaux jardins d'arêquiers l'entourent, disputant le terrain à la forêt qui les enserre de tous côtés. On y trouve une petite source.

Au delà du tram de Thuân Lâm, la route continue en forêt et traverse un vrai coupe-gorge, couloir de 1 mètre de largeur, encaissé entre des talus à pic, hauts de 6 à 7 mètres et cela sur une longueur de plus de 1 kilomètre. En sortant de cette cheminée on aperçoit un ruisseau et un endroit défriché à peu près abandonné.

La route, laissant à droite le cap Khe Gà, continue vers l'Est en forêt, sur un plateau de 100 à 150 mètres d'altitude; plus loin, elle traverse un petit ruisseau limpide; puis elle reprend le bord de la mer entre les flots et les dunes à pic de sable durci. Enfin on atteint le cinquième tram, celui de Thuân Ly, à deux ou trois lieues au delà du cap Khe Gà.

Il y a quelques maisons auprès de ce tram. En se retournant, on aperçoit à l'Ouest un village adossé à l'intérieur des dunes, au bord des forêts qui commencent au massif de Trà Cú pour venir se terminer au cap Khe Gà.

Les collines de ce cap peuvent être considérées comme formant la limite septentrionale de cette longue ligne de dunes désertes et de marais entre l'océan et les chaînes de montagnes qui, en se bifurquant au Sud, lancent un contrefort au cap Bà Khê ou Mui Bà Kiêm, frontière actuelle de la Cochinchine et de l'Annam.

On peut juger combien les marais impénétrables de cette région désolée forment une excellente frontière naturelle à notre colonie.

Dans cette première partie du Binh Thuân coulent quelques petits cours d'eau qui se jettent dans la mer à Cu Mi, à La Gi, à Ma Li ou Tam Tân. Selon certains renseignements, ce dernier viendrait de Tân Linh et serait le plus important.

Cette région, à peu près déserte, abonde en bois précieux : sao, go, cam xe, trac, lai, etc. La population concentrée dans les quelques villages que nous avons vus en suivant la route ne dépasse pas cinq mille âmes.

Les cours d'eau n'assèchent pas, et le pays serait susceptible de culture.

Parmi les villages, plusieurs sont tjames; La Gi, Ma Li ou Me Li, Cu Mi ou Bou Mi, sont encore des noms tjames, et la population est tjame en partie.

En quittant le tram de Thuân Ly, la route continue à suivre le rivage au pied des dunes énormes de sable durci qui avoisinent la mer, surplombant le rivage à 10 mètres et plus. Çà et là coulent quelques filets d'eau rougie par le sable, salie par les détritus des rares arbrisseaux de ces dunes, qui s'abaissent enfin pour permettre de déboucher dans la plaine de Man Thiêt près de la ville de ce nom, où la route traverse le marché de la rive droite, puis la rivière, sur un pont de bois, à 1 kilomètre de la mer; elle traverse ensuite le marché de la rive gauche, et, au sortir des faubourgs de Man Thiêt, elle atteint le tram de Thuân Phan, sixième relais depuis la frontière.

Au delà, pendant 6 à 7 kilomètres, la route traverse les salines, les sables bas de la plaine entre Man Thiêt et Phó Hài; elle atteint ce dernier centre, passe la petite rivière sur un pont; puis elle gravit une dune énorme pour atteindre le septième tram, celui de Thuân Tinh ou Thuân Sŏn, où recommencent les dunes désertes.

La plaine riche et importante, où sont situés près de la mer les deux centres de Man Thiêt et de Phó Hài, tire son nom du mot tjame Melathit, qui ne désignait que la ville de Man Thiêt elle-même. La région était et est encore appelée Padjaï par les Tjames.

Les Annamites appellent plutôt Phan Thiêt la ville, et Man Thiêt la région, mais souvent les deux appellations sont confondues.

La rade, formée par les collines qui bornent la plaine au Nord-Est et au Sud-Ouest, peu profonde, reste ouverte aux vents.

La plaine de Man Thièt, très plate, 40 à 50 kilomètres de profondeur, est arrosée par deux cours d'eau, dont le plus important coule à peu près de l'Ouest à l'Est. C'est le sông Cà Thé qui vient des environs de Tân Linh et qui coule dans une vallée très ouverte. A deux ou trois lieues de la mer il reçoit un petit affluent, devient profond et sillonné de bateaux. Il laisse à gauche la petite enceinte qui enclôt la résidence du phu. Ses rives se couvrent de maisons de plus en plus serrées vers la mer. Beau port où les grandes jonques de mer annamites pénètrent facilement.

La ville de Man Thièt a son marché plus important le matin sur la rive droite. Le marché du soir se tient sur la rive gauche. Nous retrouverons souvent, dans l'Annam, ce déplacement de marché du matin au soir.

Dans les nombreuses boutiques chinoises de cette ville on vend des articles de Chine et d'Europe. La population chinoise y est riche, nombreuse et turbulente. On prétend qu'à la fin de 1883, ces Célestiaux complotèrent sérieusement l'assassinat de M. Granger, et qu'ils ne furent retenus que par leurs compatriotes de Phó Hài, qui craignirent les suites de ce beau coup. Toujours est-il qu'en avril 1885, ils proclamaient bien haut que les Anglais allaient nous chasser de la Cochinchine.

Il y a beaucoup de bateliers à Man Thièt, et la ville fait un grand commerce avec Saïgon et Singapore.

Le cours d'eau septentrional de la plaine de Man Thièt, la rivière de Phó Hài qui coule du Nord au Sud, peu profonde, ne donne accès aux basses eaux qu'aux petites barques qui viennent y charger le sel et la saumure. Près de la mer, les maisons sont nombreuses sur ses bords. On compte deux marchés à Cũa Phó Hài, le chŏ Dinh en amont et le chŏ Cũa en aval. Ici encore on rencontre beaucoup de Chinois.

La population des trois ou quatre grands villages groupés à Man Thièt et à Phó Hài doit dépasser vingt mille âmes. Les deux centres se touchent presque, séparés qu'ils sont par quelques kilomètres de salines où les maisons ne manquent pas. Ils exportent le sel, le poisson, la saumure, le coton de la région.

Les salines y sont nombreuses; le sel, à trop vil prix.

Man Thiêt, avec son annexe Phó Hài, offre peut-être le port le plus important et le groupe de population le plus considérable de toute la côte de l'Annam, de Saïgon à Nam Dinh.

En dehors de ces deux centres, Man Thiêt et Phó Hài, il y a très peu de Chinois dans la plaine de Man Thiêt où l'on ne rencontre pas d'autre grand village. Les hameaux annamites y sont petits, disséminés, pauvres, mais nombreux. On peut mentionner Phu Lŭong et Loai An.

A une petite journée au nord de la mer en suivant une route de charrettes qui traverse des rizières, on atteint quelques villages tjames qui, avec ceux de Tân Linh et du désert, forment un canton, Nông Tang Tông, de huit villages.

Les rizières de la plaine de Man Thiêt occupent une grande surface, mais elles sont médiocrement arrosées, le système de canaux d'irrigation que nous verrons pratiqué ailleurs n'étant pas en usage ici. Avec de bons canaux, les rizières de Man Thiêt seraient superbes, leur production quadruplée.

Outre le riz, la plaine de Man Thiêt produit du coton, du maïs et de l'ortie de Chine.

Sur les dunes ou monticules au bord de la mer, à l'est de Phó Hài, on aperçoit une tour et un édicule ruinés, en briques.

A deux ou trois journées de marche, à l'ouest de Man Thiêt, est la vallée de Tân Linh, corruption de Banal Haling, le nom tjame.

Non loin de là est le pays, ancienne frontière du Tjampa, que les Tjames appellent Batjam ou Patjam, où le chef qui est connu à Saïgon sous le nom de Patau « *roi* », et que les Tjames appellent Patau Kur « *le roi Khmèr* », s'est taillé depuis quelques années une minuscule royauté sur un ou deux hameaux tjames, et sur deux ou trois hameaux sauvages, Tjrou ou Kahov. Il se maintient en bonnes relations de politesses avec les autorités annamites du Bình Thuân, et il opprime durement sa douzaine de sujets, leur enlevant bœufs et buffles à sa guise.

A l'époque de ses débuts, les Tjames de Padjaï songèrent un instant à se réfugier sous son sceptre, et bientôt ils renoncèrent à cette idée après avoir constaté que ce bâton ne valait pas mieux que la verge annamite.

Revenons à la route mandarine que nous avons laissée au delà de la plaine de Man Thiêt, au tram de Thuân Sŏn ou de Thuân Linh.

Vers la mer, Man Thiêt est séparé de Man Rí par des dunes de sable immenses, vrai désert sans eau de 50 à 55 kilomètres de longueur.

Souvent la route qui s'écarte de la mer jusqu'à 10 ou 12 kilomètres de distance devient introuvable. Ce sont les déserts de l'Afrique ; le sable mouvant de ce Sahara, chassé par le vent, efface les pas du guide qui vous précède.

Toutefois, on rencontre un village de pêcheurs, le Xóm Rang, sur la côte, au delà du tram de Thuân Tinh. Plus loin encore deux autres villages, et au delà, le gros centre de Mui Né, au fond d'une petite baie. Avant d'atteindre le tram de Thuân Cang, il faut traverser ce port qui peut être considéré comme une annexe de Man Thiêt.

Mui Né, en tjame, Palei Ni, compte peut-être quatre cents maisons, en amphithéâtre, adossées aux dunes sur une longueur d'un kilomètre environ. Les boutiques chinoises y sont nombreuses. Toutes les maisons sont couvertes en tuiles.

C'est une population de pêcheurs, alimentant un gros marché de saumure et de poisson que l'on exporte à Saïgon ou à Singapore.

En mars, on aperçoit continuellement une trentaine de jonques en rade.

Un peu au delà de Mui Né est le tram de Thuân Cang, le huitième relais de la province.

Le vrai désert est dans la partie de la route qui suit.

De ce plateau désolé, on aperçoit vers l'Ouest le ballon de Ta Kong.

Le tram que l'on rencontre après celui de Thuân Cang est le tram de Thuân Dông, le neuvième. Au bord d'une lagune voisine appelée Bau Bà Dông est un petit village.

Les étapes sont ici de véritables supplices. Et pourtant dans l'intérieur du pays une superbe route de traverse conduirait de Man Thiêt à Man Rí par un trajet sensiblement plus court.

Cette route de parcours facile, peu pénible, sans sable mouvant, au sol ferme, à l'ombre des grands arbres, est considérée comme périlleuse à cause des bêtes féroces : tigres, éléphants, rhinocéros.

Pour la prendre, on remonte de Man Thiêt vers le Nord-Est chez les Tjames de Malam, en annamite Màn Long, à une petite journée de marche.

De ce point, en une autre petite journée de marche, on va droit à l'Est déboucher au village Tjame de Sah Bangœu, sur la rivière de Man Rí, en suivant un sentier désert sous les grands arbres à essence résineuse, sur un sol de sable et d'argile ferme.

Dans cette vallée qui mesure en moyenne 10 kilomètres de largeur, on aperçoit de nombreuses traces d'éléphants énormes.

Man Rí et Ka Rang. — Après avoir quitté le tram de Thuân Dông, la route Mandarine se déroule encore pendant quatre à cinq lieues, tantôt sur le bord de la mer, tantôt sur ces terribles dunes que l'on quitte enfin définitivement pour descendre dans la plaine de Man Rí, et traverser non loin de son embouchure, la petite rivière qui arrose cette plaine ; au delà, le voyageur s'arrêtera au dixième tram celui de Thuân Phu, près de l'ancienne citadelle du Binh Thuân, actuellement résidence du huyên de Hoà Da au cœur même de la plaine de Man Rí.

Man Rí ou Pan Rí ou Phan Rí, corruptions du nom tjame

Parik (qui est prononcé exactement comme le nom de la capitale de la France), est une plaine plate, à peu près parallèle à la mer, allongée de l'Est à l'Ouest, sur une longueur de 50 à 60 kilomètres et sur une largeur de 15 à 18 kilomètres entre deux murs naturels, formés d'un côté par la ligne des monts du Nord, et de l'autre par les hautes dunes de sable qui se couvrent de buissons rabougris.

Des collines qui laissent entre elles de petites vallées désertes séparent Man Rí de la petite plaine voisine de Ka Rang à l'Est.

La plaine de Pan Rí est arrosée par plusieurs petits cours d'eau qui se réunissent tous pour se jeter dans la mer par une seule et unique embouchure.

Le principal, le plus occidental, appelé par les Tjames, le Krong Chanar, vient des montagnes au Nord, descend dans la plaine, va se butter contre la grande dune à Dyar, puis s'infléchit à l'Est, arrosant la plaine dans le sens de sa longueur sur un parcours de 25 à 30 kilomètres. Son lit de 100 à 150 mètres de largeur, indique des crues considérables; mais en mars, la rivière ne roule qu'un mince filet d'eau qui s'attarde paresseusement sur le sable.

Le Krong Chanar reçoit sur sa gauche trois petits affluents, utiles pour l'irrigation des rizières mais à sec en mars.

Le grand gohoul (c'est le nom que donnent les Tjames aux hautes dunes) qui limite au Sud toute la partie occidentale de la plaine, occupe des lieues en longueur et en largeur. Par le fait il s'étend jusqu'à Man Thiêt. Il s'est envolé de la mer disent les Tjames. La légende est très véridique si l'on a soin d'ajouter que ce fut grain par grain.

D'autres gohoul curvilignes, vers l'est de la plaine, qui s'avancent presque jusqu'à la ligne des monts à l'arrière plan, indiquent combien la conquête de Parik sur la mer est de date relativement récente.

La rade de Man Rí, à l'extrémité orientale du grand gohoul, présente une forme cintrée assez régulière. Elle offre deux ports, comme la plupart de ces rades : Duông à l'Est, adossé en amphithéâtre aux collines recouvertes de sable, grand commerce de sel, poisson et saumure (*nüöc mám*) ; et Cüa Man Rí, le port principal, le débouché de la plaine, sur la rive gauche de la rivière dont la barre ne laisse qu'une passe assez difficile aux bateaux indigènes.

On compte à Cüa Man Rí, port très important, plus de deux cents maisons couvertes en tuiles. Beaucoup de bateaux sont ancrés le long de la rive gauche, où la rivière est plus profonde. Grand commerce de saumure, de poisson frais, sec ou salé. Jamais le poisson n'y manque sauf au moment des violents orages qui interrompent la pêche pendant deux ou trois jours.

Cüa Man Rí expédie de la saumure et beaucoup de chaux de madrépores. Aux quatrième et cinquième mois annamites on y embarque aussi des peaux, des cornes, des défenses d'éléphants et du cardamome, articles apportés en tribut par les sauvages des montagnes.

On se rend de Cüa Man Rí à la citadelle actuelle du Binh Thuân située à trois lieues dans l'intérieur des terres, au Nord-Ouest, en passant, sur de mauvais ponts, les petits affluents de gauche de la rivière, et en suivant une chaussée à travers les rizières.

On aperçoit à sa gauche, sur le gohoul, de l'autre côté de la rivière, le fort de Trai ou de Thuy, qui, à 3 kilomètres de Cüa Man Rí, bat la route, la plaine et la rade. L'enceinte est en pierres, sans fossés ; deux cents hommes forment la garnison ordinaire de ce fort qui est armé de douze ou quatorze canons sur chaque face.

A hauteur de ce fort, mais à quelques cents mètres à droite de la route, on aperçoit l'ancienne citadelle qui est encore entretenue, avec une garnison. Actuellement, cette forteresse sert de résidence au huyên de Hòa Da. Dans le voisinage sont plusieurs marchés importants.

On continue en suivant la chaussée à travers champs, et deux lieues plus loin on atteint la ligne importante des maisons de chở Lau près de la citadelle actuelle.

Les Annamites, les Chinois, les Kinh Cũu ou métis de Tjames et d'Annamites sont nombreux dans les centres près de la citadelle. Les maisons en briques occupent près de 2 kilomètres de longueur, le long de la rive gauche de la rivière.

Ici encore on rencontre deux marchés : celui du chŏ Lau, près de la citadelle, qui a lieu le soir ; le matin les vendeuses se réunissent au chŏ Dinh un peu plus bas vers l'Est.

On vend au chŏ Lau, du poisson, des légumes, des pastèques, du riz, du poivre, du thé, du gambier, de l'arec, du bétel, de la chaux, des souliers, cotonnades, pétards, allumettes, papier, etc. Les maisons qui l'entourent étalent peu de marchandises. On y vend surtout de l'alcool et du papier à cigarettes. De tous les environs, les Tjames, les Annamites et les Kinh Cũu viennent faire leurs provisions à ce marché.

Plus loin à l'Ouest, dans le haut de la vallée, les villages sont nombreux mais peu importants.

Au nord du chŏ Lau, à 200 mètres, la citadelle actuelle du Bình Thuận, construite après la prise de Saïgon par les Français, l'ancienne ayant été jugée trop près de la mer, est tracée très régulièrement d'après le système de Vauban.

Petite, elle ne mesure guère que 300 mètres environ de côté et 200 mètres d'axe de porte en porte.

Un fossé de 12 à 15 mètres de largeur, 4 mètres de profondeur entoure le corps de la place et les demi-lunes. Son eau profonde est couverte de nénuphars.

Le revêtement des remparts, hauts de 5 à 6 mètres, n'est qu'en terre soigneusement arrosée, englaisée, dont la pente est de 8 à 10 mètres de hauteur sur 1 mètre de base. Les pluies doivent détériorer constamment ce rempart, mais on l'entretient soigneusement.

Les quatre bastions et les quatre demi-lunes sont armés de quarante-huit canons au total.

L'intérieur offre la disposition générale des citadelles de l'Annam. Dans la moitié Nord, un grand magasin de 100 à 120 mètres de longueur de l'Est à l'Ouest, abrite le trésor, les munitions, le riz, les tributs, cornes, peaux, défenses, torches, résine solide et liquide, etc.

Au Sud, les habitations des mandarins sont à droite et à gauche du temple royal qui fait face à la porte méridionale; et une vingtaine de misérables cases sont dispersées à l'entour. Un mirador élevé permet d'examiner la campagne.

Construite sur l'emplacement des champs, des tombes des Tjames de Dhong Panan, un village voisin, les revenants tjames, si redoutés des Annamites, troublent la quiétude des mandarins qui habitent cette citadelle. Des grognements inusités sont entendus dans le fossé très poissonneux; et telle habitation, celle de l'An Sát, par exemple, tue en peu d'années le mandarin ou un membre de sa famille.

Les habitants de la citadelle, de même que ceux de tous les villages voisins boivent l'eau de la rivière.

Beaucoup de villages de cette plaine creusent dans le lit à sec des ruisseaux, de petits puits qui leur donnent de l'eau claire.

La population tjame de Parik, en y comprenant les Kinh Cũu ou métis de Tjames et d'Annamites est groupée en deux cantons, celui de Thuân Giao sur la rive droite de la rivière et dans le haut de la vallée, et celui de Ninh Hà vers le Nord-Est. Les deux cantons comprennent chacun dix-sept ou dix-huit villages.

Les Tjames sont ici musulmans en majorité et comptent au total quatre mosquées.

Les anciens monuments des Tjames, nombreux à Parik mais sans importance, n'offrent rien de remarquable au point de vue architectural. Ce sont des tombes de rois ou de seigneurs, en formes de cellules, et des pierres tombales appelées *Kout*. On y trouve quelques statues.

Les rizières les plus fertiles sont entre les mains des Annamites, qui ont dépossédé ou qui dépossèdent chaque jour les Tjames.

Beaucoup des rizières de cette plaine sont inscrites sur les rôles comme terres sèches et ne paient que huit tiên d'impôt par mãu.

La plupart des rizières qui restent aux Tjames ne peuvent être cultivées par suite du défaut de canaux d'irrigation. Les Tjames, habiles irrigateurs, avaient jadis couvert de canaux une plaine de 30 kilomètres de long sur 10 à 12 kilomètres de largeur, obtenant ainsi des récoltes considérables.

Le plus important de ces canaux, celui de Hamou Barau dont la prise d'eau était à Pabah Robong, est abandonné depuis quinze ou vingt ans. Les Annamites ont perdu leur chinois à le refaire ainsi que le constate l'écrit ou l'inscription laissée par l'un d'eux, l'ông Dinh Diên, qui se déclare prêt à rendre hommage à celui qui réussira dans l'avenir. Par suite de cet abandon, quinze villages sur la rive droite, depuis Cha Bangœu dans le haut, jusqu'à Ragok en face de la citadelle, ne peuvent faire leurs rizières qu'avec l'eau de pluie. C'est la misère au lieu de l'abondance.

Les dépenses pour refaire le canal en reportant la prise d'eau un peu plus en amont, et amener pour toujours l'eau du fleuve dans ce grand canal, naturellement, sans barrage même, ne seraient pas le vingtième du revenu annuel que produirait ce travail. Il y aurait à creuser un canal de quelques centaines de mètres pour prendre l'eau en amont des rapides de Dyar et à faire sauter quelques roches avec un peu de dynamite ou de poudre à canon. L'administration annamite est incapable de songer à cela ; les Tjames, peuple vaincu et asservi, ont dû abandonner leurs grands travaux.

Pour quitter Man Rí et nous diriger vers Ka Rang, la plaine voisine, beaucoup moins importante, annexe en quelque sorte de Man Rí, revenons à la route mandarine que nous avons laissée au tram de Thuân Phu, situé près du huyên de Hòa Da, sur la rive gauche de la rivière de Man Rí, et sous le canon du fort et de l'ancienne citadelle.

La route laisse sur sa gauche le huyên, traverse le village de Hòa Da qui a donné ou gardé le nom de ce huyên. Elle passe, sur un grand pont délabré, le petit affluent de gauche de la rivière de Man Rí, et à travers des salines, exploitées ou non, elle se dirige à l'Est vers le port de Duông qui est situé à l'est de la baie de Man Rí. Tantôt on patauge dans l'eau, tantôt on passe les mares sur de petits ponts de bambous à l'annamite.

Au milieu des salines de Duông, la route prend la direction du Nord-Est, gravit une dune, tombe sur le rivage de la mer pour remonter encore sur les dunes et redescendre au bord de la mer, qu'elle quitte au bout d'une lieue pour passer au nord de la résidence du huyên de Tri phong. Elle rejoindra de nouveau la mer, un peu au delà, au port assez important de Trai Laói. Une lieue plus loin elle remonte sur des dunes assez fermes pour atteindre le onzième tram, celui de Bàu Tay ou de Thuân Dôm.

Au delà, la route continue sur les dunes pendant 2 ou 3 kilomètres. Elle en descend pour traverser la rivière de Ka Rang qui coule ici derrière ces dunes ; elle traverse ensuite une plaine de rizières, contourne un petit massif montagneux qui sépare le centre de Ka Rang ou de Lang Sông d'un autre centre, celui de Dôm. Au delà de ce massif, elle reprend le rivage de la mer, et elle atteint le douzième tram, celui de Thuân Hao, au port de Dôm même.

Dôm est renommé dans le pays pour ses langoustes.

Ka Rang, Krang en tjame et, en annamite, Khan Klan, La Ang ou Lang Sông, est le principal centre de cette petite région, entre les montagnes et la mer, que les Tjames appellent du nom d'un coquillage marin bivalve très commun dans le pays. Situé près de la mer, au bord de la petite rivière qui porte le nom du pays, La Ang offre un port de refuge aux jonques qui attendent le moment favorable pour doubler le cap Padarang. Dans les environs de ce marché on fait une pêche active et on recueille beaucoup de madrépores pour chaux.

La population est en partie tjame, en partie annamite ; les premiers ne font que du riz, les autres sont aussi pêcheurs.

La petite rivière au cours rapide qui descend des montagnes voisines assèche en mars. Elle arrose une plaine de rizières situées surtout à l'ouest de son cours. Là, une dizaine de villages tjames assez près les uns des autres, groupés en un canton, cultivent les maigres rizières que ne leur ont pas encore enlevées les Annamites. Ceux-ci se tiennent généralement sur la côte.

La partie Nord de cette petite plaine est considérée comme un désert improductif.

De Man Rí à Ka Rang une belle route de traverse dans l'intérieur du pays permet d'abréger beaucoup le trajet, de même que de Man Thiêt à Man Rí.

De la citadelle, on peut se rendre au village tjame de Kadrov, à une heure de distance vers l'Est ; puis on traverse une grande plaine de rizières. Un puits a été creusé au milieu de cette plaine. Au delà, la route s'engage dans une forêt de grands arbres qui poussent sur un sol ferme. Après avoir traversé cette forêt déserte, longue d'une demi-journée de marche, la route qui pourrait être facilement carrossable ayant toujours suivi une vallée plate entre les monts à gauche et les collines ou dunes à droite, débouche dans la plaine de Ka Rang où les villages tjames sont échelonnés de demi-heure en demi-heure. Il y aurait peu à faire pour rendre très belle cette route qui, en quatre ou cinq heures de marche, conduit du village de Kadrov à Man Rí à celui de Plom à Ka Rang.

Reprenons derechef cette route que la nature traça sur le sable de la mer pour MM. les mandarins de l'Annam.

Dôm, où est situé le tram de Thuân Hao, est voisin d'une forêt inculte, mais en plaine située au delà des rizières de Ka Rang.

En quittant ce tram, la route traverse des salines à quelques centaines de mètres de la mer, mais bientôt elle débouche sur le rivage de sable qui entoure ici une petite baie que l'on met bien deux heures à contourner, ayant toujours derrière soi la petite île appelée sur les cartes *Poulo Cécir de Terre*.

Cette baie interminable dépassée, la route, tantôt suit le rivage, tantôt s'engage dans les buissons maigres sur le sol sablonneux. Pendant plus d'une heure même on n'aperçoit pas la mer. Au delà, de petites montagnes rejettent la route sur l'océan et la rendent presque impraticable. En ce point les charrettes ne peuvent passer, faute de faire sauter quelques mètres de roches.

Dans ces parages est un petit temple annamite célèbre dans le pays, le Miêu Co Hi. 2 ou 3 kilomètres plus loin, la route atteint le treizième tram, celui de Thuân Láng, après avoir laissé sur la droite, à 1 kilomètre, le petit port de Cana ou Kana, port de refuge pour les jonques qui attendent la possibilité de doubler ce terrible cap Padarang [1].

Cana exporte beaucoup de sel et beaucoup de chaux de madrépores.

De ce point, la route Mandarine s'engage dans un défilé peu au-dessus du niveau de la mer, entre les contreforts de la grande chaîne à gauche et le massif du cap Padarang à droite, et, après une étape en forêt déserte, elle débouche dans la plaine de Phan Rang au tram de Thuan Trinh près du village de Quit. C'est le quatorzième relais de poste en pays annamite.

Man Rang. — La plaine de Man Rang, la plus riche en rizières, et, à plusieurs égards, la plus remarquable du Binh Thuân, est aussi appelée Phan Lang, Phan Rang par les Annamites, Panrang et Pandarang par les Tjames, dont les derniers rois y résidaient. Pandarang fut sans doute le nom primitif. Elle est bornée à l'Est par la baie qui pénètre du Sud au Nord ; au Midi, par le massif du cap Pandarang et la trouée basse entre ce massif et les monts de l'Ouest habités par les sauvages ; au Nord, elle est limitée par les montagnes qui entourent de tous côtés le désert de la baie de Cam Ranh

1. Un phare relié à la ligne télégraphique y est aujourd'hui installé.

dans le Khánh Hòa, et, par le couloir, la trouée basse qui relie Phan Rang à Cam Ranh.

Les monts en amphithéâtre qui, au premier plan mesurent de 800 à 1,000 mètres de hauteur, laissent à la plaine, à peu près circulaire, une cinquantaine de kilomètres de diamètre.

La plaine est plate, élevée un peu au-dessus du niveau de la mer. Quelques mamelons, blocs granitiques, surgissent deci de-là et rompent la monotonie de l'aspect. Vers la mer, les dunes de sable forment de basses collines. Au Sud, le gohoul de Choah Putih « *le sable blanc* » qui pénètre dans l'intérieur des terres, indique les conquêtes relativement récentes faites sur l'océan.

La rade de Phan Rang est vaste, profonde, mais trop ouverte aux deux vents des moussons qui ne cessent guère de souffler avec force, d'où une houle continuelle. En outre, elle est obstruée en partie par des bancs de coraux qui peuvent la rendre dangereuse. En face de Cũa Man Rang, ces basfonds obligent même les jonques annamites à faire un grand détour au Nord. — A son extrémité la rade est prolongée par la lagune de Nai, qui s'enfonce au loin dans les terres, offrant un beau port naturel aux barques des indigènes.

Le goulet de cette lagune mesure environ 2,000 mètres de longueur sur 400 à 500 mètres de largeur. Sa profondeur moyenne est de 1 mètre aux basses eaux. Il était plus profond jadis, dit-on, et il aurait été obstrué en partie lors de la conquête de la Cochinchine par les Français.

La lagune elle-même s'étend dans la direction du Nord, sur une longueur de 5 à 6 kilomètres et une largeur de 1,000 à 2,000 mètres.

Il y a de nombreuses salines sur les bords de cette lagune qui était jadis plus profonde. Les tortues de mer venaient pondre sur ses bords. De mémoire d'homme la mer s'est retirée.

Le port de Nai, sur la rive ouest du goulet, a comme dépendances plusieurs hameaux sur l'autre rive qui est dominée à l'Est par des pitons dénudés, les Chek Yang, commencement du massif du Da Vách, le « *mur de pierre* » entre Phan Rang et Cam Ranh.

Ce massif a dû être une île jadis, ainsi que celui du cap Pandarang. Ce dernier massif appelé Chek Chebang « *les monts fourchus* » par les Tjames est en effet bifurqué. Sa pointe Sud-Est est le Mui Chek Dil des Tjames, le Mui Dinh des Annamites, le cap Padarang des Européens.

A l'ouest de la lagune de Nai, le gros morne appelé Chek Douk par les Tjames, Nui Kadou par les Annamites, haut de 150 à 200 mètres, était sacré sous la domination des Tjames qui ne permettaient pas la coupe de ses arbres. Actuellement il est dénudé par les Annamites.

L'un des grands massifs de montagnes situés au nord de Phan Rang porte le nom tjame de Chek Chadang. Les grands arbres à résine croissent en nombre sur ces monts que peuplent des tribus sauvages. On y coupe beaucoup de chaume pour toiture. Plus à l'Ouest on aperçoit les Chek Ayok, montagnes plus élevées, que d'autres sauvages habitent.

La plaine de Phan Rang doit sa richesse au Krong Prong, la grande rivière, le Sông Ca des Annamites, et à son affluent de droite, le Krong Binh ou Sông Vinh des Annamites, qui distribuent aux rizières l'eau qui leur est nécessaire, les pluies n'étant pas régulières et faisant souvent défaut.

Le Krong Prong ou Krong Boh Phoeung, le plus grand des cours d'eau du Binh Thuân, vient du Nord, dit-on, des montagnes situées à trois ou quatre journées à l'ouest de Nhà Trang, dans le Khánh Hoà. C'est probable, étant donnée la direction générale des chaînes de montagnes de l'intérieur qui paraissent courir parallèlement du Nord au Sud.

Au-dessus de Tamngar cette rivière reçoit sur sa droite Ea Choah, torrent qui descend des monts Ayok et qui n'assèche jamais.

A Tamngar, pauvre village de Tjames et de sauvages, à une soixantaine de kilomètres de la mer, vers le nord-ouest de Panrang, la rivière reçoit sur sa droite un affluent aussi volumineux qu'elle-même, lui apportant les eaux des monts de l'Ouest. Elle coule ensuite en plaine de Phan Rang, vers l'Est-Sud-Est, recevant encore à droite un gros torrent, le Krong Choah Lomor qui vient des Chek Lapan.

En plaine le lit de la rivière mesure environ 150 mètres de largeur sur 4 à 5 mètres de profondeur, il se remplit aux crues, déborde même quelquefois. En décembre la rivière est guéable. En mars elle ne roule plus qu'un filet d'eau de 30 à 40 centimètres de profondeur sur 20 mètres de largeur moyenne. Eaux fraîches, limpides, avons-nous dit, qui rendent le séjour de ce pays plus agréable à un Européen.

Vers le chŏ Dinh, soit, à vol d'oiseau, à 3 kilomètres de l'angle nord-ouest de la rade, les dunes de sable du rivage font dévier au Sud la rivière qui va se jeter dans la mer au port de Cŭa, « *la porte, l'embouchure* », droit au sud de Nai et au nord du cap Padarang. Depuis le chŏ Dinh, son cours devient paresseux, l'eau saumâtre, et la marée se fait sentir.

Peu avant de se jeter dans la mer, cette rivière reçoit encore à droite le Krong Binh qui lui apporte les eaux des Chek Laa à l'ouest de Phan Rang. Cette rivière coule d'abord au Sud-Est puis elle s'infléchit au Nord-Est. Ce n'est, aux basses eaux, qu'un imperceptible filet d'eau. Vingt-quatre barrages, dit-on, le saignent pour irriguer les rizières.

La principale rivière possède deux grandes prises d'eau, une sur chaque rive. Celle de la rive gauche, mal située, placée trop bas pour inonder les rizières, est de plus, mal entretenue, les canaux se remplissent mal. De nombreuses rigoles abandonnées indiquent l'habileté des Tjames de jadis qui savaient mieux tirer parti de leurs cours d'eau. Aussi dans cette partie de la plaine, au nord de la rivière, le pays est pauvre, mal arrosé, sauf dans le bas de la vallée, vers les dunes de sable où des parties basses, anciennes lagunes ou marécages, sont transformées en superbes rizières. L'autre barrage de la grande rivière, sur la rive droite, magnifiquement situé, à une petite journée de la mer, arrose une grande et fertile plaine de rizières entre les deux rivières, le Krong Prong et Krong Binh. De ce barrage appelé Banck Sha partent deux canaux, dont un seul fonctionne. On attribue leur creusement au Po Klong Garaï, le roi tjame qui enseigna à son peuple, dit-on, l'art d'irriguer les rizières. Ce beau barrage est mal entretenu en somme, et on pourrait augmenter d'un quart le nombre des rizières à faire dans la partie fertile de la plaine qui s'étend au sud de la rivière.

Quant au petit fleuve de Man Rang, le Krong Binh, qui se réunit au Krong Prong près de la mer, il est incapable de fournir assez d'eau pour toutes les rizières du voisinage. On pourrait y amener l'eau du Grand-Fleuve, ce que personne ne songe à faire. Bref, à Man Rang, le terrain non défriché et convertissable en rizières a peut-être le double de l'étendue des rizières actuelles, sans parler des rizières à une moisson qu'on pourrait rendre propres à deux.

On aperçoit peu de grands arbres dans la plaine de Man Rang. Les forêts, les parties incultes n'offrent à l'œil que des buissons rabougris.

Vers le nord de Krong Djai est un ruisseau qui vient du côté des monts Chadang, arrose les champs du village tjame de Balap, et se jette dans le Bhok Meda Choah Than, nom tjame de la lagune de Nai. Si ses eaux manquent aux rizières de Balap, ce qui eut lieu en **1884**, leur récolte est perdue.

Le navigateur qui double le cap Padarang aperçoit un peu au Nord, au bord de la mer, dans la fourche du massif, le gros village de Boh Dil, dont les habitants annamites se livrent à la pêche, font de la saumure et plantent beaucoup d'arachides sur les pentes des collines de sable.

A quelques lieues au Nord, à gauche de l'embouchure de la rivière, est le centre de Cüa Man Rang qui s'étend du Nord au Sud, derrière les dunes, sur une longueur de plus de 1 kilomètre. Les cases sont très groupées au Sud vers la rivière.

Ce port exporte du riz, du sel, de la chaux.

En ajoutant à sa population celle des deux villages situés sur la rive droite du fleuve, le total des trois groupes doit dépasser de cinq à six mille âmes.

Deux lieues plus loin, tout au nord de la rade, sur le goulet de la lagune intérieure, le port de Nai ou de Minh Vang, officiellement appelé Da Khánh, est un marché important, grâce à sa situation et aux nombreuses salines du voisinage, plus de trois cents. On en exporte du sel, de la chaux, du riz. Au marché qui s'y tient le soir, on vend du poisson, des légumes, de la soie, de la cotonnade, etc.

La population de Nai, en y ajoutant celle des hameaux situés sur l'autre rive du goulet, doit atteindre quatre à cinq mille habitants.

Les bateaux européens et les grandes jonques chinoises stationnent en général dans la partie de la rade qui s'étend entre les deux ports de Nai et de Cũa Man Rang.

La route qui relie ces deux centres n'est autre que la plage en arc de cercle.

Le chŏ Dinh, ou chŏ Kinh Dinh, à une petite lieue dans l'intérieur des terres, derrière les dunes, près de la rive gauche de la rivière, au sommet d'un triangle dont les autres angles sont occupés par les villages de Nai et de Cũa Man Rang, est le plus grand marché du pays de Man Rang.

Au centre de la partie basse de la plaine, ce marché ne compte pas un grand nombre de maisons, mais il est entouré de plusieurs villages assez grands qui lui servent d'annexes.

C'est, à vrai dire, le seul marché du pays, ceux de Cũa et de Nai étant surtout des marchés de poisson.

Tous les matins, la place qui fait marché est littéralement remplie ; on y vient de tous les coins du pays.

Les Chinois et les Annamites y vendent au détail des bananes, des pois, des légumes, des choux, oignons, ciboules, sésames, piments, poissons frais et salés, de la saumure, du riz, du bétel, de l'arec frais ou sec, de la chaux, des étoffes blanches, cotonnades, allumettes, jouets d'enfants, grelots, figures d'écureuil en bois, ainsi que des marmites, des jarres et des cruches venant de Dong Gôm ou Lò Gôm, sur l'autre rive au-dessous du chŏ Dinh.

La culture maraîchère, est très développée dans les environs de ce marché. On y cultive sur une grande échelle les navets, oignons, échalottes, salades, pois, haricots, herbes aromatiques, etc.

La résidence du phu de Ninh Thuân est à un quart d'heure de chŏ Dinh, vrai chef-lieu commercial de la région.

Les autres marchés de Man Rang sont sans importance. On peut citer dans les environs, celui du phu, à un village voisin du chŏ Dinh, celui de Vang Son près de la chrétienté de Long Moun, et celui de Van Phŭoc au-dessous du village tjame de Blang Katchak, de l'autre côté de la rivière.

Enfin celui de Maí Nŭŏng ou Dac Niên, à trois lieues à l'ouest du chŏ Dinh, également sur la rive gauche de la rivière, est le petit emporium des sauvages qui viennent troquer les productions de leurs montagnes à la ferme installée à ce village. La population groupée à Maí Nŭŏng peut être évaluée à deux mille cinq cents âmes.

Les Annamites occupent à Phan Rang une cinquantaine de villages dont plusieurs sont importants. En face de Maí Nŭŏng, sur l'autre rive, commencent les belles rizières si bien irriguées par les Tjames, et qui vont en se prolongeant à trois lieues au Sud jusqu'au Krong Binh.

Les Tjames de Phan Rang occupent encore trente-quatre ou trente-cinq villages plus petits et plus pauvres que les villages annamites, et répartis en trois cantons : l'un au nord de la grande rivière, l'autre, le plus important, le moins pauvre, entre les deux rivières; les villages étant disséminés sur la périphérie de la belle plaine de rizières défrichées par leurs aïeux; le troisième canton tjame s'étend entre le Krong Binh et les monts du cap Padarang.

Tous ces Tjames se livrent à la culture du riz sauf les habitants de quelques pauvres villages côtiers, que les Annamites ont dépossédés de leurs champs.

Dans les bois, vers l'Ouest en remontant la rivière, sont quelques pauvres villages de Tjames, fugitifs pour dettes, mêlés d'Orang Glaï, à Tamngar, à Bhok. Ils plantent un peu de riz, de coton. Les éléphants sauvages dévastent leurs plantations d'arec, de manguiers ou de jacquiers.

La plaine de Phan Rang exporte beaucoup de riz, du sel, de la chaux, des madrépores. Le poisson de mer y est moins abondant que dans le reste de la province, la pêche étant gênée par le vent. Par contre, les Tjames pêchent facilement du poisson d'eau douce dans leurs nombreux canaux d'irrigation.

Dans toutes les plaines du Bình Thuận, mais particulièrement à Phan Rang, une sorte de petite épine, que les Tjames appellent Kachap, blesse facilement les pieds nus et gêne la marche des indigènes souvent tenus de ne pas s'écarter du sentier battu ou bien de marcher en raclant le sol avec le pied.

Le tertre, actuellement inhabité, appelé Pandarang ou Prandarang, qui a donné son nom à la plaine et qui fut quelquefois le séjour des rois, est situé dans le sud de la plaine, sur la rive droite du Krong Binh, à deux lieues de la mer.

Les ruines d'anciennes tours tjames en briques existent en plusieurs endroits dans le pays de Pandarang. Le plus beau et le mieux conservé de tous ces monuments est la tour du Poklong Garaï, sur une petite colline près de la rive droite de la rivière.

Nous avons recueilli dans cette région plus d'une vingtaine d'inscriptions dont plusieurs très étendues. Ces documents épigraphiques, tantôt en sanscrit, tantôt en langue tjame, remontent généralement aux xe, xie, xiie siècles de notre ère chrétienne.

Nous avons quitté la route Mandarine à son débouché dans la plaine de Phan Rang au tram de Quit ou de Thuận Trinh.

Trois kilomètres plus loin, la route traverse à gué le Krong Binh, pénètre dans les rizières, laisse un peu sur sa gauche la colline dominée par la tour tjame dite du Po Romé, ruine médiocre, abîmée par le vandalisme annamite. Puis la route passe près de plusieurs villages tjames, tels que Hamoeu Tan Ran, Badrak, tantôt à travers les rizières, tantôt dans les buissons bas sur sol sablonneux. Sa direction est ici Nord, Nord-Ouest même, afin d'aller dans le haut traverser la rivière de Panrang, qu'elle passe à gué ou à bac selon la saison, au village Maí Nŭŏng, rive gauche.

Le quinzième tram, celui de Thuân Maí est à côté du marché de Maí Nŭŏng.

La route prend ensuite la direction de l'Est, un peu au Nord, dans des terrains généralement incultes où poussent de maigres buissons.

Elle laisse tout près à droite, entre elle et la rivière, la colline sur laquelle se dresse fièrement la belle tour rouge en briques, dite du Po Klong Garaï.

Plus loin, la route passe près du village tjame de Tabang (en annamite Bai vay), puis elle passe à l'ouest du mont Ca Du, longe l'extrémité de la lagune de Nai. Ici le terrain est bas, presqu'au niveau de la mer; quelques rizières sont disputées à la forêt.

Enfin la route atteint le seizième et dernier tram du Bình Thuân, celui de Thuân Lai, situé dans ce couloir qui fait communiquer le Bình Thuân avec la province voisine du Khánh Hoà. La longueur de ce défilé, plat, à peu près inculte, en forêt la plupart du temps, peut être évaluée à 15 kilomètres, sur 1 kilomètre de largeur en moyenne. On ne rencontre qu'un petit hameau au milieu de son parcours.

La route atteint la frontière du Bình Thuân un peu au sud de la baie de Cam Ranh au sud du village de Mô Xoài, à peu près à l'extrémité nord du défilé qui appartient administrativement au Bình Thuân. Par sa nature, ce couloir bas, resserré entre les montagnes, devrait plutôt relever du Khánh Hoà où ces défilés sont communs.

Si le Bình Thuân possède sa vrai frontière naturelle au Sud vers la Cochinchine française, il n'en est pas de même au Nord, et pour rencontrer la vraie limite de ce qui fut le Tjampa dans les derniers siècles, il faut aller jusqu'au nord de la province de Khánh Hoà, au cap Nai, porté sur les cartes sous le nom de cap Varela, où la haute chaîne de montagnes qui vient de l'intérieur plonger dans la mer ne laisse aux communications par terre que le formidable défilé du Dèo Ca « la grande passe » thermopyle de la plus haute importance stratégique où cinquante hommes arrêteraient une armée entière.

Sur la route mandarine du Bình Thuân qui, ainsi qu'on a pu le constater, ne recherche guère les centres populeux, on trouve de rares auberges, huttes qui, moyennant quelques sapèques, offrent au passant de l'eau, du bois, une marmite pour la cuisson du riz qu'il porte avec lui, et quelques planches pour étendre ses membres.

Le Bình Thuân manque de routes, mais dans les plaines, la nature du terrain permet aux nombreuses charrettes à buffles de circuler à peu près partout. Quant aux tronçons de voies dont les mandarins daignent s'occuper, ce n'est guère que pour y placer des poteaux-affiches interdisant la circulation des charrettes sur ces routes qu'il ne faut pas détériorer.

Une grande artère, partant de Saïgon pour atteindre la frontière septentrionale du Bình Thuân ne devrait évidemment pas suivre la route Mandarine actuelle, la plage, les marais, les déserts du Sud. De Saïgon et Bien Hoà elle se dirige à l'Est vers Tân Linh, chemin qui est déjà pratiqué, où il n'y a pas, d'ailleurs, de vraies montagnes à franchir. De Tân Linh, elle tombera bientôt dans la vallée très ouverte du Sông Cà Thí, la rivière qui a son embouchure à Man Thiêt.

A l'ouest de Man Thiêt, la route pourrait, après avoir détaché vers ce port un embranchement d'une petite journée de marche, continuer au Nord-Est, traverser, derrière le mamelon du Takong, la rivière qui va se jeter dans la mer à Phó Hài, près de Man Thiêt; puis la route continuerait à l'est du massif des Núi Rê, suivant une superbe plaine déserte, tantôt dénudée, tantôt couverte de grands arbres et des mieux conditionnées pour l'établissement d'une grande voie. Elle déboucherait sur la rivière de Man Rí, à une journée de marche de l'embouchure de ce cours d'eau.

La rivière de Man Rí traversée en amont de la citadelle actuelle, la route franchirait les petits affluents de gauche de cette rivière, ainsi que les plaines de Man Rí; puis elle s'engagerait dans une longue et étroite plaine de rizières maigres entre les murs que forment les monts à gauche et les dunes à droite. Plus loin, les rizières sont remplacées par une forêt claire toujours en plaine, longue de deux à trois lieues.

La route déboucherait dans les rizières de Ka Rang, traverserait le cours d'eau de ce pays ainsi que la plaine de Ka Rang ou de Lang Sông, contournerait une petite montagne au nord de Ka Rang, passerait à travers une forêt inculte, mais en plaine.

Je regrette que le cadre de cet ouvrage ne me permette pas de conduire, *in extenso,* le lecteur par les pages du chapitre le plus intéressant de la judicieuse étude de M. Aymonier. L'auteur nous y montre agonisants, les restes de cette sympathique race tjame, débris d'un peuple autrefois puissant et génial, aujourd'hui vaincu et asservi, qui s'étiole et va s'éteindre sous la verge des tyranneaux annamites.

Ne pouvant restaurer l'architecture des tjames, ils l'ont mutilée, ne sachant entretenir leurs canaux d'irrigation, ils les ont abandonnés, provoquant la disette, et craignant enfin de leurs tributaires une renaissance possible, ils les ont réduits à la plus affreuse misère par un système inique d'impôts et de corvées à merci, exigés chaque fois que les sbires signalent le moindre symptôme non d'aisance, mais seulement de médiocrité.

Ces tjames sont encore dans le Bình-thuận au nombre de 50,000; 60,000 habitent le Cambodge, 10,000 le Siam et 10,000 la Cochinchine, soit un total d'environ 130,000 individus, survivants de cette race.

Mais ils diminuent rapidement. Beaucoup d'entre eux sont

obligés de vendre leurs enfants pour payer les impôts dont ils sont surchargés.

Lorsqu'ils apprirent l'annexion du Bình-thuận à la Cochinchine française, les Tjames ne purent dissimuler leur joie, mais ils payèrent durement ce soupir d'allègement lors de la rétrocession de cette province.

Les Annamites les désignent sous le nom de Hồi, *barbares*. Ils fabriquent des charriots à buffles [1], tissent quelques étoffes grossières, élèvent des buffles, des chevaux, des chèvres, des chiens, des oies, des canards et des poules; cultivent pour leur usage du tabac, du maïs, du coton, du ricin, des pois, et surtout du riz qui leur sert aussi de monnaie d'échange.

« La race a dû être belle. Les beaux types ne sont pas « rares, malgré la profonde misère actuelle; les nez aquilins, « les traits réguliers, de beaux yeux noirs bien fendus, nulle- « ment bridés, se rencontrent encore fréquemment et cons- « tituent le type noble de la race, et semblent indiquer une « infusion de sang arabe, surtout chez les Banis. »

Les Tjames musulmans sont appelés Banis et ceux qui observent la religion brahmanique, Kaphirs; ils s'établissent en villages séparés mais vivent en bonne harmonie.

Les femmes exercent une influence qu'on ne retrouverait peut-être chez nul autre peuple oriental.

Les demandes en mariage étaient faites autrefois par les jeunes filles, cette coutume est encore pratiquée dans la vallée de Phan-rang.

De l'union de Tjames et d'Annamites sont nés des métis appelés dans le pays Kinh-cũu; ils ont formé trois villages autour de la citadelle de Man Rí et composent une agglomération d'environ 3,000 âmes. Leurs coutumes sont mélangées comme leur sang.

Si les Tjames n'étaient soumis qu'à de lourdes impositions, ils auraient sans doute pu acquérir un bien être relatif à

1. Les charriots ne sont usités que dans cette province de l'Annam, et encore eur parcours est-il limité par les cours d'eau.

force de labeur et de patience, mais leurs oppresseurs leur ont enlevé jusqu'à la liberté de l'industrie et du commerce. La pêche et la navigation leur sont interdites. Ils ne peuvent vendre leur denrées qu'à des fermiers qui ont payé grassement aux mandarins ce honteux monopole.

Comme conséquence de l'entrave précédente, les Tjames ne doivent acheter les objets dont ils ont besoin qu'aux mêmes fermiers qui les contraignent à en payer dix fois la valeur. Cette exaction est poussée à son comble quand il s'agit du sel qui leur est troqué parcimonieusement dans la crainte qu'ils ne le revendent aux Moïs, sauvages de la montagne, leurs confrères en sujétion. La moindre infraction à ces mille entraves est punie de la verge et de l'amende.

« Les descendants des anciens habitants du Tjampa ne s'a-
« musent plus ; leurs fêtes religieuses mêmes sont tristes et
« mélancoliques. La nuit, on voit ces Tjames, blancs fantômes,
« debout, immobiles, ou glisser silencieusement le long de
« leurs palissades.

« Perdus dans les souvenirs du passé, plongés dans un
« désespoir incurable et sans cesse attisés par les misères
« croissantes du présent, ils continuent néanmoins à atten-
« dre d'un miracle une restauration impossible.

« Dans une de leurs poésies que nous aurons peut-être
« l'occasion de traduire, ils chantent ou plutôt ils pleurent les
« tortures que leur infligent les Annamites, lançant toutes
« leurs supplications vers le Dieu du Ciel, et terminent par
« ce cri désespéré : « Comment faire pour ne pas naître !

« Quelquefois une idée a pu hanter le cerveau de quelque-
« uns de ces Tjames : se convertir au catholicisme, afin
« d'être moins maltraités, de jouir des petites immunités que
« la situation politique assure aux chrétiens en temps ordi-
« naire. Les sollicitations ne leur manqueront pas, d'autant
« plus pressantes qu'elles proviendront d'hommes convaincus
« de la sainteté de leur mission.

« Mais aux yeux de cette race si attachée à ce que fut son
« passé, un changement de religion équivaudrait presque à

« une dénationalisation, et si les hommes pouvaient songer à « faiblir, les femmes seront là avec leur influence toute puis- « sante, répétant une fois de plus leur fière parole : « Tjames « furent nos pères, Tjames nous sommes, et Tjames seront « nos enfants. Oui! notre race est dans la fosse. Qu'au moins « elle y reste debout jusqu'à ce que la dernière pelletée de « terre tombe sur la tête du dernier des Tjames! »

Au niveau social des Tjames se trouvent les tribus sauvages qui habitent les montagnes annamitiques et qu'on désigne sous le nom générique de Moïs *(sauvages)*.

« Voisins des Tjames, ils représentent peut-être les der- « niers restes des populations autochtones qui, avec l'infu- « sion de sang malais, de sang indien, et plus tard, de sang « arabe peut-être, auraient formé la nation des Tjames.

« Au Bình Thuận, ils sont divisés en huit cantons, pa- « raît-il. Avec une taille plus petite et un teint plus foncé que « celui des Tjames, ils ont de beaux yeux noirs pas bridés; « le nez n'est pas trop épaté, souvent droit ou aquilin même ».

Ils habitent dans les forêts des cases élevées sur pilotis, de crainte des animaux féroces. Leur unique vêtement consiste en une bande étroite leur servant de feuille de vigne; les femmes se ceignent d'une pièce d'étoffe formant un jupon court.

« Leurs qualités natives : la douceur, la loyauté, l'honnê- « teté, la fidélité, se corrompent sous l'influence délétère des « Annamites, et de plus en plus ils deviennent voleurs de « buffles ».

Avec une administration moins despotique, les Moïs seraient susceptibles d'amélioration matérielle et intellectuelle.

« Actuellement ils élèvent des buffles, des chevaux, des « porcs, des poules, des chèvres. Les uns cultivent des « rizières, irriguent même les vallées basses et sèment à la « volée sans repiquer. D'autres, quoique possédant des buf- « fles, les Orang Glaï, par exemple, se contentent de brûler « des carrés de forêts pour planter le riz à la mode primi- « tive.

« Presque tous plantent beaucoup de maïs, de bétel, ainsi « que de l'arec, de l'indigo, du coton, des pois, du sésame, « de l'ortie de Chine, des pastèques, des ananas, des pa- « payers, de la canne à sucre.

« Le maïs, base de leur nourriture, les alimente pendant « cinq ou six mois; après, c'est la disette, ils déterrent le « manioc et autres tubercules comestibles, ils mangent des « feuilles.

« Leurs plantations de bétel sont souvent belles et soi- « gnées. Le lierre, maintenu par des bambous, s'enroule « autour des arbres, et des tubes de bambous conduisent « l'eau au pied de chaque plant.

« Ils font des torches. En plusieurs endroits ils exploitent « et travaillent le fer. Ils apportent leurs produits dans les « plaines et les troquent, nous verrons de quelle manière, « contre du sel, des étoffes, de la verroterie.

« Chez eux on trouve des marmites et des bassines de fer, « des plateaux de cuivre, des pots, des jarres, des lances, « des couteaux, des faucilles, des colliers, des bracelets d'ar- « gent et de cuivre ».

Tout ce que nous avons dit de l'exploitation inique des Tjames par les mandarins peut s'appliquer aux Moïs qui paient des tributs arbitrairement imposés et plusieurs fois pour une exigés.

Le droit de commercer avec eux a été affermé à une compagnie qui a installé sur les routes conduisant à la montagne des postes commerciaux.

« La ferme, pour forcer les sauvages à lui amener leurs « marchandises, les tient à merci par la vente du sel dont ils « ne peuvent se passer. Cet aliment de première nécessité « ne leur est délivré qu'avec la plus grande parcimonie, juste « le temps nécessaire pour remonter sur leurs montagnes « et en redescendre.

« Il y en a qui font quinze à vingt jours de marche pour « recevoir le sel d'un mois ou deux. De la part de ces malheu- « reux, ce sont des allées et venues continuelles par des che-

« mins impossibles, dans des forêts infestées de bêtes féro-
« ces, qui les forcent généralement à passer les nuits sur les
« branches des arbres.

« J'ai vu en foule des vieillards, des femmes, des enfants,
« venus ainsi leur hotte sur le dos, avoir les articulations
« raidies au possible, criant de douleur pour s'accroupir et
« se relever.

. . . .

« Je l'avoue nettement », dit en terminant M. Aymonier, « toutes les grandes richesses du Bình Thuân me laisseraient « froid. A mon avis, il convient à notre pays d'administrer « sagement ce qu'il possède, plutôt que de songer à acquérir « de nouvelles richesses. Mais le côté moral de cette question « du Bình Thuân, si question il y avait encore, l'existence de « ces Tjames irréconciliables et opprimés sans scrupules, de « ces sauvages qui donnent un appoint aux précédents, la « présence de tous ces Hô [1] organisés contre la France, aug- « mentent singulièrement l'importance de la question et nous « font regretter amèrement la rétrocession de cette pro- « vince.

« Ne m'étant jamais, auparavant, occupé des choses de « l'Annam où je ne pénètre en ce moment que chargé d'une « mission exclusivement scientifique, voyageant dans ce pays « où l'espionnage et l'assassinat sont à l'ordre du jour à tous « les degrès de l'échelle sociale, je pouvais craindre de com- « promettre les résultats d'une moisson épigraphique que « tout annonce, malgré le vandalisme méprisant des Anna- « mites, devoir être fructueuse dans tout l'ancien Tjampa, « c'est-à-dire jusqu'au Tonkin inclusivement, et j'ai pu hésiter « quelques temps à faire, ce qui est mon droit, en somme, à « recueillir des notes et à les publier le plus tôt possible.

« Toutes ces considérations un peu égoïstes ont dû céder

1. Corporation protégée par l'État et qui a pour but apparent de défendre les frontières et de défricher les terres incultes mais qui n'est composée que d'insoumis de Cochinchine, d'évadés de Poulo-Condore et de la lie du peuple, vivant de vols et d'exactions.

« devant le sentiment inspiré par les abus criants dont je me « trouvais le témoin et dont la France endosse la responsa- « bilité à l'heure actuelle. « *Votre pays est puissant,* me « disaient les Tjames, *nous ne le connaissons que très vague-* « *ment et à travers les calomnies de nos oppresseurs, mais les* « *égards forcés dissimulant à peine la haine qui couve au* « *fond de leurs cœurs suffiraient pour nous éclairer. Ne nous* « *tirera-t-il pas de la fosse où nous sommes enterrés vivants* »?. « ajoutaient-ils en employant leur image favorite, aussi vé- « ridique qu'expressive.

« Une seule chose était en mon pouvoir, dénoncer leur « situation à ce pays qu'ils invoquent. Et si, en terminant, « j'ai un amer regret, c'est que ce long cri de désespoir, ce « cri de lente agonie qui a si douloureusement retenti à mes « oreilles, n'ait pas trouvé ici un plus éloquent interprète ».

FIN DE LA QUATRIÈME PARTIE

NOTES ETHNOGRAPHIQUES
SUR LE PEUPLE ANNAMITE

CHAPITRE PREMIER

CONVENANCES ET CIVILITÉS

SOMMAIRE : Bases de la société annamite. — Civilités hiérarchiques. Ministres. Ambassadeurs. Mandarins et notables. — Femmes des mandarins et notables. — Prolixité de certains titres. — Salutations des mandarins entre eux. — Civilités domestiques, parents et enfants. Frères et sœurs. Mari et femme. — Civilités sociales. — Chinois [1].

Bases de la société annamite. — En prenant possession du trône, le monarque est considéré comme obéissant à un mandat du Ciel, dont il sera désormais le fils. Les Annamites, admettant que toute puissance vient d'en haut, reconnaissent au souverain le pouvoir d'exercer une autorité illimitée sur leurs personnes et leurs biens. Par une assimilation des droits du roi sur son peuple à ceux du père sur ses enfants, on est arrivé à ce résultat politique de préparer dès l'en-

1. Tous les détails de ce chapitre sont tirés du Phép lich Sŭ de Truŏng-vinh-Ky. A cause de la multiplicité des citations en langue annamite j'ai préféré employer l'ortographe phonétique rationnelle que l'orthographe qŭoc ngŭ.

fance les sujets à une obéissance passive à tout ordre émanant du souverain.

La constitution de la société annamite étant ainsi basée sur ce principe patriarcal, le roi doit le respect au Ciel, les mandarins au roi, les sujets aux mandarins et les enfants à leurs parents.

Le « *Lê-Ki* » ou « *Cérémonial* » divise les civilités en trois parties : civilités hiérarchiques, domestiques, sociales.

Civilités hiérarchiques. — *Roi.* — Le roi doit se prosterner cinq fois les mains jointes en avant, lorsqu'il accomplit ses devoirs envers le Ciel.

Les formules réservées au roi sont parfois bien hilarantes. Telles sont les suivantes : *Deuc hoang dé bang,* S. M. l'empereur s'écroule, (*pour l'empereur se meurt*). *Bang* signifie s'écrouler en parlant de masses énormes. Le fils du Ciel étant un personnage d'une extrême importance, sa mort doit être considérée comme la chute d'une énorme montagne. — *Voua sé dza,* le roi est indisposé ; littéralement, le roi se dessèche la peau.

Dans la citadelle de chacun des chefs-lieux de province, il existe une pagode appelée *hoang coung* — pagode royale — où les mandarins vont rendre hommage au roi.

Ministres. — Les ministres doivent au roi les cinq prosternations que celui-ci doit au Ciel ; mais après ces prosternations, ils restent à genoux, de côté, la tête baissée, et s'adressant au-dessous du trône : « *Mouonn taou Bê ha*! dix mille ans ! j'ose m'adresser au-dessous du trône [1] ! Ils tendent les deux mains à la fois pour recevoir ; pour remercier, ils s'inclinent profondément, et, pour se retirer, ils reculent de manière à ne pas tourner le dos au roi. En audience, ils se placent sur deux rangs et se font face sans oser regarder le *visage de dragon* du roi, (*long-niann*). Ils ne doivent faire aucun mouvement, et pour s'aider à conserver cette attitude

1. Formule d'acclamation elliptique qui veut dire : que le roi vive dix mille ans, etc.

respectueuse, chaque dignitaire tient dans ses mains jointes sur la poitrine, une petite plaque d'ivoire ou de bois d'aigle appelée *nieu y,* (à souhaits).

Quand les ministres parlent du roi, ils doivent, pour ne pas lui manquer de respect, prononcer son nom autrement qu'il n'est écrit, par exemple, *Doueuc* pour *Deuc* [1].

Ambassadeurs. — Les ambassadeurs sont admis à la cour entre les deux rangs de dignitaires, mais un peu à droite du roi. Les gens de la cour les saluent par trois inclinations de tête successives.

Mandarins et notables. — La règle des cinq prosternations s'observe à tous les degrés de la hiérarchie, mais celui qui en est l'objet peut arrêter son subordonné après la deuxième.

Les mandarins du 1er au 3e degré inclusivement ont droit aux appellations de *ong leunn, quouann leunn, daye nieunn, cac ha,* (grand monsieur, grand mandarin, grand homme, dessous de maison à étage); ceux du 4e au 9e degré sont appelés *bâm ong, ligne ong,* (homme de qualité, homme du roi); les chefs de canton, les maires et les notables des villages ont les titres de *thaye, ong,* (maître, monsieur).

Femmes des mandarins et des notables. — Les femmes légitimes des mandarins ont le titre de *ba leunn,* (grande dame); celles du second rang celui de *co,* (madame); les concubines et les femmes d'un rang inférieur celui de *dzi,* (synonyme de *co,* mais moins respectueux).

Les premières sont des *veu,* (épouses); les secondes sont des *veu bé,* (femmes de second rang), et les dernières des *haou* (assistantes ou servantes).

Les femmes des fonctionnaires subalternes, chefs de canton, maires, notables, reçoivent chacune le titre correspondant à celui de son époux.

Prolixité de certains titres. — Quand un fonctionnaire s'est signalé à la guerre ou dans l'administration, le roi

1. Tous les autres sujets du roi sont également soumis à cette règle.

lui octroie des titres qui sont quelquefois d'une diffusion singulière [1].

Après sa victoire sur les Ciampois (1381), Lê-quoui-ly reçut le titre de *Ngouyen-niung-hagne-haye-taye-dô-thong-tié*, (suprême chef commandant les marches marines et la capitale de l'Ouest). En 1389, le roi Trann-phé-dé lui conféra le titre de *Dong-bigne-cheuong-cheu-té-teuong*, (balance des affaires de l'État) et lui fit présent d'un étendard sur lequel étaient écrits ces mots : *Vann-vo-toann-taye-quouann-thann-cong-deuc*, (aussi fort lettré qu'habile militaire, ministre tout dévoué au roi). Enfin en 1397, Lê-quoui-ly est élevé au grade de *Phou tiagne, thaye cheu, tieuong quouann quouoc trông cheu, Touyen-trung vê quouoc daye veuong*, (second dans l'administration du royaume, précepteur royal chargé de toutes les affaires importantes de l'État, grand prince du régiment de Touyen-trung).

Il est à peine besoin d'ajouter qu'ainsi bâté, Lê-quoui-ly souffla la couronne à son roi.

Remarquons encore l'élévation de l'intrigant Mac-dang-dzong au rang de prince : « Sa nomination était écrite en caractères d'or et ses insignes étaient : tenue officielle avec le dragon noir, ceinture « montée de pierres précieuses, éventails peints et parasols pourpres. » Le roi lui conféra, en outre, les insignes des *neufs tichs* qui comprenaient les objets symboliques suivants :

1° *Voiture à chevaux*, au pacificateur du peuple ;

2° *Tenue spéciale*, à l'enrichisseur du peuple ;

3° *Instruments de musique*, au conciliateur du peuple ;

4° *Porte dorée*, au multiplicateur du peuple ;

5° *Trône à gradins*, à celui qui a su introduire des sages dans l'administration ;

6° *Garde royale*, à celui qui a su éloigner de l'administration les indignes ;

1. Les notes historiques sont extraites du Cours d'histoire annamite de Trương-vinh-Ky.

7° *Arc et flèches,* à celui qui a pu réprimer les turbulents rebelles;

8° *Marteau et sabre,* à celui qui a su punir les malfaiteurs;

9° *Vases à sacrifices,* à celui qui est accompli dans ses devoirs sociaux.

Avec un tel arroi, Mac-dang-dzong fit comme Lê-quouily, il passa de son trône à gradins sur le trône royal, (1527).

Enfin, presque de nos jours, un Français, Pigneau, évêque d'Adran, reçut du roi Gia-long le titre de *Thaye-teu-thaye-pho-Bigño-quouann-cong,* (précepteur du prince héritier, duc Pigneau l'accompli).

Salutations des mandarins entre eux. — Les mandarins et fonctionnaires se saluent par une inclination de la tête accompagnée d'un mouvement des deux mains jointes élevées à la hauteur de la figure et baissées ensuite jusqu'à la ceinture. — Dans la vie privée, la conduite d'un fonctionnaire public ne diffère point de celle d'un particulier.

Civilités domestiques. — *Parents et enfants.* — Par respect pour les auteurs de ses jours, l'enfant ne doit pas prononcer leur nom propre. Si par hasard il le fait, il doit le prononcer autrement qu'il n'est, ainsi que nous l'avons vu d'un sujet pour son roi. Dans certaines familles, les père et mère exigent de leurs enfants les appellations d'oncle et de tante, voire même de frère aîné et de sœur aînée. En dérobant ainsi la filiation de leurs enfants, les parents croient leur éviter les atteintes des mauvais génies.

Quand les enfants sont devenus grands, les parents les désignent par leur ordre de naissance : *tiy ba baye di daoù?* (Où est allée votre sœur troisième?)

Pour parler à leurs parents, les enfants doivent se tenir debout et rester dans une attitude respectueuse; ils croisent généralement les bras. Jusqu'à l'adolescence, ils ne s'asseoient pas sur le même *phann* [1] que leurs père et mère.

1. Lit de camp annamite qui remplace nos chaises et souvent notre table.

Si les enfants ont à passer devant leurs parents, surtout lorsque ceux-ci sont à table, ils doivent, en signe de respect, baisser la tête assez profondément pour ne pas les déranger ou les masquer par leur ombre. Leur offrent-ils ou en reçoivent-ils quelque chose, ils le font à deux mains.

En famille, les garçons sont admis à la table de leurs parents, mais ils doivent se retirer s'il survient des étrangers, à moins qu'ils ne soient déjà d'un âge mûr ou investis d'une fonction publique.

Les femmes et les filles mangent à part.

Il est défendu aux enfants de précéder leurs parents ; ils doivent constamment marcher derrière eux.

Les enfants doivent à leurs parents une obéissance entière, mais lorsqu'ils sont grands, ils peuvent leur faire des observations respectueuses.

Les parents et les enfants ne peuvent s'embrasser que lorsque ceux-ci n'ont pas encore atteint l'âge de six ans.

Frères et sœurs. — Entre frères et sœurs, la déférence des cadets envers les aînés est chaudement recommandée et même prescrite. Dans les familles honorables, on l'observe scrupuleusement.

Le tutoiement n'est toléré entre frères et sœurs que jusqu'à l'âge de dix ans. A partir de cet âge, ils ne doivent plus se mettre ensemble à la même table et ne s'embrassent plus : *nam neu tho tho batt thann,* dit un adage, *(Les garçons et les filles ne doivent se toucher ni en recevant ni en donnant).*

Les jeunes frères doivent à leurs aînés la formule d'assentiment exprimée par *ya, (oui respectueux).* Dans un repas, le plus jeune doit procéder au choix des bâtonnets et les offrir aux convives.

Quand les frères et sœurs sont mariés, ils emploient entre eux des appellations périphrasées. Ainsi, un frère dira à sa sœur cadette : *Co no co zanh thi teuye tieuye veuye tiaou,* (si la tante paternelle à eux — *mes enfants* — est libre, alors qu'elle vienne s'amuser avec ses neveux).

Mari et femme. — La femme est très peu considérée en

Annam : *phou seuong phou touye,* (le mari donne le ton à la femme). En vertu de ce principe, le mari tutoie sa femme sans réciprocité. Celle-ci en parlant d'elle-même à son mari emploie le pronom *toye*, *(moi*, sous entendu servante).

Lorsqu'un ménage a des enfants, le mari en parlant à sa femme, emploie alors par euphémisme certaines périphrases pour ne pas la tutoyer. Il lui dira par exemple : *mé no*, (leur mère, sous-entendu des enfants). Il en sera de même quand la femme parlera à son mari. Exemples : *Tia no naye, dzaye, treua*, (leur père. qu'il se lève, il est tard); *phaye tré khong keou, thi baye yeu conn niou* (Si — la maman des enfants — ne m'aviez pas appelé, je dormirais encore).

Le rôle de la femme est absolument passif; sa situation est intimement liée à celle de son mari. Elle lui doit le respect et la déférence d'un inférieur à son supérieur.

Civilités sociales. — Les égaux observent entre eux différents degrés de politesse proportionnés à leurs rapports et aux liens d'amitié qui peuvent les unir. — Ils se qualifient mutuellement de *agne*, frère.

Quand on offre quelque chose, on tend le bras droit comme si l'on allait bénir et l'on adresse les paroles d'invitation.

A la fin d'un repas, on doit prendre les deux bâtonnets horizontalement avec les deux mains, entre le pouce et l'index, faire le salut en les élevant et les abaissant deux fois, puis les déposer sur le bol vidé.

Lorsqu'on se rencontre et qu'on n'est pas assez familier pour s'adresser la parole, on joint les deux mains devant la poitrine et l'on salue légèrement de la tête.

Supérieur et inférieur. — Un supérieur parlant à son inférieur peut se servir du pronom *maye* (toi humiliant), mais il emploie de préférence des expressions pronominales vagues et indéfinies; *Vaye baye yeu thi phaye bann nia bann datt di ma tra noeu* (donc, maintenant il faut vendre ses maisons et ses terres pour payer la dette).

Quand un Annamite reçoit la visite d'un inférieur, il ne se

dérange pas et feint de ne pas l'apercevoir. J'eus une fois l'occasion de remarquer que cette différence de positions peut être bien subtile. C'était chez Phouc, interprète tonkinois de la douane à Nam-dinh, je le questionnais précisément sur ce chapitre quand vint à entrer un lettré de la résidence qui alla directement s'assoir sur un banc, après avoir toutefois éxécuté les lay [1] d'usage. — « Tenez », me dit Phouc, « c'est comme celui-là, c'est un inférieur, je ne le salue pas et je ne me dérange pas. » Or, voici quelles étaient leurs positions respectives : Phouc gagnait annuellement 1,800 fr. et l'autre 1,100 fr. Le lettré, en outre, jouait du *dann thap louc,* espèce de guitare à seize cordes, et c'est particulièrement à ce titre qu'il était reçu chez Phouc. Nous continuâmes à causer encore plus d'une demi-heure sans que le lettré se rapprochât de nous, et je partis le laissant sur son banc dans une humble attitude.

Si un supérieur, au contraire, entre chez un Annamite, celui-ci se transforme subitement en ardélion, son dédain fait place à une gracieuse accortise, et, mettant en œuvre tout l'entregent dont il est susceptible, il court au-devant de son visiteur, se courbe, se rapetisse, lui prodigue les baise-mains, le fait asseoir, lui offre du bétel et du thé, et l'accompagne au départ jusqu'au seuil de la maison [2].

La famille étant l'archétype de l'organisation sociale, le supérieur a droit au respect de ses inférieurs comme le père à celui de ses enfants.

L'usage prescrit aux inférieurs de s'effacer entièrement devant leurs supérieurs et de n'imiter aucune de leurs manières. C'est ainsi que l'inférieur ne porte point de souliers devant son supérieur, baisse la tête en passant devant lui et prend une attitude respectueuse. L'inférieur ne doit jamais, en parlant, dire le nom propre de son supérieur; il doit en tronquer la prononciation ou employer une périphrase.

1. Salutation qui consiste à courber l'échine plusieurs fois en même temps qu'on élève les mains jointes à hauteur du visage.
2. Notes particulières.

Avec des élèves, on emploie le mot *tro*, disciple; avec des domestiques le pronom supérieur *tao* en parlant de soi, et le pronom humiliant *maye* en les interpellant : *Tao ko bièou maye, sao maye khong co lam?* (Je t'ai dit de le faire, pourquoi ne l'as-tu pas fait?)

Les jeunes ouvriers peuvent être traités comme des domestiques, mais il n'en est pas de même des vieux, auxquels on donne les appellations de *Ong* (monsieur) *tiou* (oncle paternel), *agne* (frère aîné).

Chinois. — Ajoutons, pour terminer ce chapitre, que le pronom ordinaire des Chinois est honorifique. Jadis, ceux qui venaient trafiquer en Annam étaient tous d'un certain âge; on leur donna l'appellation de *tiou*, qui s'est étendue ensuite à toute la race.

CHAPITRE II

MŒURS

SOMMAIRE : Témoignages d'amitié. — Pactes et serments. Hospitalité. Vol et brigandage, pirates, paupérisme. — Filous. Rapt. — Polygamie, concubinage. Fiançailles. Mariage. Phases de l'hymen. Le cochon essorillé. Droits de l'Annamite sur ses femmes. Mésaillances. Mariages nia-koué. Conséquences des mariages précoces. — Achat de la femme. — L'amour chez les Annamites. — Chasteté. L'épreuve du sang. Fidélité. Grossesse et accouchement. L'enfant, braie, allaitement, coupe des cheveux. — Décès et cérémonies funèbres, mise en bière. Enterrement du riche. Enterrement du pauvre. Mode de sépulture. Deuil et fêtes funèbres. Autodafés. Cérémonies diverses ; pour obtenir la pluie, saturnales, mariage de Bouddha.

Témoignages d'amitié. — Les témoignages d'amitié s'affirment par des souhaits de longévité et de postérité, par des paroles respectueuses pour les ancêtres et par des cadeaux — victuailles, fruits ou bibelots — dont la valeur varie suivant la fortune des amis. Mais ces cadeaux ne se renouvellent qu'aux fêtes, et l'équivalent est toujours scrupuleusement rendu à la première occasion. Dans les visites ordinaires, souvent le visiteur se fait accompagner par un boy portant une boîte à bétel, à seule fin de pouvoir offrir une ou plusieurs chiques à celui qui le reçoit.

Aux fêtes traditionnelles, les supérieurs doivent faire des cadeaux à leurs inférieurs, qui les leur rendent, plus tard, en objets d'autre nature.

Les fêtes auxquelles on donne des cadeaux sont : le nouvel an ou tett, en février, le cinquième jour du cinquième mois, et le quinzième jour du huitième mois, qui est la fête de la lune et des enfants. Elle est connue aussi sous le nom de fête du milieu de l'automne.

Pactes et serments. — Les Annamites ne connaissent ni

pactes, ni serments, ni paroles d'honneur. Point de duel, point de vendetta. Pour jurer qu'on fera telle chose, on s'écrie : *Si je mens, que je devienne chien ou pourceau!* ou bien. *que Dieu m'écrase!* mais ces exclamations ne s'écrivent pas et n'engagent à rien.

L'Annamite, menteur et filou par excellence, se trouverait trop gêné par une formule coercitive.

Hospitalité. — L'hospitalité ne peut être en honneur dans un pays où tant de gens s'acagnardent et font les bravi. Une moitié du peuple vole l'autre.

J'ai cependant remarqué que les aveugles et les culs-de-jatte parcourent les provinces et vivent de leur mendicité.

Vol et brigandage. — Pirates, paupérisme. — L'Annam, et surtout le Tonkin ont été, de tous temps, terres de piraterie. En 1434, Lé-taye-Tong prescrivait que tous ceux qui auraient à passer d'un pays à un autre devraient se munir d'un laissez-passer, et cela parce que « de malhonnêtes gens, « profitant de l'absence de surveillance sur ce point, séduisaient de jeunes garçons, de jeunes filles, des serviteurs « ou des servantes, les entraînaient ; et quand, grâce à la « sécurité dont ils jouissaient, ils s'étaient suffisamment écar- « tés du lieu de l'enlèvement, ils les vendaient en escla- « vage. »

Déjà, un siècle auparavant, en 1344, Trann-du-tong avait institué vingt compagnies de police pour courir sus aux pirates qui dévastaient les environs du mont Ann-Phou.

Si l'on considère la situation de ce malheureux Tonkin depuis les temps préhistoriques, on est amené à constater que l'état d'ilotisme dans lequel végètent la plupart de ses malheureux habitants est une conséquence fatale de la succession presque ininterrompue des guerres et des invasions qui ont dévasté le pays. D'abord les Ciampois, puis les Tartares, puis encore les Ciampois, et enfin les Chinois en permanence, soit comme ennemis, soit comme arbitres ou garnisaires, y semèrent la ruine et la désolation. Les petits faisaient vivre les grands; la misère d'en bas engendra la misère d'en haut. Le trafic des dignités créa la ploutocratie. Les talents et la sagesse furent frappés d'ostracisme. Les mandarins qui avaient acheté leur charge la firent payer au peuple qu'ils achevèrent d'épuiser.

Depuis lors, la situation n'a guère changé.

Aujourd'hui encore, si ceux qui sont chargés officiellement d'une mission d'études se donnaient, de temps à autre, la peine de parcourir la campagne et d'en interroger les habitants, ils apprendraient, par exemple, qu'indépendamment des douanes françaises, une jonque ne peut passer près d'une certaine pagode, ou dans le voisinage de tel mandarinat sans payer un droit de péage, et que cette piraterie semi-officielle se renouvelle plusieurs fois avant que ladite jonque puisse gagner la pleine mer, ou remonter à destination. Les nia-koué, ou campagnards, leur raconteraient aussi qu'en 1884 ils ont payé un triple impôt : normal, de guerre, de bonne année ; et que, malgré l'abondance de leur récolte et le superflu certain qu'ils pourraient en retirer, ils ne travaillent que pour vivre et enfouissent, bien souvent, leur excédant de riz, pour ne pas le donner aux quann phou et aux huyên [1].

L'économie n'étant pas possible en temps d'abondance, s'il survient une année de disette, cent mille hommes, de pauvres qu'ils étaient, deviennent misérables. Un tiers supporte stoïquement son sort et se laisse mourir de faim dans ses *caïe-nia;* un autre tiers immigre et le troisième pirate. Que peut-il pirater? Peu de chose; il ratisse quelques buffles qui ruminaient encore de-ci de-là, brûle les villages qui ne peuvent rien donner, attaque les jonques, fait feu de tous bois et se retire dans les antres d'Along ou sur les plateaux Muongs pour attendre la récolte suivante. Ils se partagent alors en

1. Préfets, sous-préfets.

petites bandes et se distribuent chorographiquement leurs terres d'exploitation. Les mandarins leur assurent occultement l'impunité. Voici le moyen qu'ils emploient généralement et qui m'a été conté par des nia-koué du marché des Bambous : Lorsqu'on amène au huyên un pirate reconnu pour appartenir à une bande fameuse, le digne fonctionnaire fait avouer au bandit qu'il était un modeste coolie de rizières ou un honnête habitant de tel village éloigné et que les pirates l'ont enrôlé de force. Le mandarin prononce sentencieusement la relaxation du prisonnier et, quelques jours après, il reçoit mystérieusement le prix de sa bienveillance.

La piraterie existe au Tonkin à l'état endémique et ne disparaîtra pas de long temps [1]. Elle se pratique à tous les degrés, depuis la bande assez forte pour capturer les jonques et brûler les villages, jusqu'au pillard isolé qui attaque les maisons écartées et qui, lorsqu'un chien aboie, se sauve en répandant derrière lui des chausse-trapes faites de petits morceaux de bambous effilés et croisés en forme d'oursins, de manière à blesser douloureusement les pieds de ceux qui le pourchassent.

Il y a pléthore d'habitants dans le delta et pénurie sur la montagne. L'indigène de la plaine ne peut s'accoutumer en forêt, parce qu'il y tombe malade et que le Muong ne l'aime pas. La polygamie lui permet aussi de se multiplier comme le criquet d'Algérie. Le service dans les milices ou les troupes auxiliaires indigènes le désaccoutume du travail des rizières, l'ambition des lettrés l'entraîne dans des guérillas chauvines, sous des prétextes fallacieux. L'espèce de fétichisme avec lequel il respecte et craint le Chinois permet à celui-ci, de Lang-son à Mon-cay, d'enlever sans difficulté

1. Le brigandage est un vice inhérent aux populations des pays extrêmes ou frontières de la Chine, qui ne craignent aucune répression énergique, et surtout immédiate. M. de Mailly-Chalon, lors de son remarquable voyage en Mandchourie, a constaté que « Lorsque la récolte a été médiocre, ou s'ils flairaient « seulement une bonne affaire, les paysans s'entendaient à merveille pour organiser une bande de pillards ». (Bull. de la Société de Géographie, 1er octobre 1885).

femmes et enfants, buffles et cochons; l'expectative passive gardée par nos postes induit les pillés dans la croyance que nous sommes un peuple faible, incapable de les protéger.

L'absence de rapports officiels entre nous et les autorités chinoises des provinces limitrophes tend encore la situation.

Je suis allé, en décembre 1888, à Lao-kay et j'y ai constaté ce fait, que les Chinois nous abhorrent comme si nous étions des ennemis séculaires. L'entrée du sel en Chine, par Lao-kay est interdite par affiche, à Son-phong, ville chinoise séparée de Lao-kay seulement par le Nam-ti, ruisseau de 60 mètres de largeur, une compagnie de Chinois s'est installée à Phu-lu, (36 kilomètres en aval de Lao-kay), et elle introduit, en contrebande, le sel en Chine par des sentiers de montagnes traversant les territoires contestés.

Les autorités du Yun-nan interdisent aux jonques françaises et tonkinoises de remonter à Mang-hao parce qu'elles ne peuvent répondre d'elles; si les jonques persistent, des réguliers, qu'on habille en irréguliers pour la circonstance, vont les attaquer. Mang-hao n'est qu'à cinq jours de sampan de Lao-kay. A la date du 15 décembre nous n'avions pas encore ratifié le traité de commerce, qui, par ce fait, n'était pas exécutoire; et les Chinois nous le faisaient bien sentir. Espérons que l'installation de notre consul à Mont-tze va débarrasser le commerce sino-tonkinois de ces entraves.

Voici quelques chiffres éloquents qui en diront plus que toute autre note :

Importation de Chine au Tonkin par Lao-kay, en 1887.

	711,419f 20c	
Dont il faut déduire. . .	397,521 39	d'opium
Total net, sans l'opium	313,897 81	
Soit. . .	156,948 90	par semestre
Sur lesquels.	15,805 80	d'étain.

Importation, 1er semestre 1888. . . . . 229,683f 32

L'opium qui a été importé directement par la Cie concessionnaire représentait une valeur de 173,171 60

Il n'a pas été importé d'étain en 1888.

Exportation du sel en 1887	2,788,981^k	pour	363,640^f 38^c
Soit, pour un semestre.....	1,394,490	pour	181,820 19
1er semestre 1888........	341,220	pour	35,492 »

Les importations n'ont donc pas varié, elles ont même augmenté parce que nous ne les interdisons pas; mais nos chiffres d'exportation montrent clairement l'ostracisme que nous appliquent les Chinois : ils inondent le Tonkin de leurs produits sans nous permettre d'échanger les nôtres : c'est la dernière cause du marasme.

Il est admis que la plupart des pirates ne demanderaient pas mieux que de travailler, si on leur procurait des moyens de vivre. Dans cet ordre d'idées, M. de Mores les rallierait avec son chemin de fer de Lang-son à Tien-yen ; c'est ce que l'avenir nous apprendra. De grands centres industriels et agricoles seraient évidemment d'une grande efficacité en répandant l'aisance autour d'eux ; mais encore faudrait-il qu'ils se créassent activement pour que les indigènes environnants n'aient pas le temps de jalouser et d'entraver les concessionnaires qui ont été jusqu'ici presque tous avides d'immenses terrains et qui les ont laissés en friche dès qu'ils les ont obtenus. Et puis, les monopoles des produits agricoles et forestiers sont aussi une entrave à l'expansion. Prenons la badiane : on informe tout à coup les producteurs qu'ils ne devront plus vendre leurs produits qu'à un seul homme, français, qui paie une redevance au Protectorat. Ce concessionnaire arrive, fixe le prix arbitrairement, rafle la badiane et s'en retourne à Ha-noï ; s'il est honnête, il paie ce que payaient les acheteurs qui l'ont précédé, s'il ne l'est pas, voilà tout un pays hostile qui crie misère [1].

Passons aux bois : les produits forestiers affermés ne comprennent que certaines essences, mais les Chinois préposés

1. La province de Lang-son a protesté, en effet, quelques mois après la rédaction de ce chapitre, et le concessionnaire, criblé de coups de sabre, n'a échappé à la mort que par un sort extraordinaire.

à l'entrée des vallées pour sauvegarder les intérêts des fermiers font payer arbitrairement une redevance à tout ce qui passe devant leur poste [1].

Et les bacs! j'ai vu au bac de Trung-ga, sur la rivière Noire, une vieille femme assise, pleurant parce qu'on ne voulait pas la passer; elle n'avait que vingt sapèques, au lieu de trente, prix fixé par le fermier.

Et les marchés! *L'Avenir du Tonkin* ne nous apprenait-il pas qu'une femme annamite, qui venait d'acheter ses marchandises, fut obligée d'en payer les droits à l'employé de la ferme qui persista à la considérer comme vendeuse?

Voyons donc comment on pourrait atténuer les causes multiples du paupérisme au Tonkin.

Comme nous venons de le voir, la création de centres agricoles et industriels amènera peu à peu les indigènes dans les vallons ou sur les coteaux; les Muongs, nous ayant comme intermédiaires, les souffriront, comme ils font actuellement, sur le haut fleuve Rouge, et sur la haute rivière Noire, aux alentours de nos postes. Les colons français, s'unissant à eux, les initiant aux moyens de défendre la propriété, arriveront facilement à repousser les quelques bandes réfractaires. La ratification du traité de commerce, et l'installation de notre consul à Mont-ze vont réduire à néant, il faut l'espérer, les appréhensions des Chinois, en multipliant les rapports entre eux et nous. La création de voies de communication et la conservation indiscutable de quelques points stratégiques importants sont aussi nécessaires.

Il en est de même de la règlementation des monopoles : Pour les monopoles extérieurs, tels que la badiane, le prix de base, pour la récolte annuelle, pourrait être débattu entre le résident, le fermier, un mandarin de la province et deux ou trois délégués des producteurs.

Pour tous les monopoles, en général, des inspecteurs temporaires pourraient, à certaines époques, être désignés,

1. C'est ce dont se plaignaient les habitants de la province de Thanh-hoa.

dans le personnel des administrations civiles, pour vérifier, à l'improviste, et sur place, de quelle manière ces monopoles sont appliqués.

Enfin, une mesure préventive et répressive, qui a réussi en Cochinchine comme en Algérie, c'est la responsabilité absolue des villages, sans transaction possible, en matière de crimes commis sur leur territoire.

Quand j'aurai ajouté à ces desiderata la faculté pour chaque poste militaire de se porter partout où sa présence sera utile, et la création de récompenses et de distinctions honorifiques pour toute personne, militaire ou non, qui aura pris un pirate armé ; j'aurai indiqué les plus importantes mesures qu'il conviendrait de prendre pour atténuer la misère et le banditisme au Tonkin.

Filous. — Les tendances à la rapine sont infusées dans les mœurs, et, dans un ordre moins élevé, nous les rencontrerons chez la majeure partie des indigènes, marchands, artisans ou domestiques. Voici quelques exemples pris sur le vif dans nos rapports quotidiens avec ces gens-là : lors de mon passage aux Bambous, un Annamite vint se plaindre à M. B., lieutenant commandant le poste, qu'un habitant de son village lui avait volé sa femme et une piastre ; il réclamait la piastre, mais il ne voulait plus de la femme, M. B. le renvoya au *huyên*.

J'eus, un jour, besoin de l'horloger : il répara ma montre assez bien ; mais, pour ne pas manquer à la tradition, il crut devoir remplacer l'anneau d'or par un anneau de cuivre bien astiqué. Je le rossai, mais il garda l'anneau.

Mon ami B. ayant fait exécuter par le joaillier quelques petits travaux, constata, après livraison, qu'un tiers seulement de la matière d'argent avait été employé ; il fit faire autre chose qu'il ne paya pas.

Un de mes cuisiniers vendait, pour son compte, le bois qu'il achetait pour le mien ; j'avais déjà chassé son prédécesseur parce qu'il vendait les deux tiers de ma ration de viande.

Tous les boys qui passèrent chez moi me pillèrent peu ou prou.

Un de mes collègues, qui avait reçu sa solde dans la journée, et qui l'avait laissée dans la poche de son paletot, fut délesté de la manière suivante : lui couché, on scia une lame de persienne pour tourner l'espagnolette de la fenêtre ; on prit son gilet et son paletot près de son lit ; on emporta les billets en abandonnant sous la verandah le gilet et la montre qui auraient pu être compromettants.

Un autre, marié, se laissa voler, lui couché dans la même chambre que sa femme et ses enfants, une première fois sa montre, une seconde fois sa lampe allumée, sur un guéridon.

Je perdis, un jour, un billet de vingt piastres : un domestique avec qui le voleur n'avait, sans doute, pas voulu partager, me le dénonça et je retrouvai le billet dans le chignon de l'individu accusé, qui protestait encore de son innocence !

Presque toujours, on doit chercher le voleur parmi ses domestiques qui connaissent l'emplacement de chaque chose, et que les chiens de garde laissent circuler.

Je pourrais multiplier les exemples à l'infini, nous nous habituons à être dépouillés, comme à tout le reste ; et nous sacrifions, d'avance, à ces pirateaux tout ce que nous ne pouvons tenir sous clef. Cela tient à ce que les vols sont réprimés d'une façon si anodine que beaucoup de vagabonds préfèrent risquer d'encourir la pénalité afférente à ce délit que de s'astreindre à un labeur assidu.

Rapt. — Le rapt se pratique avec une incroyable sécurité sur toute la frontière de Chine, par Mon-cay jusqu'à Tien-yen, par An-chau jusqu'aux approches de Lam, et par différents autres passages qui nous sont moins connus.

Les convois de femmes et de filles escortés passent à proximité du poste de Bien-dong.

Au nord de That-ké, les rapts se consomment librement, mais les villages sont armés et fortifiés et ne rendent possibles que les rapts subreptices ou commis après un combat.

Ce n'est pas seulement sur la frontière chinoise, mais aussi dans les ports ouverts que s'exerce cette abjecte industrie. Le vapeur allemand « *Marie* », qui devrait être coulé depuis longtemps, apporte au Tonkin de l'opium en contrebande et prend des enfants comme fret de retour.

En 1886-87, il avait choisi comme champ d'exploitation la province de Quang-nam. Un jour, la date m'échappe, mais j'étais présent, le Résident de Tourane saisit sur cet infâme négrier douze petites filles enlevées dans la province. On fut assez heureux de pouvoir les rendre à leurs familles.

Le « *Marie* » travaille maintenant à Haiphong. La douane lui impose des amendes qu'il paie « *honnêtement* », mais il touche au retour certaine côte où il doit complèter son chargement.

Les enfants et les femmes volés sont vendus sur les marchés de Chine comme esclaves ou comme instruments passifs de lubricité.

Le rapt se pratique même de province à province, c'est une conséquence de la vente tolérée des enfants. Bien des mégères qui offrent des bébés ne leur ont jamais donné le jour.

Epigamie, polygamie, concubinage. — La polygamie et le concubinage se pratiquent à la fois dans la même maison. Beaucoup d'Annamites possèdent une ou plusieurs femmes légitimes et des concubines ; il n'y a d'autres limites que celle de la fortune de l'individu. On peut se marier de suite ou successivement avec plusieurs femmes. Les épouses légitimes vivent sur un pied d'égalité, à l'exception de la première, qui administre la maison et commande aux autres et surtout aux concubines, qui sont chargées des travaux les plus pénibles. S'il est reconnu que la première femme légitime est inepte et indolente, ou si elle ne plaît pas aux parents du mari, l'autorité peut être transmise à la deuxième femme légitime qui bénéficie alors de tous les privilèges de la matrone.

Il y aurait cependant quelques réserves si la première avait apporté une dot. Quand deux femmes légitimes ont des enfants, ceux de la matrone jouissent d'une certaine suprématie sur les enfants des épouses morganatiques, qui leur doivent de la déférence. Lorsqu'un Annamite se marie conjointement avec plusieurs femmes, il choisit la matrone ; c'est ordinairement l'aînée.

Un Annamite n'ayant d'abord pris qu'une femme, si elle ne lui donne pas d'enfant et qu'il convole en secondes noces, les enfants de la deuxième femme ne jouiront des prérogatives dévolues aux enfants de matrone, qu'autant que la première n'aura pas procréé.

Fiançailles. — Les parents, jusques et y compris le degré de cousins germains, peuvent se marier entre eux.

Deux familles forment souvent le projet d'unir leurs enfants dès leur plus tendre enfance, mais elles ne peuvent néanmoins les marier avant qu'ils n'aient atteint le minimum d'âge qui est de seize ans pour l'homme et de treize ans pour la femme, bien qu'elle soit fréquemment encore impubère.

Quand le garçon a treize ans, si les parents sont toujours dans les mêmes dispositions, à chaque fête annamite, le futur va offrir des présents à sa fiancée et saluer ses ancêtres. Dès lors, la promesse devient plus formelle, et il faut, pour rompre le mariage sans suites fâcheuses, que l'un des deux soit condamné à une peine infamante ou atteint d'une maladie ou infirmité endommageant gravement sa personne : petite vérole, claudication survenue depuis les fiançailles, mutilation, etc.

Les parents ne demandent pas aux fiancés s'ils éprouvent l'un pour l'autre une dilection plus ou moins sincère, mais cependant, si l'un des deux promis refusait sa main, on ne pourrait passer outre, et celui qui aurait refusé serait astreint à payer des dédommagements. Si le refus venait de la fille, elle devrait rembourser l'équivalent des cadeaux qu'elle aurait reçus durant les fiançailles, et aller faire devant les lares du fiancé les lay qu'il aurait déjà faits devant les siens.

La durée des fiançailles dépend de l'époque de la demande

et de la volonté des familles. Dans certaines maisons, on renouvelle les cadeaux pendant cinq ou six ans aux principales fêtes annamites.

Le mariage est précédé, à des époques déterminées à l'avance par les parents du futur, de cinq cérémonies préparatoires :

1° *Entrée en matière.* — Les parents du futur s'informent du nom et de l'âge de la fille et offrent du thé et des confitures.

2° *Démarche du fiancé.* — Il apporte à la jeune fille de l'argent et de la soie.

3° *Cérémonie des sapèques.* — On prépare chez la fiancée une table chargée de fruits et d'offrandes à Bouddha, puis on renferme huit sapèques dans une boîte qu'on agite ensuite vigoureusement. On ouvre la boîte et l'on compte les faces. Si elles sont en nombre pair, c'est un bon augure, dans le cas contraire, le mariage est cassé. Cette cérémonie n'est pas indispensable, mais ceux qui la pratiquent admettent son résultat aléatoire.

4° *Rédaction du contrat.*

5° *Fixation du jour et de l'heure du mariage.* — La future peut prendre part à la discussion du jour, mais l'heure est fixée irrévocablement par les hommes de la famille du fiancé, cognats exceptés.

A chacune de ces cérémonies on boit du thé, mais les femmes sont à part.

Mariage. — L'acte du mariage est purement familial et ne comporte aucune cérémonie religieuse ni civile.

En décembre 1884, j'eus l'occasion d'assister à un mariage annamite. Les hommes avaient décidé que le mari irait chercher sa femme à deux heures de l'après-midi. Bacheliers et bachelettes vinrent baguenauder chez lui dès dix heures du matin. On batifolait aussi chez la fiancée. A l'heure fixée, le futur, entouré de ses invités, suivi à quelque distance par les femmes, se rendit chez son beau-père. On but le thé, les invités se confondirent et l'on revint à la maison de l'époux dans le cortège suivant :

Un alguazil du tong-doc.

Un coolie portant, soigneusement pliée, une moustiquaire de soie rouge et bleue.

Quatre coolies portant deux caisses laquées rouge et renfermant des effets d'habillement.

Un coolie portant une couverture piquée, en soie verte et rouge.

Un coolie portant un petit sac de bijoux.

Deux coolies pliant sous le faix de cent ligatures de sapèques.

Deux garçons d'honneur en cai ao [1] de soie verte.

Le marié vêtu de soie bleue et coiffé d'un *cai khann* [2] bleu sombre.

Un petit boy portant la pipe à eau et la boîte à bétel du marié.

Les invités mâles entourant le marié.

Le cheval du marié, caparaçonné de brocart grossier.

Environ cent pas en arrière :

Les deux filles d'honneur en cai ao de crépon de Qui-nhŏn, cai quouann [3] de soie rouge, escarpins vernis à pointes recourbées, immense chapeau parasol.

La mariée en cai ao de crépon bleu foncé, les autres parties de l'habillement semblables à celles des filles d'honneur.

Près de la mariée, une enfant de dix ans, coiffée d'un cai khann rouge, portant une boîte de bétel recouverte de soie rouge.

Les invitées entourant la mariée.

Des pétards étaient tirés de chaque côté du cortège.

Phases de l'hymen. — Dès que les époux ont franchi le

1. Tunique.
2. Turban.
3. Pantalon large.

seuil de la maison, la femme va se prosterner devant les dieux lares du mari et exécute à l'intention des ancêtres le grand jeu des lay [1], puis elle vient renouveler ces démonstrations respectueuses devant la famille de celui qui va être son époux : père, mère, oncles et tantes.

Les filles d'honneur conduisent ensuite l'épouse à la chambre nuptiale dans laquelle on remarque le phann orné de sa moustiquaire; sur une table ou un guéridon, un plateau chargé de fruits, un flacon de choum-choum [2] et deux petites tasses.

A l'heure fixée par la famille du mari, celui-ci entre chez sa femme qui l'attendait couchée sur le phann ; mais elle se lève à sa vue et va se prosterner devant lui. Le mari la relève aussitôt sans lui laisser achever ses lay et lui dit : « *Tu as bien salué mes ancêtres et mes parents, cela suffit.* » Puis il se presse les mains à lui-même pour signifier à sa femme qu'il la prend sous sa protection, va s'asseoir à droite du phann et invite sa femme à se placer à gauche. Il lui offre ensuite du choum-choum dans sa propre tasse pour symboliser leur union. Cette libation est suivie immédiatement d'une seconde où chacun boit dans sa tasse en invoquant l'âme de son conjoint.

Ces préliminaires accomplis, les époux offrent les fruits du plateau à *ong Teu* et à *ba Ngouyett* [3] dont les bons offices sont pieusement sollicités, ces deux divinités étant spécialement chargées de cimenter les mariages des humains.

Après cette cérémonie propitiatoire, le mari étend sur le phann un morceau de cotonnade blanche sur lequel les époux vont invoquer la déesse de l'hyménée et se livrer au sommeil. Si *ba Ngouyett* a été favorable au mari, il conserve la cotonnade dans sa malle comme un précieux talisman, *ad perpetuam rei memoriam.*

1. C'est le jeu du roi au Ciel (page 1).
2. Eau-de-vie de riz ou samsou.
3. Exactement : Monsieur Soie grège et Madame la Lune.

Dans le cas contraire, le mari se lève immédiatement, dresse le phann contre le mur, l'épousée s'affaisse par terre et reste à croupetons jusqu'au lendemain, gardée par des femmes de sa famille.

Son mari peut la répudier, mais ses parents ne sont pas tenus de rendre les cadeaux, parce qu'il est admis qu'une fille a pu tromper la vigilance de sa famille pour offenser *ba Ngouyett* avant son mariage.

Les Chinois sont très sévères en Annam sous ce rapport et chassent indubitablement la femme, à moins qu'ils ne la conservent comme domestique. Dans tous les cas, ils cherchent à se remarier immédiatement.

Le cochon essorillé. — Que l'épouse ait ou non déplu à *ba Ngouyett* elle ne sort, précédée de son mari, que le troisième jour. Ils vont tous deux saluer les parents de la femme qui ont préparé pour la circonstance un cochon rôti. S'il y a lieu, le mari, aussitôt à table, fait connaître l'impudicité de sa femme en coupant les oreilles du cochon.

Quelques-uns des usages précités sont plus ou moins bien observés chez les Annamites en contact quotidien avec les Français, mais dans les bonnes familles, ces coutumes sont pratiquées ponctuellement.

Droits de l'Annamite sur ses femmes. — Le mari n'a pas le droit de tuer sa femme légitime en dehors du flagrant délit, mais il peut tuer les autres si le contrat de vente dont il sera parlé ci-après ne s'y oppose pas.

Le mari peut chasser sa femme légitime pour sept motifs différents :

1° *Vol ;*

2° *Infidélité ;*

3° *Désobéissance ;*

4° *Si elle déplaît aux parents du mari ;*

5° *Si elle a contracté des habitudes funestes telles que la querelle ou l'ivrognerie ;*

6° *Stérilité;*

7° *Insulte aux ancêtres*, particulièrement en invectivant les enfants :

« Malédiction sur ton grand-père, ta grand'mère! »

Cependant, avec la rigueur coutumière « il est des accomodements. » Si la femme porte bien le deuil des parents du mari, elle ne sera pas chassée, par exemple, pour une infidélité ; si ses beaux parents sont contents d'elle, le mari ne pourra la chasser, quelque motif qu'il invoque ; si elle a beaucoup d'enfants, on aura de l'indulgence pour ses défauts.

Une femme légitime chassée se trouve dans un état analogue à celui de viduité, elle exige donc de son mari un acte de répudiation à la rédaction duquel assiste toute la famille.

Une fois en possession de cet acte, elle peut contracter une nouvelle union.

Mariages nia-koué. — A la campagne, on s'embarrasse peu des cérémonies. Un nia-koué va trouver son voisin et lui demande sa fille. On fait rôtir un cochon, on boit du thé, on fume et l'affaire est bâclée. Le mari envoie aux parents de la fille quelques ligatures qu'elle rapporte en ménage.

Conséquences des mariages précoces. — La jeune fille qui se marie à treize ans n'est guère nubile qu'à seize, et ne conçoit pas avant cet âge. Ses enfants sont viables, quoique souvent d'une mièvreté inquiétante.

Son étonnante fertilité la rend vieille de bonne heure. Il n'est pas rare de voir des femmes de vingt-cinq ans mères de sept ou huit enfants. Ceux-ci sont une source de lucre pour leurs parents, soit qu'ils travaillent aux rizières ou gardent les buffles, soit qu'on les destine à être vendus [1].

Achat de la femme. — Indépendamment de ses femmes

1. Ce fait, ainsi que celui du rapt pratiqué par les Chinois au Tonkin, prouve surabondamment que ni les Chinois ni les Annamites n'ont jamais donné leurs enfants en pâture aux pourceaux.

légitimes, l'Annamite peut avoir des concubines qu'il achète.

Formalités. — Les consentements du père et de la mère sont nécessaires. Une mère pourrait faire annuler un marché de ce genre qui aurait été fait à son insu. Le père rédige l'acte lui-même et s'il ne sait écrire, il en charge un lettré.

Modèle d'acte de vente :

PHOU [1] DE PHOU-NIA-HUNG
—
HUYÊN DE NAM-KIEN
—
TÔNG DE CAC-XA
—
XA DE XA-LOC
—

Moi, Lé-migne-giac, attendu que je suis pauvre et que j'ai plusieurs enfants, que ma récolte de riz a été mauvaise, que j'ai payé beaucoup d'impôts et que les pirates m'ont pris mon buffle, déclare vendre à Ha-thin, négociant chinois, ma fille Tyi-haye [2] pour la somme de dix piastres. Elle lui appartiendra aussitôt que j'aurai reçu l'argent.

Fait à Xa-loc le 1er jour du 2e mois de la 1re année du règne de Dong-khanh.

La mère, *Le Ly-truong ou maire,* *Le Kilouk ou lettré,* *Le père,*

Si le père rédige lui-même l'acte, sa signature et celle de la mère suffisent. Le visa du ly-truong est facultatif et ne sert qu'à donner une simple sanction.

Pour ceux qui ne savent pas écrire, la signature est remplacée par un caractère aussi rudimentaire que notre croix traditionnelle, mais d'une plus grande justesse, L'acte étant placé sur une table ou un objet plan quelconque, l'illettré y applique sa main de façon que son index vienne se poser sur la bissectrice de l'angle inférieur gauche, si c'est la mère, du droit, si c'est le père, et l'on marque sur le papier le contour

1. *Phou* signifie préfecture; *huyên* : sous-préfecture; *tông* : canton; *xa* : village ou commune.
2. Deuxième.

de l'index au moyen d'un pinceau humecté d'encre de Chine.

L'acheteur peut faire insérer au contrat des clauses telles que celles-ci : « *Si-Tyi-haye meurt chez Ha-thin, Lé-mignegiac n'en recherchera pas les causes* »; ou bien « *Ha-thin aura le droit de disposer entièrement de Tyi-haye, de la vendre, de l'emmener au loin et même de la tuer, sans aucun recours du père* ».

Le père peut aussi, par une clause semblable, apporter certaines restrictions au marché; il peut, par exemple, *interdire à l'acheteur de revendre sa fille.* Malgré ces modifications consenties librement, la fille vendue est sous la dépendance à peu près absolue de celui qui l'a achetée.

C'est une forme anodine d'esclavage.

Celui-ci existe d'ailleurs plus ou moins apparent.

Pendant plus d'un an que j'habitai Nam-dinh, il ne se passa pas un seul mois qu'on ne vint présenter à ma femme des jeunes filles de cinq ou six ans. J'en refusai une qu'on m'abandonnait pour 13 fr. 50. (3 piastres).

Une femme annamite, ma voisine, acheta devant moi, un petit garçon à la mamelle pour la modique somme de 2 francs, (3 ligatures). Et tout récemment à Hanoi, la femme du maire de mon quartier ayant accouché de trois enfants nous en offrit un pour quelques piastres.

Un enfant que nous achetons n'est qu'un simple domestique que nous congédions quand il nous sert mal; mais il n'en est pas de même d'un enfant acheté par un Chinois ou un Annamite; cette pauvre créature devient un esclave qui peut être surmené, maltraité, et qui ne recouvrera sa liberté qu'en marronnant.

L'amour chez les Annamites. — Ce sentiment si intime, si mystérieux, qui s'empare de tout notre être, qui nous transforme, qui nous élève et nous fait faire des prodiges, cette corde qui vibre à la fois si délicieusement et si douloureusement dans notre cœur, cette affinité délicate qui nous fait vivre pour autrui, cette sensation indéfinie qui participe du corps et de l'âme, qui tient de la terre et du ciel, l'amour enfin, semble inconnu à l'Annamite. Chez les viveurs, passion charnelle ; chez l'époux, passion patriarcale. Et si en littérature et au théâtre, le sentiment se manifeste encore, c'est que les formes en on été conservées inconsciemment, indolemment plutôt, depuis de nombreux siècles. Il n'est point absurde de croire que l'état de décadence dans lequel végète le peuple annamite tient en partie à ce qu'il se soustrait à l'influence bienfaisante de la femme. Elle est, de son côté, frappée d'anesthésie par ce régime d'annihilation qu'elle subit. Jalouse, pourquoi le serait-elle? La jalousie est le satellite de l'amour.

S'il lui survient une maladie, pendant ses grossesses, ou sur un simple indice de satiété de son époux, elle envoie chercher ou court elle-même acheter une servante qui prend sa place à la couche nuptiale. Quand un individu achète une seconde femme, celle-ci est accueillie toujours avec joie par la première qui ne voit que la nouvelle compagne et non la rivale.

Si, dans un autre ordre d'idées, l'adultère, très rare, est sévèrement puni par la loi, c'est au nom du principe sacré de la famille qui a été méconnu et non de la foi trompée et de l'honneur outragé.

Chasteté. — De ce que je viens de dire de l'amour, il s'ensuit que la femme est ordinairement chaste quand elle se marie. Comme aucune sympathie mystérieuse ne peut exister entre elle et un homme, et que son cœur ne connaît pas les tressaillements inquiets, elle ne court pas les dangers qui font si souvent tomber notre tendre Française dans l'écueil.

Mais cette chasteté est une chasteté de brute par la négation des rapports entre les sens et le cœur. La promiscuité dans laquelle vivent hommes, femmes, enfants, le sans-gêne impudique avec lequel ils vaquent à leurs occupations intimes et accomplissent leurs ablutions en présence l'un de l'autre, la vue constante de certains charmes tenus secrets dans nos pays raffinés, émoussent l'inclination que les Annamites peuvent avoir pour la beauté plastique et les plonge dans une espèce d'ataraxie sensuelle [1].

L'épreuve du sang. — Il existe encore dans plusieurs provinces une coutume qui a disparu des villes du delta. Si, après quelques mois de mariage, la femme accouche prématurément, les parents du mari porteront plainte au mandarin qui condamnera les époux à plusieurs mois de prison pendant lesquels le grand-père paternel prendra soin de l'enfant. Si les parents, par indulgence pour leur fils, s'abstenaient de porter plainte, l'opinion publique les conspuerait.

Cependant, si le mari nie avoir participé à la conception, les parents peuvent demander l'épreuve du sang qui consiste à tirer quelques gouttes de sang des veines de l'enfant et de celles de son père putatif, et à les comparer.

Si les experts découvrent dans le sang de l'enfant l'intussusception du sang du père réfractaire, celui-ci subit alors une peine plus forte ; si l'expérience lui est favorable, il peut divorcer.

Fidélité. — La passiveté de la femme dans les relations sociales, son indifférence pour toutes les choses d'amour, la vie d'esseulée à laquelle les préjugés de son pays la condamnent, la sévérité de la loi, écartent généralement chez elle toute velléité d'accointance avec autrui.

Néanmoins, l'adultère n'est pas inconnu en Annam, l'homme lubrique y existe. Il peut corrompre une femme en flattant ses goûts. Mais, je le répète, le cas est exceptionnel.

1. Ce que j'ai écrit au premier chapitre sur les rapports entre parents de sexes différents était tiré d'un livre annamite, tandis que le présent paragraphe qui en est la contradiction, a été le résultat de mes propres observations Cela s'explique parce qu'en Annam comme en tous pays, il y a loin de la théorie à la pratique des usages.

Grossesse et accouchement. — La femme annamite est très féconde.

Jusqu'à son quatrième mois de grossesse on la fait manger plus qu'à l'ordinaire, puis on la rationne d'un tiers jusqu'à son huitième, pour ne lui donner que la moitié de sa nourriture normale jusqu'à l'enfantement.

Ainsi, en supposant qu'elle mange quotidiennement trois bols de riz avant la conception, sa nourriture sera ainsi réglée :

Du premier au quatrième mois de gestation, quatre bols de riz.

Du quatrième au huitième mois, deux bols.

Du huitième à la délivrance, un bol et demi.

Les Annamites expliquent cette coutume par un proverbe illogique, mais que je cite tel que je l'ai entendu : « *Il vaut mieux donner à manger à l'enfant dehors que dedans.*

La femme enceinte vaque à ses occupations jusqu'au dernier jour. Plus elle approche du terme, plus elle se donne d'activité.

D'après ce que nous connaissons déjà des mœurs, on pense bien que les médecins annamites ne sont jamais appelés, même dans les cas douloureux qui sont excessivement rares.

L'accoucheuse ne subit aucun examen pratique et ne possède ni diplôme, ni lettre d'obédience. C'est une empirique. Elle réussit par des moyens qui paraîtraient vraiment trop excentriques dans nos pays où l'on dore les pilules.

Dès les premières douleurs, on fait avaler à l'accouchée une décoction amère, puis la sage-femme lui frappe sur le ventre à coups de tête pour aider à la délivrance. L'opération se fait sur un lit en bambous. On applique ensuite des briques chauffées sur le ventre de la mère pour l'empêcher de gonfler. Durant la gésine, on frotte le corps de la mère et celui de l'enfant avec une pâte à base de safran qui donne à leur peau la couleur du coing.

Avortement, infanticide. — L'avortement et l'infanticide

sont des crimes inconnus au Tonkin : chaque nouvel enfant étant considéré comme un accroissement d'aisance, soit par le travail qu'il fournit dès son bas-âge, soit par le produit de sa vente ; la nourriture ne coûte, en outre, presque rien.

Les parents d'une fille qui aurait tué son enfant à l'instigation de son amant, pourraient se porter partie civile contre celui-ci en alléguant qu'il leur a causé un dommage.

L'enfant. — *Joyeux avènement.* — Il n'existe aucune cérémonie similaire au baptême ou à la circoncision, mais sept jours après la naissance d'un garçon, neuf jours si c'est une fille, on célèbre son entrée dans le monde par un dîner auquel sont conviés les parents et amis qui apportent pour l'enfant des petits bracelets ou de la soie. Ces fêtes sont renouvelées un mois, soixante-dix jours et un an après la naissance.

Noms. — Les différents noms que les Annamites donnent à leurs enfants méritent d'être mentionnés.

A la naissance d'un garçon, le père lui donne un nom dont l'emploi est réservé à la famille. En outre, il aura un prénom pour les familiers de la maison ; les non-familiers l'appelleront par son nom de famille suivi de son rang de naissance. A l'école, le maître lui donnera encore un nom sous lequel il sera connu de ses condisciples. S'il est catholique, ou si plus tard il le devient, le prêtre lui donnera un nom latin de baptême ; enfin, il se donnera encore un nom chinois quand il entrera en relations avec les célestes.

Ainsi le deuxième enfant d'un Annamite nommé Van Tuyen *(parfait)*, recevra de son père le nom de Phouc *(bonheur)* ; les amis de la maison l'appelleront Leu *(doux)*, les non-familiers Van Tuyen haye *(le deuxième Van Tuyen)* ou simplement te haye *(le deuxième)* ; le maître pourra l'appeler Maou Cheunn *(agile)*, le curé, Petrus et les Chinois, Nieunn Té *(homme bon)*.

Braie. — L'enfant n'est pas emmaillotté ; on lui donne un petit cai ao de suite, mais il n'est pas culotté avant de pouvoir marcher. Cette coutume s'applique aux deux sexes.

Manière de porter l'enfant. — Tout jeune, la mère le porte à volonté sur un ou deux bras ou sur l'épaule, mais quand il est un peu fort, c'est à califourchon sur la hanche que le portent toutes les mères et les nourrices. Il est à remarquer aussi que les baisers de quelque nature qu'ils soient se donnent avec le nez, en reniflant légèrement. — Cette coutume provient sans doute de ce que la bouche des indigènes est toujours saturée d'une salive rougeâtre provenant de la chique de bétel, de chaux et de noix d'arec.

Allaitement. — On allaite les enfants jusqu'à l'âge de trois ou quatre ans, et il n'est pas rare de les voir courir après leur mère pour leur demander le sein. La raison en est que le bétail ne donnant pas de lait et l'enfant se trouvant dans l'alternative de teter où de manger du riz, la brusque transition de l'un à l'autre à un âge trop tendre pourrait être préjudiciable à sa santé. Les enfants chétifs sont même allaités jusqu'à l'âge de cinq ans.

Les femmes qui veulent avoir d'autres enfants prennent une nourrice. Elle se paie de quarante à cent ligatures par an, outre la nourriture et le logement.

Coupe des cheveux. — On donne aux cheveux des enfants les formes les plus bizarres : la tête rasée, ou une mèche derrière, ou une de chaque côté, ou une seule devant. Mais à partir de sept ou huit ans, on laisse croître leur chevelure indéfiniment ; ce sera plus tard leur plus bel attifet.

Décès et cérémonies funèbres. — *Mise en bière.* — Dès qu'une personne passe de vie à trépas, on lave le corps avec des eaux parfumées, on la revêt de ses plus beaux habits [1] dont on a détaché les boutons et on lui coupe les ongles. Les Annamites prétendent que les boutons et les ongles activent la corruption. La famille, les voisins et les amis viennent saluer le mort et le magnifier ; on le remercie de tout

1. Noirs exceptés.

le bien qu'il a pu faire pendant sa vie. Puis on lui ceint les épaules, les bras et les jambes de bandelettes de soie ou de cotonnade rouge, et on dépose le corps, face au ciel, dans une grande boîte parallélipipédique sur les petits côtés de laquelle sont peintes en noir quelques fioritures ornementales.

Quand le mort est dans le cercueil, on bouche hermétiquement tous les interstices et l'on comble exactement tous les vides avec du résidu de thé cuit, pour absorber toutes les matières aqueuses qui s'échapperont du corps. Puis on laque le cercueil très soigneusement. Les Annamites ne sont pas embaumés, comme on serait tenté de le croire en voyant des cercueils séjourner quelquefois plus d'une année dans la maison mortuaire; le laquage suffit à empêcher toute émanation putride. Le corps, privé d'ailleurs de son principal agent de décomposition, l'air, qui lui fournit ses ferments putrescibles, se conserve à peu près intact.

La cérémonie religieuse à la pagode n'est pas obligatoire ; on peut faire appeler aux enterrements ainsi qu'aux anniversaires, un bonze qui n'entrera pas dans la maison, mais qui priera devant un autel élevé sur le seuil. Ses éjaculations ont pour but de chasser le diable et de faire lier connaissance au mort avec les mânes d'alentour. Jusqu'à la levée du corps, on veille autour du cercueil pour empêcher les esprits malfaisants de s'emparer de l'âme du défunt.

Enterrement du riche. — Le 21 mars 1885, j'eus la chance de voir un enterrement annamite dans ce qu'il a de plus luxueux. La morte était une baya[1] catholique. Mais les mêmes décors servent aux enterrements bouddhiques et chrétiens. On remplace simplement dans les niches et sur les piédouches, Bouddha et sa suite par le Christ et ses saints. De même que les infidèles délaissent la pagode, les disciples de Jésus passent devant l'église sans y entrer.

1. Baya, prononciation de bà già, dame âgée.

La chambre mortuaire de l'honorable baya avait été transformée en chapelle ardente. Dans le fond, un grand Christ séparait deux autels dont l'un était consacré à Marie et l'autre au culte de dulie. L'entrée de la chapelle était close à demi par des rideaux rouges que surmontait un splendide bandeau de brocart. Les murs étaient tapissés de panneaux décoratifs multicolores avec inscriptions funèbres. Dans l'antichambre brûlait l'encens sur un petit autel où un bonhomme en papier peint faisait ses dévotions devant une vierge de carton doré. Sur une table voisine, une allégorie de même acabit représentait une échelle au sommet de laquelle deux anges tendaient les bras à un vieillard ailé qui tentait de gravir le premier échelon.

Le cercueil sortit de la maison entre deux haies de gamins agitant de grands éventails en plumes. Puis la clarinette funéraire ayant fait entendre ses lugubres grincements, le cortège se mit en marche dans l'ordre suivant :

1° Sept bannières doubles, blanches, avec sentences en caractères noirs ;

2° Un triptyque transparent dont le panneau du centre était vert avec caractères rouges, les deux autres blancs avec lettres noires ;

3° Un panneau transparent blanc avec caractères noirs ;

4° Un triptyque au centre rouge avec lettres dorées ; les côtés étaient verts avec lettres blanches ;

5° Sept bannières doubles, blanches, lettres noires ;

6° Un triptyque, centre blanc avec lettres noires, côtés verts avec lettres blanches ;

7° Cinq bannières doubles, blanches, lettres noires ;

8° Sur une table laquée en rouge, une exposition en carton bariolé de la scène du vieillard ailé, que nous avons vue dans l'antichambre ;

9° Un triptyque, centre vert avec lettres dorées, côtés rouges avec lettres blanches ;

10° Un triptyque, centre rouge, lettres dorées, côtés verts et lettres blanches ;

11° Un triptyque, centre orange, lettres noires, côtés bleus et lettres dorées;

12° Quatre bannières doubles, blanches, lettres noires;

13° Un triptyque, centre rouge, lettres noires, côtés verts et lettres rouges;

14° Deux bannières doubles, l'une bleue et jaune, l'autre verte et jaune, avec caractères dorés;

15° Un triptyque, centre vert, lettres noires, côtés rouges et lettres noires;

16° Quatre bannières doubles, blanches, lettres noires;

17° Deux bannières simples, plus étroites, soie paille, lettres noires;

18° Un triptyque transparent, centre blanc, lettres noires, côtés verts et lettres rouges;

19° Huit petits reverbères à verres bleus, hampes et garnitures laquées, celles-là en brun, celles-ci en or;

20° Une grande bannière rouge et jaune, lettres noires;

21° Deux petites bannières en soie jaune, lettres blanches et noires;

22° Un triptyque, centre vert, lettres rouges, côtés rouges et lettres noires;

23° Un grand panneau blanc à petites lettres noires;

24° Deux petites bannières, l'une bleue avec lettres blanches, l'autre jaune avec lettres noires;

25° Deux bannières blanches avec lettres noires;

26° Sept drapeaux annamites portés par des hommes costumés de drap rouge;

27° Quatre gamins représentant des anges avec leurs ailes et coiffés de diadèmes rouges avec broderies de croix et d'étoiles; ils étaient portés sur les épaules de coolies aux loques bariolées;

28° Deux parasols noirs;

29° Un tam-tam, un gong;

30° Un magnifique reverbère soutenu par une hampe dorée;

31° Huit tams-tams, deux gongs;

32° Huit reverbères portés par des individus costumés

degrandes robes rouges à broderies, avec ceintures;

33° Un suisse annamite avec un tam-tam, sans costume et sans hallebarde; à ses côtés, deux enfants de chœur agitant des sonnettes;

34° Trois vieux acolytes annamites vêtus de bleu; l'un portant une croix, les deux autres des cierges. Derrière eux, trois Annamites avec robes rouges à broderies tenaient au-dessus des lampadophores deux parasols jaunes brodés et au-dessus de la croix un parasol rouge brodé;

35° Quarante-huit enfants de chœur lampadophores, avec leurs surplis;

36° Quatre dais portés par des enfants de chœur en surplis et abritant des curés annamites;

37° Vingt-deux petits enfants de chœur en surplis;

38° Quatre anges à pied;

39° Sous un dais rouge brodé, le curé officiant, en surplis, et un grand acolyte en cai ao bleu brodé; de chaque côté, un enfant de chœur qui encense; trois enfants de chœur ferment la marche de l'officiant;

40° Huit lampadophores en blanc;

41° Musique composée de clarinettes et de violons, de tams-tams et de gongs;

42° Huit Annamites portant de grands éventails en plumes;

43° Un immense catafalque en soie bleue transparente recouvrant le cercueil enveloppé de guipure sur laquelle brûlent des bougies jaunes. Cet appareil est supporté par un énorme piédestal laqué noir, à timons devant et derrière et orné de quatorze têtes de dragons sculptées dont la laque rouge est irradiée de filets d'or. Tout cet échafaudage était porté par quarante coolies marchant en cadence à l'ordre d'un coryphée qui réglait leur marche avec deux claquettes de bambous;

44° Un dais de coton blanc abritant la famille en cai ao blancs effilochés, en sandales blanches et les cheveux épars noués à la nuque avec des filoches de coton. Les cai ao des deux fils étaient en lambeaux. Tout ce monde, le regard atone, se lamentait bien dolemment, en tenant un chiffon sur la bouche.

L'ordonnateur du cortège courait, se multipliait, donnait des ordres à la tête et à la queue, mais ne se séparait jamais de son boy qui lui emboîtait le pas en portant sa pipe à eau et sa boîte à bétel.

Commencé devant chez moi à six heures du matin, le défilé ne se termina qu'à onze heures et ne parvint au cimetière distant de 3 kilomètres, qu'à la nuit close. On marchait avec une lenteur convenue. Aux poses, très fréquentes, les mercenaires du cortège fumaient, buvaient, riaient et chiquaient. La police du tong-doc maintenait un semblant d'ordre. Le peuple traversait les rangs à loisir. Seule, la famille en deuil accompagnait la défunte sous son dais de coton blanc. Les amis avaient contribué aux apprêts, mais ils s'étaient ensuite retirés; on ne va pas aux enterrements en Annam.

Plus de deux cents coolies étaient employés comme porteurs ou lampadophores à cette cérémonie de clinquant. La mission s'est prêtée à tous ces caprices, n'exigeant qu'une substitution iconologique : la grosse tête bouffie de Bouddha remplacée par l'*Ecce homo*.

L'impression qu'on ressent à ce spectacle n'est faite ni de surprise, ni de respect, ni même d'indifférence obligeante, on ignore jusqu'au dernier tableau qu'on a devant soi un enterrement, c'est de la pitié qui se traduit par un haussement d'épaules à l'adresse des auteurs infatués de cette grotesque mascarade.

Enterrement du pauvre. — A quelque temps de là, je vis un enterrement de pauvre. En tête, une clarinette et un tam-tam. Puis le père en deuil faisait marcher son enfant, un bébé de six à sept ans, à reculons et face au cercueil. Un seul pleureur accompagnait le mort. C'était plus triste et plus vrai.

Mode de sépulture. — Les Annamites enterrent leurs morts

quand et où ils veulent, mais ils doivent obtenir préalablement une autorisation qui se paie suivant l'emplacement choisi et la fortune de la famille. Les pauvres donnent ordinairement cinq ligatures. Dans les familles qui ont conservé les vieilles traditions bouddhiques, on met dans la bouche du mort un peu d'or et quelques grains de riz pour son voyage.

Point de mausolée ni d'urne, aucun décor extérieur. Un petit tumulus recouvert bientôt de verdure indique seulement qu'un mort est couché là. Ces tumuli se rencontrent partout, dans la campagne, sur les chemins, derrière les citadelles et les pagodes, isolés ou en groupes variant de vingt à trois cents. Jadis on plaçait sur le flanc du tumulus une plaque commémorative en granit, mais aujourd'hui cette coutume tend à disparaître et les archéologues qui s'arrêteront devant ces pierres tombales pourront y trouver quelquefois des renseignements d'ethnographie historique à glaner.

Quand le malheur tombe sur une famille, on croit que les mânes du mort sont mécontents de l'emplacement choisi. On recueille alors les os et on les place dans une boîte qu'on va enfouir ailleurs. Bien des fois en chasse, j'ai rencontré de ces Annamites fouillant le remblai d'une digue ou un tumulus voisin pour en retirer les ossements.

Deuil et fêtes funèbres. — Le troisième jour après la mort, la famille donne un dîner. Dans une période de cinq à douze jours, elle doit fixer les conditions de son deuil.

Le grand deuil est porté jusqu'à l'enterrement du défunt. Il consiste en un cai ao blanc effiloché, serré à la taille par une ceinture de rotin cordelé, un serre-tête blanc, non ourlé, et des savates de rotin. Les membres éloignés de la famille portent le même costume non effiloché.

On renouvelle les fêtes tous les sept jours jusqu'au cinquantième, qu'on célèbre au lieu du quarante-neuvième. Même répétition au centième jour et à l'anniversaire.

Après le grand deuil vient le petit deuil. On s'habille

comme tout le monde mais on ne porte pas de couleurs éclatantes.

La durée du veuvage est de un an pour l'homme et de trois ans pour la femme. Quoique la sanction du mandarin ne soit pas nécessaire à la validité d'un mariage, la loi défend à une veuve de se remarier avant trois ans. A quelque époque qu'elle se remarie, elle perd les biens de son époux défunt qui retournent aux parents de celui-ci. Elle ne peut disposer que de ce qui est nécessaire pour payer les dettes, s'il en existe encore, contractées en commun du vivant du premier mari.

Les parents portent le deuil d'un enfant trois mois. Pour un frère ou une sœur, un an. Si la sœur est mariée, elle ne portera le deuil de son frère que six mois ; si c'est elle qui meurt, le frère ne portera le sien que trois mois. Pour une tante paternelle, un an, maternelle, six mois ; pour son grand-père ou sa grand'mère, un an.

Ceux qui sont surpris à se réjouir pendant le deuil, soit chez des chanteuses, soit à un mariage, sont condamnés par le mandarin à cinquante coups de rotin ou à quelques jours de prison.

Autodafés. — Le respect des morts est unanimement pratiqué dans tout l'Annam. Les quatre cinquièmes des fêtes de famille se rapportent aux ancêtres. La plus curieuse est celle de l'anniversaire. On fabrique en papier des objets semblables à ceux qui appartenaient au défunt, on les dépose sur un autel, au milieu de fruits et de bols de riz teints de différentes couleurs, un bonze y récite des prières, chaque membre de la famille vient à son tour se prosterner devant ces objets symboliques, puis on y met le feu.

Quelques autodafés prennent parfois des proportions colossales ; c'est ainsi que le ly-truong de mon quartier fit représenter en papier tous les objets ayant appartenu à sa mère : phann, garde-robe, bols et baguettes, chapeaux, boîte à bétel et sapèques. Toute la famille en grand deuil vint se prosterner devant ce ménage de carton, le bonze chanta, les pleureuses se lamentèrent. Après les chim-chim ou lay d'usage on mit le feu au phann qui supportait tous les autres objets, puis la famille marcha en rond autour de l'autodafé en poussant des gémissements plaintifs qui s'éteignirent subitement avec la dernière étincelle, et tous les assistants rentrèrent au logis où une table abondamment servie les attendait.

Ces cérémonies ont lieu devant la maison.

On fait aussi un petit autodafé sur le cercueil le jour de l'enterrement.

Les pauvres peuvent réduire leurs autodafés à peu de chose. J'ai rencontré un soir une malheureuse veuve qui s'arrachait les cheveux devant quelques tasses et une pipe en papier qui flambaient.

Cérémonies diverses [1]. — *Pour obtenir la pluie.* — Quand une région reste longtemps sans pluie, le mandarin s'enferme dans un temple pour y jeûner de sept à trente jours, selon le besoin d'eau. Mais ce jeûne ne consiste qu'en la privation de femmes et d'opium. S'il manque à son devoir et qu'un parti soit assez influent ou assez hardi pour s'en plaindre à la cour de Huê, le mandarin encourt une disgrâce.

Saturnales. — Dans la province de Hung-hoa et non loin de la ville de ce nom, quelques villages se livrent une fois par an, le cinquième jour du cinquième mois ou le quinzième du huitième mois, à de vraies saturnales en contradiction avec les mœurs et les lois.

A la tombée de la nuit, tous les jeunes gens mariés ou non qui n'ont pas trente ans se réunissent dans un endroit propice assez vaste et buissonneux. Le tam-tam et le gong retentissent, on fait des chim-chim et des autodafés en l'honneur de Bouddha, puis à un signal convenu, les torches

1. Je ne donne que sous toutes réserves ces cérémonies auxquelles il ne m'a jamais été donné d'assister; elles m'ont été narrées par un interprète.

s'éteignent et les groupes se forment et s'amusent en liberté. Personne n'a le droit de contrôle. Les époux sont libres et peuvent folâtrer séparément où bon leur semble. Naturellement les choix sont faits d'avance et l'on se retrouve à souhait. Tous les scrupules sont levés, c'est l'Eden entr'ouvert pour un soir.

Mariage de Bouddha. — Une autre cérémonie moins gaie qui se pratique aussi dans la province de Hung-hoa, c'est le mariage de Bouddha. Chaque année une famille fournit à son tour de rôle une jeune fille de seize ans destinée à Bouddha. Ceux qui ne peuvent en acheter une donnent la leur. S'ils n'ont ni argent ni fille en âge, on passe leur tour qui est rappelé dès qu'ils sont en mesure de payer ce tribut sanguinaire; car c'est bien un tribut de sang comme nous allons le voir.

Six semaines avant le mariage, la jeune fille est parée, choyée, bien nourrie et ne travaille plus jusqu'à l'hyménée. Elle est alors amenée au bruit des tams-tams et des gongs jusqu'à la pagode où on l'enferme à la tombée de la nuit avec Bouddha.

Le lendemain on la retrouve morte sur le sol, et les paysans disent que c'est Bouddha qui s'est emparé de l'esprit qui l'animait.

Moi qui suis moins crédule, je pense qu'elle doit être empoisonnée par les bonzes après leur avoir été livrée.

CHAPITRE III

COSTUMES ET PARURES

SOMMAIRE. — Observations générales. — Quelques lignes historiques. — Sentiments des Annamites sur la décence. — Costume national. — Costume des mandarins. — Costumes divers : bonzes, lettrés, riches, coolies, boys, lazaroni, paysans. — Vêtements d'hiver. — Distinction des sexes d'après leurs costumes. Coiffures. — Chaussures. — Bijoux et accessoires. — Insignes. — Armes. — Balancement des bras. — Peinture du visage. — Laquage des dents. — Ongles.

Observations générales. — Le genre de vie des Annamites et l'excessive simplicité de leur costume national donnent à penser que les idées sur la décence et le désir de se parer ont eu moins de poids que l'inégalité des saisons sur le mobile qui les a poussés jadis à se vêtir. Leur coquetterie ne se manifeste que dans les accessoires et pour les hommes dans les objets tels que la pipe à eau, la boîte à bétel et le crachoir qui appartiennent plus à la maison qu'au costume et qu'un boy porte à leur suite lorsqu'ils vont en visite.

Le costume national se retrouve le même dans toutes les classes de la société, les nuances seules varient. Il faut omettre de cette exception générale, quelques Annamites hybrides attachés au service du Gouvernement français ou des Européens et qui, avec leurs chignons qu'ils ont conservés et les défroques françaises qu'ils ont ramassées, ressemblent à des coléoptères en métamorphose. Des interprètes conservent le turban, mais s'affublent à la française, certains boys se couvrent d'oripeaux et bon nombre de gavroches se sanglent dans des vestes militaires hors d'usage ; cet accoutrement leur vaut la place d'honneur dans leur gargote. Déjà quelques tirailleurs tonkinois portent des souliers en tenue de ville.

Devons-nous voir là un symptôme d'affinité ou de sympathie pour les races civilisées? Est-ce la première phase d'une évolution ethnologique qui se prépare, semblable à celle que Boussenard signale chez les Peaux-rouges enclavés dans les États-Unis?

Quelques lignes historiques. — La coutume de se vêtir qui est très ancienne en Annam, n'empêcha pas le tatouage de se pratiquer généralement jusqu'à une époque assez avancée. Voici ce que nous apprend Truong-vinh-Ky de l'origine du tatouage ! « Les habitants de Giao-chi (An-nam), qui vivaient du produit de leur pêche, étaient souvent attaqués et mordus par des monstres de mer tels que serpents, caïmans, requins, etc. Le roi Hung-veuong Ier leur ordonna de se tatouer le corps de manière à pouvoir tromper ces habitants du royaume aquatique par une apparence de peau semblable à la leur. » (environ 2,600 ans avant J.-C.).

Dans la suite, le tatouage devint non seulement un ornement, mais une marque de certains privilèges, selon le genre des dessins tracés. C'est ainsi que jusqu'à Tran-anh-tong, (1293), les rois se firent tatouer sur les cuisses une face de dragon en signe de noblesse et de bravoure.

Le tatouage ne disparut complètement qu'en 1414, sous la domination des Minh qui le prohibèrent rigoureusement.

Les documents nous manquent sur le genre de vêtements portés par les anciens. Le changement des modes paraît d'ailleurs leur avoir donné peu de soucis, car les sujets des peintures allégoriques portent, comme les Annamites contemporains, la tunique légère et le pantalon large.

Environ deux siècles avant Jésus-Christ, la femme de Trong-tuï disait à son mari partant pour la guerre : « Pour découvrir ma retraite vous n'aurez qu'à suivre le chemin qui sera parsemé des plumes d'oie de ma robe d'hiver. » Ce qui fait présumer qu'en ce temps-là, les femmes, différant de celles d'aujourd'hui, portaient des robes et en avaient pour chaque saison.

Quant à la coiffure, les changements qu'elle a subis ne sont guère mieux connus. En 485, Liên, gouverneur d'Annam, envoyait à l'empereur de Chine Tê, son suzerain, un tribut de vingt compagnies de soldats indigènes coiffés de casquettes d'argent qu'ils devaient offrir à Sa Majesté. Il est encore parlé de casquette un siècle plus tard. En 583, un esprit à califourchon sur un dragon, remettait à Trieu-viet-veuong un des ongles de ce dragon en lui recommandant de l'accrocher sur sa casquette chaque fois qu'il livrerait bataille.

Au XIe siècle, la casquette fait place au bonnet; nous voyons Ly-thanh-tong prescrire à ses mandarins de ne l'approcher qu'en bonnet et en bottes. Actuellement la coiffure de grande tenue pour les mandarins est une espèce de casque à ailettes, variant dans ses détails suivant le grade et la fonction, et qui pourrait bien être le bonnet de Ly-thanh-tong modifié.

En tenue bourgeoise, tout le monde porte le chapeau conique.

Sentiments des Annamites sur la décence. — La femme tient essentiellement à ce que sa poitrine soit cachée. Que les profanes aperçoivent ses jambes jusqu'à la ceinture, sa pudeur n'en reçoit aucune atteinte si le sein demeure couvert. Qui n'a pu constater ce fait en errant sur les bords du fleuve à l'heure du crépuscule. Combien de fois mon sampan glissant à l'aventure sur les eaux jaunâtres du canal de Nam-dinh, s'engagea soudain entre deux rangées de faces rondelettes trop blanches pour avoir subi les ardeurs de Phébus, et put, sans provoquer le plus petit effarement, s'approcher de ces nymphes au milieu desquelles devisaient quelques sylvains dans la même attitude.

Le cache-sein est une chemisette qui ne couvre que la poitrine. Pendant les fortes chaleurs de l'été, la femme du peuple dans sa cai nha se débarrasse de sa tunique et porte une culotte courte, laissant à nu son dos et ses jambes. La femme nia-koué qui travaille dans les rizières relève même son pantalon jusqu'au plus haut des cuisses.

Les hommes peuvent se débarrasser absolument de tous leurs vètements devant les femmes sans les émouvoir. Ils se baignent au fleuve en culbutant les porteuses d'eau. Les coolies traversent la ville ayant pour vêtement unique moins qu'un pagne : une simple bandelette se rattachant à une ceinture devant et derrière après avoir été passée entre les jambes.

Costume national. — 1° Tunique légère appelée cai ao, en soie ou en cotonnade du pays. La question de la longueur du cai ao et de la largeur de ses manches agita plusieurs fois les graves administrateurs de l'Annam. Les Minh, qui avaient aboli le tatouage obligèrent les femmes annamites à se vêtir d'habits courts à larges manches. Mais avec Lè-loï reparut le cai ao long à manches étroites. Les Annamites prirent leur revanche à plus de deux siècles de distance. Lé-du-tong défendit aux Chinois de se raser la tête et de porter la cadenette. Il leur interdit également les habits à larges manches.

Mais on ne change pas le costume national par de simples édits. Au premier revirement politique, chaque peuple reprend son vètement traditionnel. Aujourd'hui le costume universellement porté par les Annamites est celui qu'avaient interdit les Minh : cai ao long à manches étroites.

Les Chinois d'Annam ont également depuis longtemps méconnu la défense de Lé-du-tong en reprenant leurs vestes relativement courtes et à manches larges.

Le cai ao est fendu sur le côté gauche depuis la hanche jusqu'en bas. Il vient croiser sur la clavicule droite et descend directement jusqu'au genou qu'il couvre ; il se ferme au moyen de petits boutons sphériques en cuivre depuis l'encolure jusqu'à la hanche, à partir de laquelle les deux pans flottent symétriquement à ceux du côté gauche. Le cai ao commun est fait avec une cotonnade du pays qu'on immerge dans une décoction de cunao de manière à lui donner une teinte fuligineuse. Mais il y a des cai ao de soie de différentes couleurs, à l'exception du jaune vif qu'une loi somptuaire réserve au roi [1].

Plus un Annamite est riche, plus il porte de cai ao. J'invitai un jour à déjeuner un personnage de Nam-dinh. Il arriva revêtu de sept cai ao. Le premier sur l'épiderme était en soie noire, puis venaient un bleu, un rouge, un lilas, un vert, un gris cendré et enfin un blanc broché qui recouvrait tous les autres. Le cai ao de la femme est en tout semblable à celui de l'homme, mais il tombe jusqu'au mollet. Elle le laisse souvent ouvert en haut pour faire paraître son cache-sein qui est toujours d'une couleur différente.

2° Le pantalon ou cai quouann est flottant, très large, de même étoffe que le cai ao et descend ordinairement jusqu'à la cheville. La femme le laisse tomber sur le pied. Il est sans fente devant ni derrière. La femme le maintient aux hanches à l'aide d'une coulisse, l'homme le serre avec une ceinture. Le cai quouann qui se porte avec le cai ao noir est blanc, c'est le costume populaire. Avec un cai ao de soie brochée, le cai quouann est de même nuance.

Tous les vêtements, quels qu'ils soient, sont sans poches : les Annamites fourrent ce qui leur est indispensable dans la ceinture du pantalon ou dans le cai khan dont il va être parlé.

Depuis la domination des Minh, les Annamites portent les cheveux longs. Ceux des hommes sont enroulés en un chignon maintenu fixe par un peigne caché. Ils augmentent souvent le volume de ce chignon par l'introduction à l'intérieur d'un paquet de crins. Un turban noir ou cai khan empêche tout cet échafaudage de s'écrouler. La femme enroule toute sa chevelure en une seule natte non tressée qu'elle enveloppe avec son cai khan dont elle fait ensuite le tour de la tête, le disposant à peu près comme celui des hommes.

1. Les couleurs rouge et bleue que plusieurs livres ont citées comme étant le privilège des mandarins peuvent être portées aujourd'hui par tout le monde. Les broderies seules donnent aux vêtements de ces nuances un caractère officiel.

LES DIFFÉRENTS COSTUMES INDIGÈNES
(Fac-similé d'un dessin annamite).

Les Annamites qu'on rencontre au Tonkin avec un peigne apparent en écaille sur leur chignon sont des Cochinchinois.

L'homme en promenade se coiffe du chapeau conique, la femme d'un vaste chapeau circulaire.

Le costume national est complété pour les hommes par la sandale en peau de chien, pour les femmes par la même sandale relevée au bout du pied.

Costume des mandarins. — Les fonctionnaires accrédités prés de la cour de Huê pourraient seuls fournir des détails pris de visu sur les costumes officiels des mandarins. Voici, cependant, la description d'un vêtement officiel de grand mandarin que les hasards de la guerre avaient mis en la possession d'un officier de ma connaissance :

Jupon en brocatelle rouge où s'enchevêtraient les arabesques les plus capricieuses.

Tunique à manches très larges, chamarrée de monstres allégoriques brochés en or sur drap rouge.

Ceinture parsemée de joyaux en écaille de tortue.

Casque ou bonnet à ailettes ayant quelque ressemblance avec le pétase de Mercure, et dont toutes les parties étaient finement tissées avec du crin de cheval.

Bottes qui ne méritaient ce nom qu'à cause des tiges en calicot cousues à des chaussons de drap noir ornés de soutache blanche.

L'exactitude de ce costume est authentique car un soir que nous en avions revêtu un de nos boys rendu farouche par une barbe postiche, il répandit la terreur dans les cai nha annamites. A sa vue, tous, petits et grands, se précipitèrent face à terre, une pétarade incessante de fusées ne tarda pas à crépiter sur son passage, et quand il entra dans la pagode, les marguilliers du saint lieu mirent aussitôt la cloche en branle.

Mais comme nous nous étions rapprochés du groupe en pouffant de rire, les Annamites s'aperçurent de la farce et le boy dut s'estimer heureux de nous avoir pour escorte, car il eut payé les frais de l'équipée à grands coups de rotin.

En tenue de ville, le costume des mandarins ne diffère pas de celui du peuple.

Costumes divers. — *Bonzes.* — Les bonzes portent, quand ils officient à la pagode, une robe jaune foncé à larges manches et une chasuble en brocatelle rouge. Ils sont coiffés d'une espèce de couronne comtale en carton recouvert de drap rouge. Ils ont la tête rasée et enveloppée d'un serre-tête de cotonnade jaune. En ville, on les reconnaît à leur cai ao jaune foncé et à leur chapeau mi-circulaire, mi-conique.

Lettrés. — Le costume des lettrés est à celui du peuple ce que l'habit noir de nos docteurs est à la jaquette fantaisiste des boulevardiers. Le lettré ne se permet point de caprices dans la tenue, il ne saurait être trop grave ; aussi est-ce lui qui caractérise le pur type annamite en costume national.

Riches. — Le riche n'a pas de vêtement qui soit particulier à sa caste, mais on ne le rencontre qu'en cai ao long, noir, et quelquefois bleu foncé.

Coolies. — Ces pauvres diables qui exécutent des travaux pénibles et rebutants, portent le cai ao bien plus court ; c'est une blouse que d'aucuns rognent jusqu'à en faire une carmagnole ; quelquefois même les manches disparaissent : ce n'est plus alors qu'un canezou.

Il en est de même pour le pantalon qui ne dépasse pas le genou. Ces vêtements que le coolie n'abandonne ni jour ni nuit, sont devenus après un mois d'usage de hideux penaillons percés de trous ou couverts de pièces disparates, dégoûtant réceptacle de légions de poux qui font les délices de leur propriétaire.

Bon nombre de coolies plus pratiques en l'art de se vêtir, jettent au vent leurs défroques qu'ils remplacent par un pagne de cotonnade ou, comme nous l'avons déjà vu, par une simple bandelette transversale. D'autres, remontant à la mode antédiluvienne, attachent à une corde nouée sur les reins un chiffon flottant qui tient lieu de feuille de vigne.

Boys. — Le boy porte une veste courte qui lui permet de se distinguer par une ample ceinture à couleur éclatante, ordinairement verte ou rouge et dont il laisse retomber devant lui les extrémités en écharpe. Il est très fier de sa serviette de toilette dont il se dessaisit rarement et qu'il porte sur l'épaule ou en fanchon.

Lazaroni. — La veste courte est le vêtement exclusif du coolie; aussi un loqueteux trop fier de sa qualité de fils de bourgeois pour être mercenaire, préférera, chaque fois qu'il se déclarera un trou dans son cai ao, y poser une pièce que d'en gagner un neuf en travaillant pour autrui. La teinture du cunao changeant avec le temps, notre Artaban est voué tôt ou tard à l'habit d'Arlequin ; on le reconnait à cet accoutrement dans les jeux, les carrefours et les pandémoniums ; c'est le lazarone du Tonkin.

Paysan. — Le paysan dans ses rizières est habillé comme le coolie, mais quand il vient en ville, il revêt le costume national, d'une étoffe un peu grossière et ordinairement d'une teinte tirant sur le roux.

Vêtements d'hiver. — L'Annamite se contente, quand la bise est venue, de faire une robe de chambre avec son cai ao qu'il rembourre de coton.

Le coolie s'engonce dans une pélerine en feuille de cai co *(espèce de palmiste)*, ou dans une natte au centre de laquelle il a pratiqué un trou pour y passer la tête, comme le mexicain dans son zarape. Il paie ces pardessus d'un confortable primitif, deux tien la pièce *(trois sous et demi)*.

Distinction des sexes d'après leurs costumes. — La différence des costumes entre les deux sexes est assez subtile pour embarrasser un étranger. De prime abord on prend tous les hommes imberbes pour des femmes. Vus de face, l'homme et la femme semblent porter les cheveux de la même façon, leurs cai khan sont d'une étoffe pareille et semblablement disposés. Les vêtements de la femme sont bien plus longs de quelques centimètres, mais c'est une différence qu'on ne remarque pas quand on n'en est point instruit.

Trois choses essentielles distinguent cependant la femme qui s'habille convenablement : le chapeau, qui est circulaire au lieu d'être conique, le cache-sein, ordinairement blanc ou rouge, et les sandales relevées en courbe au bout du pied.

Mais la femme commune porte la sandale ordinaire, ferme son cai ao et va tête nue. On ne distingue celle-là qu'au tressaillement des seins sous le cai ao.

Coiffures. — J'ai déjà parlé des différentes coiffures, il ne me reste que quelques mots à dire sur leur apparence. Le chapeau est fabriqué avec la feuille du cai co appelée *lá nonn* ou feuille de chapeau.

Le chapeau conique mesure 52 centimètres de diamètre et 23 centimètres de hauteur. Le chapeau circulaire a 62 centimètres de diamètre et 9 centimètres seulement de hauteur. Une petite couronne intérieure le maintient sur la tête.

On garnit ces coiffures, qui garderaient difficilement l'équilibre, d'une cordelette en coton ou en soie, dont les deux extrémités sont fixées à droite et à gauche du chapeau, le milieu de ce cordon tombe devant l'individu qui appuie dessus avec une main ou seulement un doigt, de manière à exercer une légère traction du chapeau sur la tête et à l'empêcher de vaciller. Les femmes suspendent par coquetterie aux points où le cordon est attaché au chapeau, de jolis glands agrafés à des fermaux d'argent.

Les chapeaux des hommes sont presque toujours revêtus d'une couche de laque noire ou jaune, le sommet est entouré d'un petit cône métallique laqué noir ou jaune selon que le chapeau est jaune ou noir.

Le coolie porte aussi une espèce de salako en forme de coquille de noix ou un chapeau conique dont les dimensions sont moindres que celui de l'Annamite. L'un et l'autre sont grossièrement tissés en feuilles de cai co, sans laque ni agréments.

Chaussures. — La chaussure de l'Annamite appelée cai zep est une simple semelle en peau de chien, fixée au pied par deux petites lanières, l'une passant entre l'orteil et le second doigt et se divisant en deux parties pour aboutir de chaque côté du talon, l'autre maintient le pied par le milieu dans le sens de la largeur.

Une bonne moitié du peuple marche la tête et les pieds nus.

La femme chausse également le cai zep, mais en toilette il lui faut la sandale à bout relevé. L'hiver cette sandale est en bois laqué noir.

Quelques lettrés et mandarins admirateurs outrés de tout ce qui vient de Chine, portent aussi le chausson chinois en drap noir soutaché de blanc et qui a une semelle végétale dont l'épaisseur n'est guère inférieure à deux centimètres.

Nos boys qui nous singent autant qu'ils peuvent, sont très fiers de s'abîmer les pieds dans nos vieilles chaussures. Quand un trou se déclare dans un soulier, mon boy le surveille particulièrement et l'élargit au besoin ; il laisserait plutôt dévorer une paire de bottes neuves que ces godillots qui vont lui échoir. Lorsque le trou est suffisamment agrandi, il vient alors me trouver en me disant : « *Ong, yàïe saou lamm, tio boy?* »[1] Je lui réponds oui et j'en ai pour huit jours à entendre saboter dans la maison.

Bijoux et accessoires. — La femme seule aime les bijoux qui consistent en bagues, bracelets, pendants et boutons d'oreilles, colliers de prix et rassades, agrafes de chapeau et affiquets de ceinture.

Les bagues et les bracelets sont assez grossièrement travaillés, ceux-ci ne sont que des anneaux tout unis, sans solu-

1. Monsieur, souliers très mauvais, donner boy.

tion de continuité ni fermoir ; celles-là sont également unies, larges d'un demi-centimètre ou s'élevant en serpenteau.

Les pendants d'oreilles sont petits, en forme d'anneaux ou de rosaces. Le plus souvent ce ne sont que de simples boutons enchassés dans les lobes. C'est le seul atour auquel la femme coolie ne soit pas insensible. Quand elle ne peut pas l'avoir en métal précieux, elle le remplace par un grain de verroterie jaune ou même un morceau de bambou.

Les affiquets de ceinture comprennent une petite boîte cylindrique de trois centimètres de largeur pour la chaux qui doit être mêlée à la chique de bétel, une boîte plus grande contenant un peu d'arec et de bétel, une brochette pour piquer le quartier d'arec, une pince semblable à celle que nous employons pour retirer les épines de la peau, un cure-oreilles, un trousseau de clefs; tous ces objets, en argent à l'exception des clefs, sont suspendus à des chaînettes d'argent réunies par une broche de même métal accrochée sur la hanche à la ceinture du pantalon.

Le collier fait plusieurs tours et comprend parfois six cents grains deux fois gros comme un pois. Ces grains sont en or ou en argent, quelquefois partie en argent partie en verroterie. Les enfants et les jeunes filles n'ont, pour la plupart, que des rassades. Les premiers ont quelquefois des anneaux aux pieds et des amulettes au cou.

Mais les mœurs ne rendent indispensable aucun de ces ornements, beaucoup de femmes et d'enfants ne s'en parent point.

L'homme ne se sépare jamais de son éventail, que je ne puis mieux comparer qu'à notre éventoir à cause de sa monture en bois blanc et de son papier grossier d'une couleur de suie.

A peine s'en dessaisit-il pendant les quelques mois d'hiver, mais c'est alors pour souffler dans ses doigts. L'éventoir est entre les mains de tout le monde, depuis le mandarin jusqu'au lazarone.

J'allais oublier le chiffon de couleur vague et de propreté

douteuse qui leur sert de mouchoir et dont ils font parade et surtout le fameux parapluie en coton de couleur ou l'ombrelle jaune qu'ils ont en grande estime et qu'ils s'empressent de fermer quand ils sont surpris par la pluie.

Insignes. — Comme insignes, le mandarin se fait précéder à la promenade par un licteur portant un fourreau de verges en rotin et suivre par un domestique ou milicien chargé du parasol vert.

Le parasol des grands mandarins de la cour est en brocart soie et or.

Un parasol vert équivaut, dans l'esprit des fonctionnaires annamites à un galon de nos officiers. Les sous-préfets et préfets, *(huyện et phu)* ont un parasol; le mandarin de la justice *(quan-an)* en a deux et le gouverneur *(tong-doc)* en a quatre. Quand ils voyagent en jonque ou en sampan, les mandarins font planter leurs parasols fermés à la poupe, au milieu de quelques lances. — Si leur visite exige un peu d'apparat, ils se font précéder en outre d'un ou de plusieurs porteurs de sabre, suivant leur grade. Les miliciens du tong-doc de Nam-dinh sont revêtus d'un justaucorps vert.

Outre la pompe officielle, les domestiques de la maison suivent, portant qui la pipe, qui le crachoir, qui la boîte à bétel.

Armes. — Les armes véritablement indigènes tiennent de l'angon, de la framée et de la francisque. Les crocs de leur angon sont tournés tantôt vers l'ennemi, tantôt vers le combattant. La framée est régulière, mais la francisque a un manche beaucoup plus long que celle de nos anciens francs.

Les Annamites exercent leur imagination à fabriquer des armes blanches meurtrières. Le sabre des miliciens, qui est le même que celui des coupeurs de têtes, est emmanché dans une poignée longue et sans garde; la lame s'élargit vers la pointe.

Balancement des bras. — Un trait caractéristique de la suffisance annamite est le balancement des bras en marchant. Je le considère comme une des particularités les plus singulières qui distinguent les Annamites des autres peuples orientaux. L'oscillation est en raison directe de l'importance et de l'orgueil de l'individu. Certains mandarins et mandarines font décrire à leurs bras un demi-cercle complet. Les riches qui n'ont aucune fonction officielle n'accomplissent que 135° et les gens du peuple un quart de cercle. Entre chaque période de cinq ou six balancements, ils se donnent gravement un coup d'éventail. Quant aux misérables, le mouvement de leurs bras se borne à celui d'un balancier de pendule.

Peinture du visage. — La peinture du visage, réminiscence du tatouage qui était surtout en usage chez les chefs militaires, a disparu du Tonkin; on ne la retrouve plus que dans les récits fantaisistes de nos romanciers et surtout dans les dessins annamitico-chinois que je me permettrai d'appeler classiques parce qu'ils ne varient pas et se transmettent de génération en génération.

Laquage des dents. — Le laquage des dents est universellement répandu chez les femmes. Voici comment on opère : on taille dans une feuille de bananier une petite bande qui puisse contourner la mâchoire, puis on étend de la laque rouge sur cette bande qu'on conserve appliquée sur les dents jusqu'au lendemain. On renouvelle cinq ou six jours de suite cette opération qui se termine par deux ou trois couches de laque noire au pinceau. Pendant toute la durée du laquage, le sujet ingurgite, pour toute nourriture, du riz délayé dans une sauce quelconque. Les hommes se laquent rarement les dents qui deviennent d'un roux sale par l'usage incessant du bétel. Cette coutume qui est loin d'embellir l'un comme l'autre sexe, n'est pas si enracinée qu'on pourrait le croire et les con gay d'Européens se délaquent sans trop de difficultés leurs dents qui sont alors d'un blanc mat. — On ne peut se figurer la fâcheuse impression que produit une femme quand elle rit, découvrant un trou noir qui n'a rien de séduisant.

Ongles. — J'aurais pu dire plus haut que le balancement des bras était proportionnel à la longueur des ongles qui atteignent parfois quatre ou cinq centimètres en décrivant des courbes vagabondes. Plus les ongles d'un Annamite sont grands, plus il se croit distingué. L'ongle court est le stigmate du prolétaire, car il est absolument impossible de se livrer à un travail manuel avec de pareilles griffes.

Le Puy. — Imp. Marchessou fils, boulevard Saint-Laurent, 23.

CARTES ITINÉRAIRES

DE

HUÊ AU BINH-THUAN

1. — De Huê à Tourane.
2. — De Tourane à la limite du Quang-Nam.
3. — Province de Quang-nghia ou Quang-ngai.
4. — Province de Binh-Dinh
5. — Province de Phú-yên jusqu'au déo Ca.
6. — Province de Khánh-Hoà.

PARIS

ERNEST LEROUX, ÉDITEUR

28, RUE BONAPARTE, 28

1889

CARTES ITINÉRAIRES

DE

HUÊ AU BINH-THUAN

ERNEST LEROUX, ÉDITEUR

DU MÊME AUTEUR :

VOYAGE D'EXPLORATION DE HUÊ EN COCHINCHINE

PAR LA ROUTE MANDARINE

Un volume in-8 avec 6 cartes et 12 gravures........ 7 fr. 50

CARTES ITINÉRAIRES

DE

HUÊ AU BINH-THUAN

AVEC

NOTICES GÉOGRAPHIQUES ET HISTORIQUES

PAR

C. PARIS

CHARGÉ DE LA CONSTRUCTION DU TÉLÉGRAPHE EN ANNAM
MEMBRE DE LA SOCIÉTÉ DE GÉOGRAPHIE DE PARIS
MEMBRE CORRESPONDANT DE LA SOCIÉTÉ DE GÉOGRAPHIE DE L'EST

PARIS
ERNEST LEROUX, ÉDITEUR
28, RUE BONAPARTE, 28

1889

CARTE ITINÉRAIRE DE HUÊ A TOURANE

APERÇU HISTORIQUE

Huê appartint aux Kiams *(Ciampois)* jusqu'en 1061, époque à laquelle Chê-cú céda cette ville et le pays jusqu'à Thanh-binh *(Quang-nam)*, au roi Ly-thánh-tông, pour avoir la paix.

En 1370, le roi d'Annam Tran-nghé-tông s'étant laissé surprendre par les Kiams, s'enfuit en leur abandonnant la ville qu'ils mirent à sac.

Huê, abandonné des rois, resta en butte aux déprédations de ses remuants voisins. Les invasions des Kiams se succédèrent jusqu'en 1403. Le roi Hô-hàn-thüöng marcha contre eux avec 150,000 hommes. Leur chef Ba-dich-lai, effrayé, demanda la paix et céda tout le pays jusqu'à Tü-nghia *(préfecture du Quang-ngai)*.

Les Kiams revinrent encore et Lé-nhön-tông les repoussa jusqu'à Chà-bàn, leur citadelle *(province de Binh-dinh)*.

En 1562, Huê changea de maître et devint la capitale de la seigneurie du Sud dont le premier prince fut Nguyên-hoàng qui obtint du roi Lé-anh-tông l'autorisation de s'établir dans les provinces de Huê et de Quang-nam.

Les seigneurs du Sud, impatients dans leur limite trop étroite, devinrent de terribles adversaires des Kiams et les absorbèrent peu à peu jusqu'à ce que l'un d'eux, Hiên-vüöng, laissa le dernier roi mourir de faim dans une cage et relégua sa veuve dans un petit domaine du Bình-thuân.

Huê se développa pendant un siècle, puis subit un nouveau bouleversement. En 1774, les Tonkinois, profitant de la révolte des Tây-sŏn l'occupèrent pendant dix ans. Puis les Tây-sŏn leur succédèrent pendant seize ans. Enfin, en 1800, Gia-long, descendant des Nguyên, s'empara de Huê et s'y fit proclamer roi.

Depuis cette époque, Huê est resté la capitale de l'Annam. La fourberie de la Cour dans nos affaires du Tonkin amena la prise de Thuan-an par l'amiral Courbet, (20 *août* 1883). Cette prise eut pour conséquence le traité Harmand. Enfin, le 5 juillet 1885, le canon retentissait encore dans la vieille cité ; l'orgueil des ministres annamites râlait dans une dernière tentative armée contre notre influence. Attaquée brusquement de nuit, notre petite garnison prit d'assaut la citadelle et la mit au pillage. L'art y perdit des merveilles : des diadèmes, des couronnes, des bagues enchassées de pierres précieuses furent enlevés, brisés et vendus par morceaux.

Gia-long avait dû ses victoires à quelques officiers français attachés à sa fortune. Le gouvernement français profita de cette circonstance pour tenter de nouer des relations avec la cour d'Annam. Mais elle se montra toujours réfractaire. En 1825, elle refusa de recevoir une lettre du roi de France que lui apportait le capitaine de vaisseau de Bougainville.

Le 15 avril 1847, MM. Lapierrre et Rigault de Genouilly détruisirent à Tourane les bateaux du roi Thieu-tri, successeur du féroce Minh-mang.

Le 17 février 1858, après quelques vaines tentatives de M. Leheur de Ville-sur-Arc, commandant le *Catinat*, et de M. de Montigny, plénipotentiaire, pour se mettre en relations avec Huê, le vice-amiral Rigault de Genouilly, secondé par des tagals espagnols, s'empara de Tourane que nous occupâmes jusqu'en 1860.

Puis jusqu'en 1885, nous n'eûmes à Tourane ni garnison ni consul, mais nos vaisseaux y relachèrent souvent. Un Résident y est installé avec l'administration du Quang-nam et l'autorité nominale sur le Quang-ngai. Tourane est une ville d'avenir ; son port est ouvert au commerce depuis le 25 août 1883.

NOTICE GÉOGRAPHIQUE

La province de Huê appelée aussi Quang-hoa, Quang-düc et Thüa-thien, est limitée au N. par celle de Quang-tri, au S. par celle de Quang-nam. Elle doit l'aspect florissant de certaines parties de son territoire à la paix dont elle jouit depuis longtemps. L'affaire du 5 juillet 1885, toute locale, n'affecta en rien les régions agricoles. Mais beaucoup d'autres régions sont arides. Nous citerons les lagunes de l'Est et de l'Ouest, le plateau entre Ten-phu et Thüa-nong, les landes qui s'étendent du col de Thüa-mây *(Choumay)* à Thüa-lüu, et de ce tram à la baie de Thüa-mây, la langue broussailleuse du col de Phú-gia à Ang-cõ, et le massif vierge des Nuages.

Cette province est, en outre, comme toutes les autres, resserrée entre la mer et les montagnes, mais elle ne possède qu'une vallée, celle de la rivière de Huê, peu productive.

La porte fortifiée Hai-ven-Quang, sur le col des Nuages, lui sert de limite au Sud ; au Nord, elle s'étend encore par la route mandarine sur une longueur de 40 kilomètres.

La lagune de l'Est est navigable pour les chaloupes d'un faible tirant d'eau, jusqu'à 2 kilomètres du sông Cao-doi ou rivière de Cau-hai.

La passe de Thuan-an n'est praticable que de mars à octobre, c'est-à-dire, pendant la saison sèche. Pendant les autres mois, la seule voie de communication entre Huê et l'extérieur est la lagune de l'Est jusqu'à Cau-hai, et la route mandarine de Cau-hai à Tourane.

Un poste militaire et un bureau télégraphique sont établis à Cau-hai. On peut, bien entendu, se rendre aussi de Huê à Cau-hai par la route mandarine.

Cinq caravansérails appelés trams (relais postaux) offrent un abri au voyageur. On en rencontre ainsi du Tonkin en Cochinchine sur la route mandarine, à des distances variant entre

12 et 18 kilomètres, suivant les difficultés de la route. Ils ont des noms particuliers qui commencent par un des deux mots désignant la province. Les chefs sont des doi *(doye)*, indépendants des maires. Ces trams servent de gîtes d'étape, les voyageurs déjeunent au premier qu'ils rencontrent et vont coucher au second.

Sur la rade de Tourane il y avait autrefois deux trams, Nam-chŏn et Nam-ô ; le premier a été transféré à la porte Hai-ven-Quang, par suite de la modification apportée au tracé de la route (1888).

Les principaux marchés de Huê à Tourane sont ceux de Ang-cau ou Phu-cam, Vuc, Truŏi, Cau-hai, Thŭa-lŭu et chŏ Cong, mais ce dernier est sur la route mandarine, près du pont de Tan-ké, tandis qu'on suit ordinairement le bord de la rade pour se rendre à Tourane.

Nous signalerons comme difficultés de marche le plateau entre Ten-phu et Thŭa-nong, la lande du col de Thŭa-mây à Thŭa-lŭu, la langue du col de Phú-gia à Ang-cŏ, et le col des Nuages. On s'exempte du premier en allant à Cau-hai en sampan, de la langue d'Ang-cŏ et du col des Nuages en faisant venir d'Ang-cŏ à Ké-nang une petite jonque qui pourra gagner Tourane si le temps est beau. Mais tous ces voyages en sampan ou jonque ne peuvent s'effectuer généralement que pendant la bonne saison, alors qu'il est plus simple et plus économique de profiter d'une chaloupe commerciale faisant le service entre Huê et Tourane.

Cependant quelques éclaircies peuvent se produire en plein hivernage, les renseignements ci-dessus aideront à en profiter.

Le col des Nuages que les premiers voyageurs ont tant diffamé n'a que 465 mètres d'altitude et n'est pas à redouter par la nouvelle route. L'ancienne présentait quelques escarpements au haut desquels on s'épongeait, mais l'on était bien récompensé par la magnificence du panorama.

On peut contourner la rade de Tourane assez facilement à cheval en deux heures et demie, mais la course à pied dans le sable est fatiguante. Il est parfois possible de trouver des sampans à Lieng-cheu et à Nam-ô quand les vagues ne sont pas trop furieuses.

Les paquebots jettent l'ancre dans la baie de Tourane à une heure de sampan de la ville. Le voyage se paie ordinairement 30 cents l'aller et 50 cents l'aller et retour. Par le mauvais temps on traite à prix débattu.

Il n'y a rien de curieux à visiter à Tourane, c'est une petite ville commerciale dans toute l'activité de sa création. Quand on dispose d'une journée, par exemple, on peut aller voir les rochers de marbre dont l'un renferme une pagode aménagée dans une grotte. (V. carte suivante).

La ville de Huê justifie mal par son peu d'étendue, son titre d'antique capitale. Elle ne comprend guère en dehors de la citadelle qui a 2,400 mètres de côté et où logent toutes les familles au service de l'État. qu'une file de cases agglomérées sur les quais du canal du Mang-ca. Cependant, depuis trois ans beaucoup de maisons chinoises et annamites se sont édifiées entre ce canal et les glacis de la citadelle.

L'industrie locale y est très active. L'art y reprend droit de cité. On sculpte, on laque, on fabrique des joyaux, des inscrustations, des émaux sur cuivre, des broderies, des soies, on commerce des antiquités restaurées, souvent imitées, telles que sabres, potiches, monnaies, sur lesquels se jette passionnément l'amateur de bibelot. Les artistes travaillent à peu près exclusivement pour le roi et les grands mandarins, et s'ils nous vendent parfois quelques objets remarquables, c'est qu'ils les ont fabriqués en échappant à la surveillance de ceux qui les emploient.

Aux environs de Huê, les villas funéraires où sont érigés les tombeaux de Gia-long, Minh-mang et Tu-dũc sont des merveilles à visiter.

CARTE ITINÉRAIRE

DE TOURANE A LA LIMITE S. DU QUANG-NAM

APERÇU HISTORIQUE

Pendant les xie, xiie et xiiie siècles, la province de Quang-nam, qui appartenait aux Kiams, fut appelée Ry et Dia-ry. Quand elle fut cédée au roi d'Annam, en 1306, elle prit le nom de Thuân-châu, et fut enfin confondue avec la province de Hoà-châu (Huê) sous le nom commun de Thuân-hoá.

Mais le Thuân-hoá devait être limité par Thanh-binh. Tout ce qui était au sud de cette préfecture formait un arrondissement nommé Thang-hoá, limitrophe de celui de Tû-nghia *(province de Quang-ngai)*, et ces deux arrondissements constituaient le territoire de Co-lui qui fut cédé en 1403 par le roi kiam Ba-dich-lai à Hô-hàn-thüong. Le roi d'Annam appela alors ce territoire Thanh-binh et le fit administrer par un phu.

Les Kiams envahirent encore Thanh-binh et l'occupèrent à différentes reprises. Ainsi en 1444, Lê-nhân-tông dut les refouler depuis le phu de Thanh-binh jusqu'à Chá-bàn, leur capitale, *(province de Binh-dinh)*.

Ils revinrent de nouveau, et, en 1471, Lê-thánh-tông réunit dans la baie de Sa-ki *(nord du Quang-ngai)*, 500 jonques et 30,000 soldats pour leur couper la retraite.

A partir du xviie siècle, les Nguyên ayant reculé leurs frontières, la province de Quang-nam cessa d'être envahie et fit incontestablement partie de la seigneurie de Cochinchine, puis à l'avènement de Gia-long, du royaume d'Annam.

Après l'affaire de Huê, en 1885, la citadelle de Quang-nam fut prise par M. Touchard, capitaine de frégate commandant le croiseur le *Hugon*. Nous l'occupons depuis cette époque. Le tuân-phu y réside, mais le résident et le commandant militaire de la région habitent Tourane.

Pendant les années 1886-87, une rébellion terrible, acharnée, monstrueuse, qui ne laissa intacts aucun toit aux pagodes, aux trams, aucun mur aux maisons, avec des têtes coupées comme fanions, comme torches, des villages incendiés, annihila le commerce, dispersa les troupeaux, détruisit les récoltes. Elle ne se termina qu'après la capture et la décapitation du chef Hieu.

La paix a suivi, avec la suppression de la plus grande partie des postes militaires.

NOTICE GÉOGRAPHIQUE

Nous connaissons déjà la baie de Tourane.

La province de Quang-nam est une des plus riches de l'Annam. Les vallées de Nam-ô, de Vinh-phŭŏc, de Trung-phŭŏc, Tran-my, Hŭong-hien, sont fertiles ou riches en productions forestières et minérales. Celle de Nam-ô produit le riz; celles de Vinh-phŭŏc et Trung-phŭŏc, la houille; celles de Tran-my et Hŭong-hien, la cannelle et les bois de construction.

La ville de Tourane progresse chaque année, elle partage avec Phé-phô les entrepôts de la province. Ha-dong sert d'intermédiaire au commerce de Tran-my, entrepôt de la cannelle, et lui envoie le riz, le sel, l'opium, tandis que Ha-noa l'approvisionne de poissons secs et de nŭoc-mam.

Pour donner une idée de la richesse de Tran-my, des habitants, la plupart chinois, se plaignirent en 1887 que le Khâm-sai *(envoyé royal)*, leur avait pris pour 100,000 fr. de cannelle, un jour qu'il avait poussé sa reconnaissance jusque chez eux.

D'autres vallées secondaires, comme celles du sông Ru-ri, du sông Tam-ki, du sông Binh-van, facilitent les échanges avec les montagnards.

Un service de chaloupe, conduit en cinq heures de Tourane à

Phé-phô, grande et ancienne ville commerciale, que Tourane ne parvient pas encore à détrôner.

Les chaloupes calant de 1 mètre à 1 m. 10 peuvent également se rendre à Tam-ky, à Vinh-phüöc, à Trung-phüöc ; la lagune d'Ha-noa reçoit les bateaux ne calant pas plus de 3 mètres.

Il existe cinq trams entre Tourane et Hoa-van, mais ils ont été pillés, dévastés par les rebelles.

Les principaux marchés sont ceux de Tourane, Cam-lé, Tam-quit, Phé-phô, Thanh-binh, Ké-xuyen, Ha-dong, Bao-bao, et Ké-tam.

La route mandarine est partout très-belle, mais les ponts cintrés et les bacs seraient un obstacle à son parcours en voiture.

Notons cependant deux passages sablonneux : 1° du sông Ru-ri au chemin de Thanh-binh, dont le sable blanc affecte les yeux ; 2° du sông Long-bô à Hoa-van, où la réflexion est moins intense.

CARTE ITINÉRAIRE DE LA PROVINCE DE QUANG-NGHIA
OU QUANG-NGAI

APERÇU HISTORIQUE

L'histoire du Quang-ngai se rattache tantôt à celle du Quang-nam, tantôt à celle du Binh-dinh. Cette province fut enlevée aux Kiams par Hien-vüöng, seigneur de Huê, vers 1660. Elle appartint ensuite aux Tây-sön en même temps que le Binh-dinh, et repassa à Gia-long après la reddition dernière de Qui-nhön, mais la guerre fut rarement portée sur son territoire ; ses habitants subirent les événements sans y prendre une part volontaire.

Il n'en fut pas de même en 1885. C'est le Quang-ngai qui

donna le signal de l'ostracisme contre les chrétiens [1], tous récalcitrants aux impôts et aux corvées. Mais quand il n'y eut plus un chrétien dans la province, elle retomba dans le calme, reconnut le roi Dong-khanh et notre autorité, paya régulièrement ses impôts et nous fournit des auxiliaires pour réduire la révolte dans les provinces voisines.

Ce qui caractérise surtout cette province, c'est son entêtement à n'accepter ni garnison ni résident. Elle a son héros, grand mandarin militaire, qu'elle idolâtre comme un indigète, qui fut Khâm-sai, qui est duc et ministre honoraire. Après la pacification, il s'est retiré dans son fort, sur une montagne, avec ses plus fidèles partisans. Quand il voudra nous créer des embarras, il nous jettera 2,000 hommes armés sur nos petits postes. En attendant, il est fidèle, comme tous les siens, mais, comme eux, il ne veut pas d'autres garnisons que la sienne.

Nous avons traversé tout le Quang-ngai et nous avons été partout aidés et respectés.

Les chrétiens sont revenus, la province a accordé cette faveur à notre résident supérieur comme une marque insigne de dévouement.

Et le premier acte des graciés a été d'une inqualifiable âpreté. Ils ont réclamé à leurs voisins bouddhistes les récoltes des deux années précédentes, et leur Père ne les a pas réfrénés. Il y a eu échauffourée, éteinte par l'intermédiaire bienveillant du mandarin.

Mais la prochaine révolte nous viendra encore de là, et quand les causes et les griefs se seront de nouveau généralisés, on en niera l'origine.

NOTICE GÉOGRAPHIQUE

Le Quang-ngai est la province la moins connue puisque nous ne l'occupons ni ne l'administrons. Comme celle de Huê, elle

1. Nous parlons ici, bien entendu, des chrétiens annamites convertis sans autre but que l'espoir d'être nourris par les Pères en cas de misère.

n'est pas riche, mais elle paraît florissante, relativement à ses voisines, grâce à la tranquillité dont elle jouit.

Sa longueur n'est que de 90 kilomètres. Deux vallées, celles du sông Ta-cuk et du sông Vê, la coupent à peu près perpendiculairement à la chaîne et à la mer. Nous n'avons pas eu le loisir de les explorer, mais à en juger par la largeur des deux lits au point où ils sont coupés par la route mandarine, elles doivent avoir une certaine profondeur et seraient très intéressantes à visiter.

La province de Quang-ngai est appelée Quang-nghia par ses habitants ; le mot Quang-ngai plus facile à prononcer a prévalu chez nous. On peut avoir une preuve de l'exactitude du mot Quang-nghia dans la composition des noms de tram qui prennent comme préfixe le suffixe de la province : Nghia-binh, Nghia-loc, etc.

Sa largeur moyenne n'excède pas 20 kilomètres.

Deux agents du télégraphe habitent la citadelle, quatre douaniers sont installés à Phô-yen, à l'embouchure du sông Ta-cuk; ce sont les seuls habitants français de la province.

Il existe entre la citadelle et Phô-yen une ville commerciale chinoise appelée Tan-an, semblable à Phé-phô, où les produits sont accaparés par les Chinois qui s'assurent la prépondérance en prêtant sur récolte. Les seules ressources de la douane sont les perceptions sur le commerce de Tan-an. De temps à autre une chaloupe vient prendre un chargement; celle qui nous amena une fois à Phô-yen y embarqua 180 tonnes de sucre brut venant de Tan-an.

Les chaloupes entrent par un étroit chenal et jettent l'ancre devant Phô-yen. Des jonques plates font le va et vient avec Tan-an.

Les salines de Ban-ké approvisionnent le sud du Quang-ngai et le nord du Bình-dinh.

La route mandarine est partout bien entretenue. Comme dans tout l'Annam, les bacs et les ponts cintrés empêchent l'usage des voitures.

La province se termine au Sud à La-van, défilés de Ben-da.

La limite est indiquée par deux petites pagodes appelées Mïeu dôi sũa (expression synthétique signifiant : *autels servant de limite aux deux provinces)*.

Les trams sont irréprochables et offrent des abris sûrs. Les principaux marchés sont chŏ Hô ou My-tieng, Tien-lo, Van-mi, Ti-pho, Hoi-han, Bò-coi, Thuy-tat.

Quand on part de la citadelle, située entre deux trams, pour se diriger vers le Sud, on déjeune ordinairement à Ti-pho, et l'on va coucher au tram de Nghia-sŏn.

Une ligne de forts défend l'accès du territoire du côté de la montagne. Nous les avons extraits d'une carte annamite qu'a bien voulu nous prêter le Gouverneur de la province, mais nous n'en garantissons pas l'exactitude. Nous avons cependant tenu à les signaler parce que leur emplacement, quoique approximatif, peut servir de but de reconnaissance, en cas de scission, puisque c'est indubitablement dans ces forts que se concentreraient les forces rebelles.

CARTE ITINÉRAIRE DE LA PROVINCE DE BINH-DINH

APERÇU HISTORIQUE

L'histoire de la province de Bình-dinh est celle de sa citadelle. M. Navelle l'a retracée d'une façon magistrale. Il me pardonnera de lui emprunter l'extrait suivant :

« Au commencement du xve siècle, elle était, sous le nom de « Chaban, la capitale et le dernier boulevard du royaume Ciampa « qui s'étendait encore jusqu'à Huê (Hoa-chau), son peuple in- « dustrieux ne négligeait aucun moyen de s'enrichir ; il culti- « vait très soigneusement ses terres ; il exploitait ses mines d'or « et de fer et envoyait régulièrement ses jonques trafiquer sur

« les côtes de l'Annam qui apprit bientôt à craindre sa puis-« sance et à envier son opulence. Les deux peuples ne pouvaient « se rencontrer sans se haïr ; représentants de deux civilisations « disparates, inconciliables, l'un, parvenu à l'apogée de sa « grandeur, jouissait de son luxe et excitait les convoitises ; « l'autre, étouffait dans des limites trop étroites pour sa proli-« fique nature et pour son ambition. Une lutte était inévitable. « Elle dura 700 ans. Le dernier choc eut lieu à Chaban qui suc-« comba à la fin du XVe siècle et perdit, du même coup, sa cou-« ronne, son nom et la plupart de ses monuments. Dès lors, elle « s'appela Qui-nhôn *(règne de la vertu)*, et ne fut plus que le « chef-lieu d'une province annamite qui cessa, au milieu du « XVIIIe siècle, d'être gouvernée par un chef ciampois. Elle con-« tinua à déchoir sous le joug des mandarins annamites qui « modifièrent profondément la place de la vieille citadelle. Ils « l'armèrent de quelques canons qui occupaient, sur la crête du « mur, des terre-pleins sans épaulement, sans abri. Deux gran-« des dalles de granit, arrachées à quelques monuments et fi-« chées en terre, servaient à enrouler les cordages destinés à « combattre l'effet du recul de la pièce et à la remettre en batte-« rie. Le palais des anciens rois fit place à de vulgaires cases « annamites ; en un mot, le génie de l'impuissance et du mau-« vais goût n'épargna aucune insulte à l'art vigoureux et délicat « des vaincus.

« Cependant, la destinée de l'ancienne Chaban n'était pas en-« tièrement accomplie. Sous son nouveau nom, trois siècles « après sa chute, elle se relève et semble prête à reprendre son « titre.

« Nhac, le roi des Tây-sôn, fait d'elle la capitale de son em-« pire qui s'étend jusqu'aux extrêmes limites du Tonkin et de « la Cochinchine. Elle subit sans faillir, deux sièges et cinq « coups de main. Elle tombe en 1798, au pouvoir de Gia-long « qui croit lui ôter le secret de sa force en changeant encore « une fois son nom.

« La rebelle ne peut plus s'appeler Qui-nhôn *(le règne de la* « *vertu)*, elle s'appellera désormais Bình-dinh *(la pacifiée)*. Mais

« elle se rit de cette nouvelle étiquette et retourne au pouvoir « des Tây-sŏn. Gia-long, avec toute sa puissance, décuplée par « la présence de plusieurs officiers français, ne put sauver ses « énergiques partisans, qui montèrent sur un bûcher allumé de « leurs propres mains, plutôt que de capituler. Pour la réduire « définitivement, il lui fallut le secours des Siamois et des Cam- « bodgiens, et surtout celui de la famine.

« Elle cessa d'être avec le XVIIIe siècle. Gia-long, dont la « cruauté inventive faisait décapiter le cadavre de son ennemi, « cherchant le moyen d'infliger un châtiment éternel à la ville « rebelle, bâtit une autre citadelle qu'il appela et qui s'appelle « encore aujourd'hui Bình-dinh, et, celle qui s'était appelée si « glorieusement Chaban, puis Qui-nhŏn et Bình-dinh, il l'aban- « donna, vouée à la ruine et à l'oubli, sans nom ! »

Le Bình-dinh, après la chute finale des Kiams, était resté province incontestée de la seigneurie de Huê, appelée aussi seigneurie du Sud ou de Cochinchine.

En 1774, un mandarin de la douane, nommé Nguyên-van-Nhac, ayant perdu au jeu l'argent de l'État, se mit en rébellion avec ses frères et alla chercher des partisans dans la montagne. C'est à leur origine que ses bandes durent le nom de Tây-sŏn *(montagnards de l'Ouest).* Nhac s'empara par surprise de la citadelle de Qui-nhŏn, conquit peu à peu la province et gagna le Quang-ngai.

Profitant de cette révolte, les Tonkinois envahirent l'Annam par le Nord et s'emparèrent de Huê. Les Tây-sŏn les en chassèrent. Le seigneur Dinh-vŭŏng se réfugia à Saigon. Son neveu Nguyên-anh, le futur roi Gia-long, secondé par l'évêque d'Adran qui lui avait amené quelques officiers français, reconquit le royaume après cinq campagnes successives dans le Bình-dinh qui furent appelées *Guerres de saison* parce que Nguyên-anh arrivait chaque année en jonque, avec la mousson S.-O. devant le port de Thi-nai (aujourd'hui Qui-nhŏn) et ouvrait la campagne par l'incendie des jonques et des entrepôts.

En août 1885, les bouddhistes se révoltèrent contre les chrétiens auxquels ils reprochaient les mêmes prétentions que leurs corréligionnaires du Quang-nam, et massacrèrent, dit l'abbé Lesserteur, plus de 15,000 catholiques indigènes. Ce chiffre est évidemment exagéré. Nous ne pouvons entrer ici dans des détails, la place étant trop restreinte ; mais nous nous étendrons longuement sur ce sujet dans notre *Précis d'Histoire de l'Indo-Chine.*

Le résultat de cette révolte fut la destruction des villages, des récoltes, la ruine des industries, la misère du peuple.

Cette rébellion ne s'éteignit qu'en avril 1886, après la prise du chef Mac-xieng-xŭŏng, par notre vaillant auxiliaire cochinchinois, le phu [1] Loc, aujourd'hui tông-dôc [2].

NOTICE GÉOGRAPHIQUE

Le Bình-dinh s'étend de La-van au tram de Binh-phú, sur une longueur de 115 kilomètres. C'est la province la plus riche de l'Annam. Un grand nombre de lettrés et de báu *(bourgeois)* se partagent l'influence sur les masses et les dirigent. Les lettrés ne pouvant obtenir tous des places, leur inaction les pousse aux intrigues qui dégénèrent quelquefois en rébellion pour peu qu'une cause chauvine puisse leur servir de drapeau. En 1885, le mot d'ordre d'expulsion des chrétiens les trouva prêts. Ils étaient admirablement organisés, avec des chefs munis de brevets et des retraites inconnues pour leurs armes. Ils se sont soumis, mais leur organisation subsiste encore, latente, cachée, platonique.

Les principales cultures sont celles du riz, de l'arec, du coco, de l'arachide, du mûrier, du coton. Quelques industries ont été florissantes : les salines, l'élevage, la fabrication du crépon, la confection des hamacs et des cordages en écorce de coco.

Le nouvel impôt sur le sel qui a empêché le fret de retour a,

1. Préfet.
2. Gouverneur.

du même coup, éloigné les navires du port de Qui-nhŏn qui n'est plus guère fréquenté bihebdomadairement que par l'annexe des Messageries maritimes liées par leur contrat postal.

Le chemin de Qui-nhŏn à Bình-dinh n'est qu'un sentier tortueux bordé de cases sur presque tout son parcours, il est fréquenté par une foule affairée. — De Bình-dinh à La-van, la route est belle, d'une largeur moyenne de 8 mètres, mais entrecoupée de ponts branlants et de bacs.

Plusieurs monuments kiams en ruines témoignent encore de la vigueur artistique de ses premiers conquérants, peut-être aborigènes. On rencontre successivement les tours de Qui-nhŏn, les tours d'Argent, de Cuivre, et d'Or. La tour de Cuivre est encadrée des ruines de l'antique Chà-ban, capitale des Kiams. On remarque dans le voisinage le tombeau de Vô-tánh qui défendit la citadelle contre les Tây-sŏn et se brûla sur un bûcher pour ne pas se rendre, après avoir obtenu les honneurs de la guerre pour sa petite troupe.

A visiter aussi la bonzerie de Tháp-moi qui renferme une riche collection de statues de différentes grandeurs, et que rebelles et français ont respectée pendant l'insurrection. A droite se dresse la tour d'Or peu intéressante à voir.

A partir de Khanh-loc les cocotiers abondent; la route se borde aussi, surtout au passage des villages, d'arbres magnifiques dont les branches se rejoignent formant au-dessus du voyageur un dôme de feuillage.

A l'ouest du tram de Bình-dŭong, dans le canton de Bình-sŏn, se trouve un terrain aurifère autrefois exploité; il est appelé par les indigènes nui Vang *(montagne d'or)*.

En continuant toujours notre route vers La-van, si nous avons le temps de nous écarter un peu d'An-sŏn, nous pourrons aller voir la ville de Tan-quan, chinoise, commerciale, dont l'activité s'alimente et s'échappe par la passe de Kim-bong, accessible aux jonques.

Puis, avant d'arriver au tram de Bình-dé, nous traverserons une plaine de sable d'une blancheur éclatante, longue d'environ 4 kilomètres.

Dès les premières pentes des défilés de Ben-da, on aperçoit au loin, à l'Ouest, perché sur un plateau à flanc de coteau, le fort de Lau-toc, résidence du mandarin commandant les troupes de la montagne. Une série de forts garnissent les crêtes suivantes, vers le Sud comme vers le Nord.

Les trams sont en bon état, les rebelles les ont respectés pour la plupart.

Les marchés sont nombreux et animés. Les villages qui en possèdent sont soulignés du mot chŏ, *(marché)*.

Aucun cours d'eau n'est navigable, à l'exception du sông La ou La-giang, que les jonques peuvent remonter jusqu'à une certaine hauteur.

Une citadelle intérieure, Ang-Ké, sur le sông Ba, a été le boulevard de la dernière révolte.

CARTE ITINÉRAIRE DE LA PROVINCE DE PHU-YÊN

APERÇU HISTORIQUE

La province de Phú-yên, éloignée de la frontière nord des Kiams, resta territoire incontesté de ce peuple jusque vers 1660, époque à laquelle le seigneur de Huê, Hiên-vŭŏng s'annexa définitivement leur royaume.

Dès le début de la révolte des Tây-sŏn, le seigneur Dué-tông, pressé entre eux et les Tonkinois, s'enfuit à Saigon et le Phú-yên tomba aux mains des rebelles ainsi que le Bình-dinh et le Quang-ngai.

En 1777, un chef de partisans chinois qui gardait le Phú-yên pour les Tây-sŏn se rallia à Nguyên-anh qui avait succédé à son malheureux oncle Dué-tông, décapité par le chef des rebelles, Nguyên-van-Nhac. Nguyên-anh envoya au Phú-yên quelques troupes pour renforcer ses nouveaux alliés, mais elles furent dispersées par les Tây-sŏn. Ceux-ci luttèrent ensuite les uns contre les autres, la discorde s'étant mise entre Nhac et ses deux frères. Après bien des luttes dont le résultat fut de ruiner les populations, les trois frères firent la paix et se partagèrent la seigneurie des Nguyên. Lu, le plus jeune, eut en partage le Phú-yên, le Khánh-hòa et le Bình-thuân.

Mais Nguyên-anh devait bientôt reprendre l'offensive. Avec l'aide de quelques officiers que lui avait amenés l'évêque d'Adran, il entreprit une série de campagnes qui eut pour résultat final la reprise de toute sa seigneurie, et la conquête du Tonkin.

Pendant cette guerre qui dura neuf ans, le Phú-yên, qui fut bien souvent le théâtre de combats à issues diverses, passa plusieurs fois des Tây-sŏn aux Nguyên.

La dernière campagne eut lieu en 1799; Nguyên-anh avait établi son quartier général à Cu-mong et envoyait de ce port sa flotte porter l'incendie et la dévastation dans les ports de Thi-nai et de Tourane.

A l'avènement de Nguyên-anh, devenu le roi Gia-long, la paix se rétablit dans tout le royaume.

En 1885, le Phú-yên prit une part active à la révolte des lettrés, mais la répression terrible exercée par le phú Loc le fit rentrer rapidement, sinon dans le devoir, du moins dans la soumission.

Aujourd'hui, il ne possède plus qu'une seule garnison française qui est à Vung-lam.

NOTICE GÉOGRAPHIQUE

La province de Phú-yên est celle qui possède le moins de pâturages et qui produit le plus de chevaux. Cette bizarrerie dans le choix des exploitations tendrait à faire admettre qu'en violentant la nature, nous pouvons l'amener, malgré sa résistance apparente, à nous être utile.

Nous avons vu bien des fois ces pauvres bêtes errer sur les sables de Thuy-hoa à la recherche de quelques brins d'herbe.

Les juments sont employées comme moyens de transport et font des voyages au Khánh-hoà et au Bình-dinh ainsi que dans les vallées. Les chevaux entiers sont réservés à la selle, la remonte de notre corps d'occupation s'est largement approvisionnée dans le Phú-yên.

Quelques vallées sont cependant fertiles et herbeuses. Nous citerons celle qui conduit à Ha-nhao par chŏ La-hai, et tout particulièrement celle du sông Ba, devenu sông Da-rang à Thuy-hoa. Ce fleuve vient des montagnes du Nord-Ouest, côtoie les limites ouest du Bình-dinh et se développe près de son embouchure, aux hautes eaux, sur une largeur de 3 k. 500 m. Pendant la saison sèche, la presque totalité du lit mineur est à sec.

La résidence vient d'être transférée de Vung-lam à Sông-cau, *(janvier* 1889).

La province s'étend sur une longueur de 100 kilomètres par la route mandarine, du tram de Bình-phú à celui de Phú-hoà. Le premier se trouve sur le col de Cu-mong, le second sur le dèo Ca, *(grand col)*.

La route mandarine n'est qu'une succession de cols, de cours d'eau et de sables, avec quelques embellies de rizières.

Le littoral étant aride, les habitants, par dérogation à leurs coutumes, ou peut-être par succession des aborigènes, ont mis les côteaux de la baie de Xuan-day en culture, ce qui donne à la côte, vue de la mer, un aspect florissant.

La baie de Cu-mong produit du sel; des villages de pêcheurs se sont installés sur les plages sablonneuses, et tous ces indigènes, au moyen de marchés périodiques, échangent leurs produits et finissent par vivre avec autant d'aisance que partout ailleurs.

Les marchés sont indiqués par la mention chŏ *(marché)*. On y trouve des huiles de coco et d'arachides, de l'arec, du bétel, du tabac, du maïs, du riz, du sucre noir, de la soie, des bois.

Le Phú-yên se termine au Sud par le dèo Ca, le plus escarpé et le plus long des cols de l'Annam *(route mandarine)*. Il est signalé de très loin aux voyageurs par une énorme roche branlante, en relief sur le plus haut sommet. Cette roche indique également aux navigateurs le voisinage du cap Varella.

CARTE ITINÉRAIRE DU KHANH-HOA

APERÇU HISTORIQUE

Le Khánh-hòa, comme le Phú-yên, appartint aux Kiams jusque vers 1660, puis aux seigneurs de Huê jusqu'à la révolte des Tây-sŏn (1774). Diên-khánh, sa citadelle, située à 10 kilomètres à l'Ouest de Nhà-trang, n'est plus qu'un souvenir historique, on ne la soupçonne même pas, tant les bambous et les ronces couvrent son rempart et jusqu'à son fossé. Le tŏng-dŏc l'habite seul avec sa suite ; 50 lính de la résidence *(milice indigène)*, affectent de la garder.

Elle a eu cependant ses heures d'activité fébrile. C'est par elle que commençaient les hostilités de l'armée de Nguyên-anh pendant ses guerres de revendication du royaume de Cochinchine qui s'étendait alors de Saigon à Huê.

En 1791, Vô-tánh s'empara de Dien-khánh tandis que Nguyên-anh courait brûler Thi-nai avec ses vaisseaux et tentait de surprendre Qui-nhŏn ; mais les assiégés ayant reçu du secours, Nguyên dut rétrograder jusqu'à Dien-khánh où il fit élever la citadelle actuelle. Le prince Canh, fils de Nguyên-anh, en reçut le commandement avec l'évêque d'Adran comme conseiller.

En 1793, les Tây-sŏn investissaient la citadelle, et ils n'eussent pas tardé de s'en emparer si Nguyên-anh, pour sauver son fils et son ami, n'eût volé à leur secours avec des forces imposantes.

Il fit remplacer le prince Canh par le général Vô-tánh. Cinq mois après, les Tây-sŏn renouvelaient leur tentative. Nguyên envoya des renforts qui ne purent passer. Il y vint lui-même au commencement de 1794, et débloqua Dien-khánh après plusieurs combats. Il fit élever près de Cù-huân à la mémoire de ses soldats qui avaient succombé, une pagode appelée Sanh-trung-tŭ *(pagode des fidèles aux enseignes royales)*.

Il laissa le prince Hôi comme gouverneur de la province. Canh y retourna en 1797, toujours accompagné de son précepteur, l'évêque d'Adran. L'année suivante, le jeune prince et le prélat guerrier se mettaient à la tête d'un corps d'armée et envahissaient le Bình-dinh. L'évêque n'en revint pas, il mourut le 9 octobre.

Enfin, la petite citadelle vit encore arriver, en 1799, le général Nguyên-dŭc-xuyên, avec un corps d'armée qui n'osa franchir les défilés suivants gardés par les Tây-sŏn.

Mais Nguyên-anh avait pris Huê et s'était fait proclamer roi sous le nom de Gia-long. Il réussit à s'emparer de Qui-nhŏn, dernier boulevard des Tây-sŏn. La guerre était terminée.

La citadelle de Dien-khánh resta dans l'oubli jusqu'à ce qu'en ces derniers temps (1886), les quelques lettrés de la province voulant prendre part à l'insurrection générale, l'occupèrent avec plus de forfanterie que de puissance. Le coupe-coupe nivelateur du phu Loc et le gantelet de fer de M. l'administrateur Aymonier dissipèrent la rébellion comme un souffle les pétales d'une marguerite.

Puis le Khánh-hòa et le Bình-thuân furent réunis pour ne plus former qu'une division administrative, le Thuân-Khánh, très grande, trop grande même, si le Gouvernement n'avait pas eu l'heureuse inspiration de désigner comme successeur de M. Aymonier, M. le résident Brière, qui tient un des premiers rangs dans l'élite de nos administrateurs.

NOTICE GÉOGRAPHIQUE DU DÈO CA A NHA-TRANG

Le Khánh-hoà est la province la plus sauvage, la plus inculte et, partant, la plus misérable de l'Annam. Le touriste chasseur y trouvera son compte : éléphants, cerfs, loups, lièvres et lapins, paons et coqs, voire même et surtout le tigre, ce félin impitoyable qui ne fait grâce à aucun voyageur isolé, dès que les ombres de la nuit s'étendent sur cette Thébaïde redoutable longue d'environ 160 kilomètres.

La région du dèo Ca à Nhà-trang renferme cependant quelques petits vallons cultivés, Tu-bong, Gia et Ninh-hoa.

On descend du dèo Ca par une pente raide, rocheuse, sur une petite plage inculte, puis on reprend un autre col plus petit, le dèo Co ma *(col du cou de cheval)*. De ce col à Tu-bong, le pays est marécageux et non habité.

A peu de distance après Gia commence la jungle avec ses tigres. Ces derniers sont si multipliés qu'il est rare qu'on fasse cette route sans en rencontrer ou au moins sans apercevoir de nombreuses traces toutes fraîches sur le sable. Ces félins affectionnent les abords de la route parce qu'ils y guettent les retardataires des convois de bœufs ou de chevaux, et parfois nos trams *(indigènes porteurs de dépêches)*.

Hon-cohe est situé sur la baie de ce nom. Nous y avions un poste qui a été supprimé en 1888. Le petit mamelon boisé de la pointe de Hon-cohe est fécond en chevreuils. Nos officiers tiraient du poste même les plus aventureux.

Le vallon de Ninh-hoa est fertile en rizières. Un marché important se tient dans la ville de ce nom qui est en même temps le siège d'un huyên, d'un tram, d'une mission catholique.

Toute la partie qui s'étend de That-tan *(2 kilomètres au sud de Ninh-hoa)* au col des Barricades est couverte de marais herbeux ou salants.

Ce dernier col, qui donne accès dans la vallée de Nhà-trang, possède un sous-bois merveilleux, exubérant de sicas. Le tigre et l'éléphant habitent les versants environnants.

Le col ou plus exactement le défilé des Barricades est ainsi nommé parce que, pendant la dernière rébellion, des insurgés avaient obstrué la route à un endroit où elle se trouve encaissée et tout voyageur, pour franchir la barricade, était astreint à un péage onéreux. On voit encore les ruines de leur retranchement.

Nhà-trang est situé sur la baie de ce nom, la résidence de Cam-ranh y a été transférée sur la demande de M. le résident Brière. Le village voisin est appelé Cù-huân. Il est habité par des pêcheurs.

Sur la rive gauche du bras septentrional du sông Ham se trouvent les ruines d'une tour kiam élevée sur un monticule.

De Nhà-trang à la citadelle de Dien-khánh, la distance est d'environ 10 kilomètres. A mi-chemin nous rencontrons un village chinois, aujourd'hui délabré, sale, hanté de corbeaux et qu'un marché ne suffit pas à animer. Les quelques maisons qui subsistent encore sont massives et semblent construites dans un but de défense ou de réunions secrètes. On ne peut pénétrer dans le village que par certaines ouvertures; Chŏ-moi, c'est son nom, est un repaire de Chinois louches, faux droguistes, qui vivent de tout, excepté de ce qu'ils paraissent vendre.

Derrière la citadelle, à 2 kilomètres à peine, se trouve la mission du P. Augé.

NOTICE GÉOGRAPHIQUE DE NHA-TRANG A PHAN-RANG

Sur le chemin de Nhà-trang à Diên-khánh les rizières sont peu nombreuses, on en rencontre encore de ci de là pendant la première heure de marche, puis apparaît la nature inculte, hésitante d'abord, osant à peine sortir de terre, s'appuyant sur des fourrés plus épais, clairsemés encore. Les espaces libres sont couverts de hautes herbes, on y entend parfois quelque faon qui brame, des paons qui crient, des coqs qui chantent, et par dessus tout, une infinité d'oiselets qui piaillent, sifflent, s'appellent et se répondent. Et si l'on quitte la route pour s'enfoncer dans cette jungle mignarde qui borde la haute futaie, on peut voir les gentils animaux qu'on entendait tout à l'heure : ici, c'est la tête d'un cerf encadrée dans un bouquet d'arbustes, ou d'un paon la longue queue chatoyante d'émeraude et d'or.

Sur la baie de Cam-ranh on rencontre cependant un huyên, celui de Vinh-xŭong, quelques cases se sont groupées autour de la sienne et cette agglomération a pris le nom de Ba-ngoi. Le hüyên était autrefois à Cam-ranh, de même que la résidence du Thuân-khánh, mais on a dû abandonner cette plage comme trop inhospitalière; les miliciens ne pouvaient même trouver dans la région le riz nécessaire à leur subsistance. M. Aymonier l'avait choisie pour l'assainir en y établissant un pénitencier indigène.

On voit aussi souvent les éléphants en grandes troupes. Les pluies et le vent de la saison hivernale les chassent au pied du versant méridional du Tondu et du Grand-Sommet où ils trouvent un abri contre la mousson N. E... Nous ne pourrions dire si cette migration annuelle est invariable, mais nous l'avons constatée pendant l'hivernage 1888-89.

Les Moïs se partagent avec les aborigènes Kiams, la région montagneuse et l'on aperçoit la nuit, bien haut, les feux de leurs inaccessibles habitations comme autant de planètes scintillant dans l'espace.

Le tram de Thuân-hoà dont le dôi a été enlevé par un tigre, est transféré à Thuân-lai.

Le Binh-thuân est une région mieux cultivable et mieux exploitée, au moins du côté de Phan-rang. Quand nous y passâmes, les riz venaient d'être récoltés, on avait rentré les épis et laissé les pailles en meules hors des cases trop petites; de lourds chariots avec deux roues massives gisaient, inoccupés, dans les champs voisins, tandis que les buffles glanaient en liberté les quelques brins épargnés par la faucille.

Enfin, là où les flots s'aventurent à marée haute, la plaine était couverte de tas de sel aux formes géométriques ressemblant à des tumuli couverts de neige.

A 4 kilomètres de Thuân-lai nous rencontrons deux tours kiams en bordure sur la route, dont les bas-reliefs, représentant des guerriers et des divinités hindoues, sont admirablement conservés.

L'embranchement du chemin de Phan-rang est à environ 5 kilom. plus loin. Nous n'avons vu d'ailleurs, aucune ville ni bourg répondant au nom de Phan-rang qui est celui de la baie. En cherchant Phang-rang on découvre Ken-dinh, où nous avons un télégraphe et un poste de milice. Un missionnaire, le P. Villaume, est établi dans les environs.

A 7 kilom. de Ken-dinh, sur la plage de Phan-rang, un poste de douanes occupe le village de Dao-ca, situé à l'embouchure d'une rivière par où sortent les jonques chargées de sel.

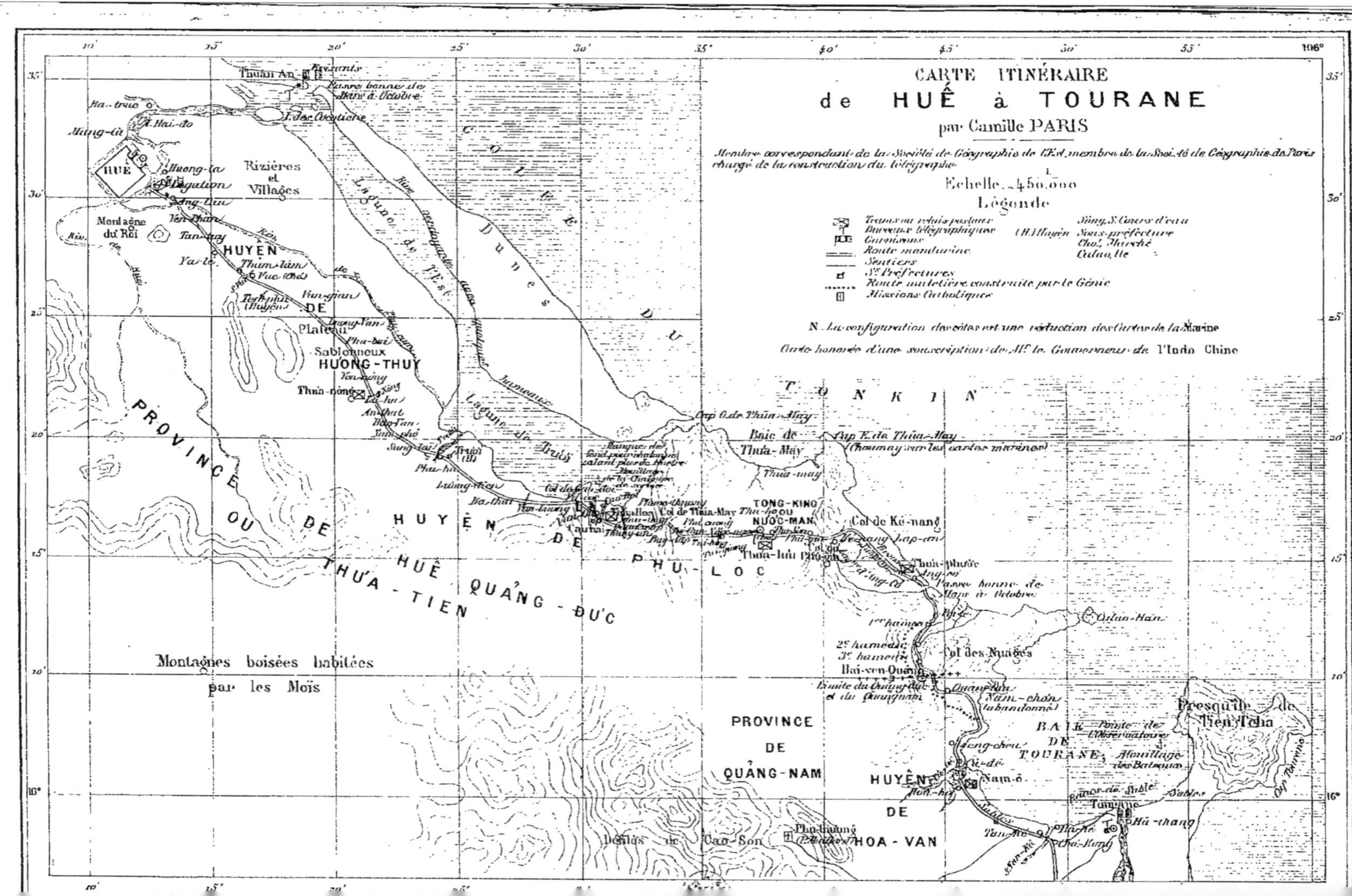

CARTE ITINÉRAIRE
de HUẾ à TOURANE
par Camille PARIS
Membre correspondant de la Société de Géographie de l'Est, membre de la Société de Géographie de Paris chargé de la construction du télégraphe
Echelle $\frac{1}{450.000}$
Légende
Trams ou relais postaux
Bureaux télégraphiques
Garnisons
Route mandarine
Sentiers
Ss Préfectures
Route muletière construite par le Génie
Missions Catholiques
Sông, S. Cours d'eau
(H.) Huyện Sous-préfecture
Chợ, Marché
Cu lao, Ile
N. La configuration des côtes est une réduction des Cartes de la Marine
Carte honorée d'une souscription de Mr le Gouverneur de l'Indo Chine
HUẾ
Thuận An
Rizières et Villages
Montagne du Roi
HUYỆN DE HƯƠNG-THỦY
Plateau Sablonneux
Lagune de l'Est
Dunes
Lagune de Truồi
TONKIN
Baie de Thừa-Mây
Cap E. de Thừa-Mây
(Choumay sur les cartes marines)
TONG-KING OU NƯỚC-MAN
Col de Kê-nang
HUYỆN DE PHU-LOC
PROVINCE OU DE THỪA-TIEN HUẾ QUẢNG-ĐỨC
Montagnes boisées habitées par les Moïs
Col des Nuages
PROVINCE DE QUẢNG-NAM
HUYỆN DE HOA-VAN
BAIE DE TOURANE
Presqu'île de Tiên-Tcha
Tourane
Défilés de Cao-Son
106°
16°

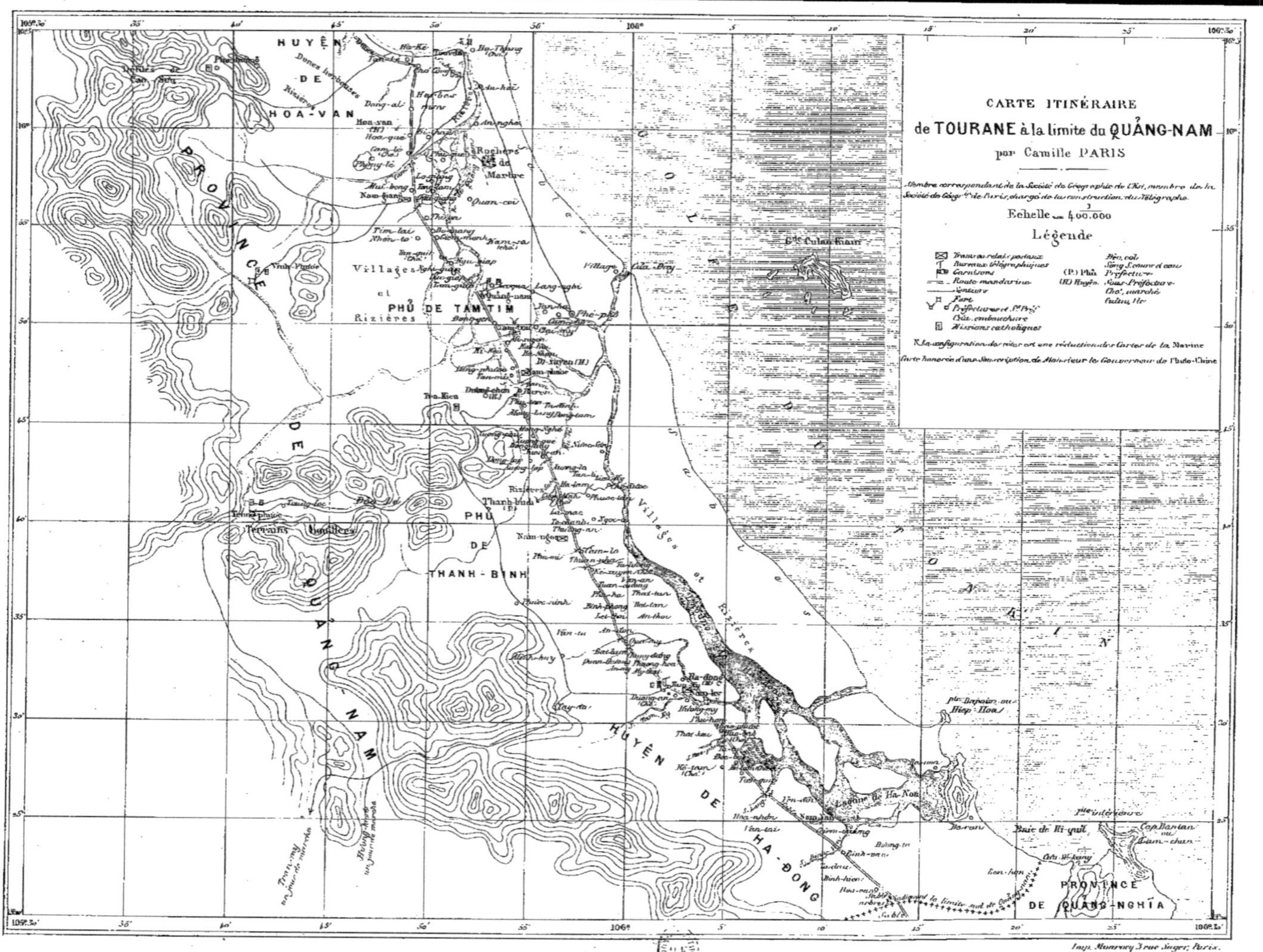
CARTE ITINÉRAIRE
de TOURANE à la limite du QUẢNG-NAM
par Camille PARIS
Membre correspondant de la Société de Géographie de l'Est, membre de la Société de Géogr.ie de Paris, chargé de la construction du Télégraphe.
Echelle $\frac{1}{400.000}$
Légende
Golfe de Tourane
Province de Quảng-Nam
Huyện de Hoa-Van
Phủ de Tam-Tim
Phủ de Thanh-Bình
Huyện de Ha-Đong
Province de Quảng-Nghĩa
Villages et Rizières
Imp. Monrocq 3 rue Suger, Paris.

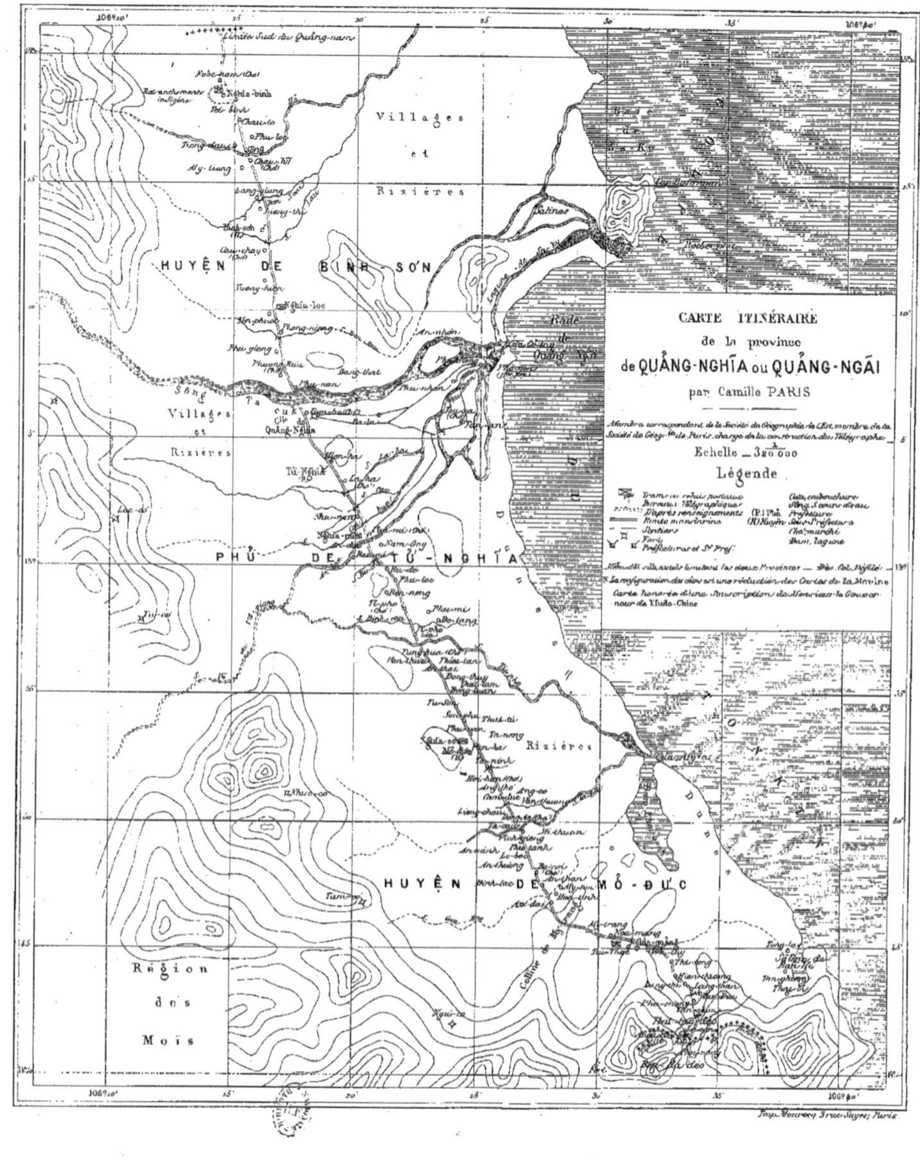
CARTE ITINÉRAIRE
de la province
de QUẢNG-NGHĨA ou QUẢNG-NGÃI
par Camille PARIS
Echelle — 1/320.000
Légende
D'après renseignements
Sentiers
Fort
(P.) Phủ Préfecture
(H.) Huyện Sous-Préfecture
Đam, lagune
HUYỆN DE BÌNH-SƠN
PHỦ DE TƯ-NGHĨA
HUYỆN DE MỘ-ĐỨC
Villages et Rizières
Rizières
Région des Moïs
Limite Sud du Quảng-nam
Salines
Rade de Quảng-Ngãi
Nghĩa-bình
Tư-Nghĩa
Qua̓ng-Nghĩa
Imp. Monrocq 3 rue Suger, Paris.

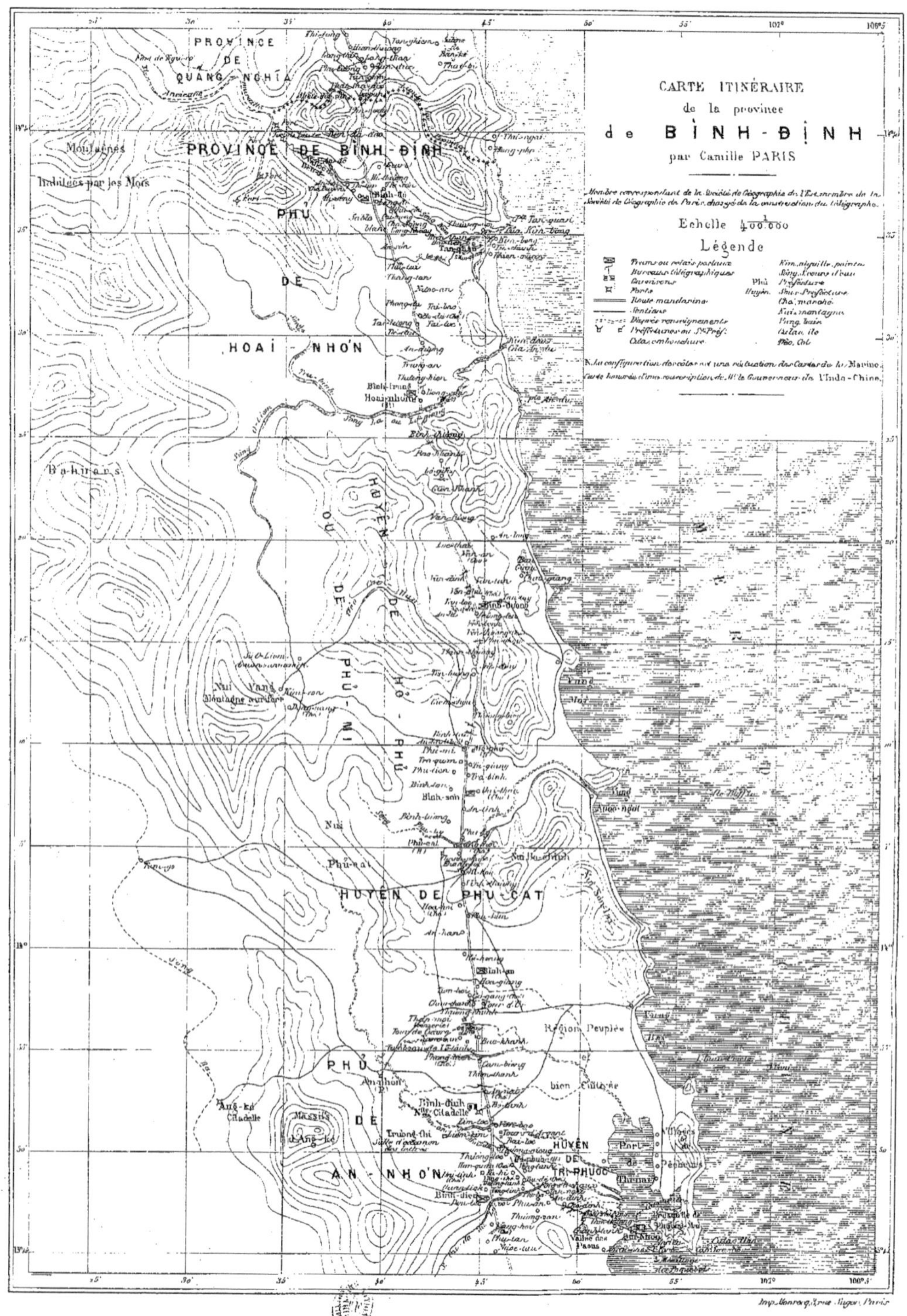
CARTE ITINÉRAIRE
de la province
de BÌNH-ĐỊNH
par Camille PARIS
Membre correspondant de la Société de Géographie de l'Est, membre de la Société de Géographie de Paris, chargé de la construction du télégraphe.
Echelle 1/400.000
Légende
Trams ou relais postaux
Bureaux télégraphiques
Garnisons
Porte
Route mandarine
Sentiers
D'après renseignements
Préfectures ou S^s Préf.
Cửa, embouchure
Kim, aiguille, pointe
Sông, Cours d'eau
Phủ Préfecture
Huyện. Sous-Préfecture
Chợ, marché
Núi, montagne
Vũng, baie
Cù lao, île
Đèo, Col
N. La configuration des côtes est une réduction des Cartes de la Marine.
Carte honorée d'une souscription de M. le Gouverneur de l'Indo-Chine.
PROVINCE DE QUANG-NGHĨA
PROVINCE DE BÌNH-ĐỊNH
Montagnes habitées par les Mois
PHỦ DE HOAI-NHƠN
HUYỆN DE PHÙ-MỸ
PHỦ DE PHÙ-MỸ
HUYỆN DE PHU-CAT
PHỦ DE AN-NHƠN
HUYỆN DE TUY-PHƯỚC
Núi Vang
Montagne aurifère
Bình-định
Citadelle
Région Peuplée
Port de Thinai
Imp. Monrocq, 3 rue Suger, Paris

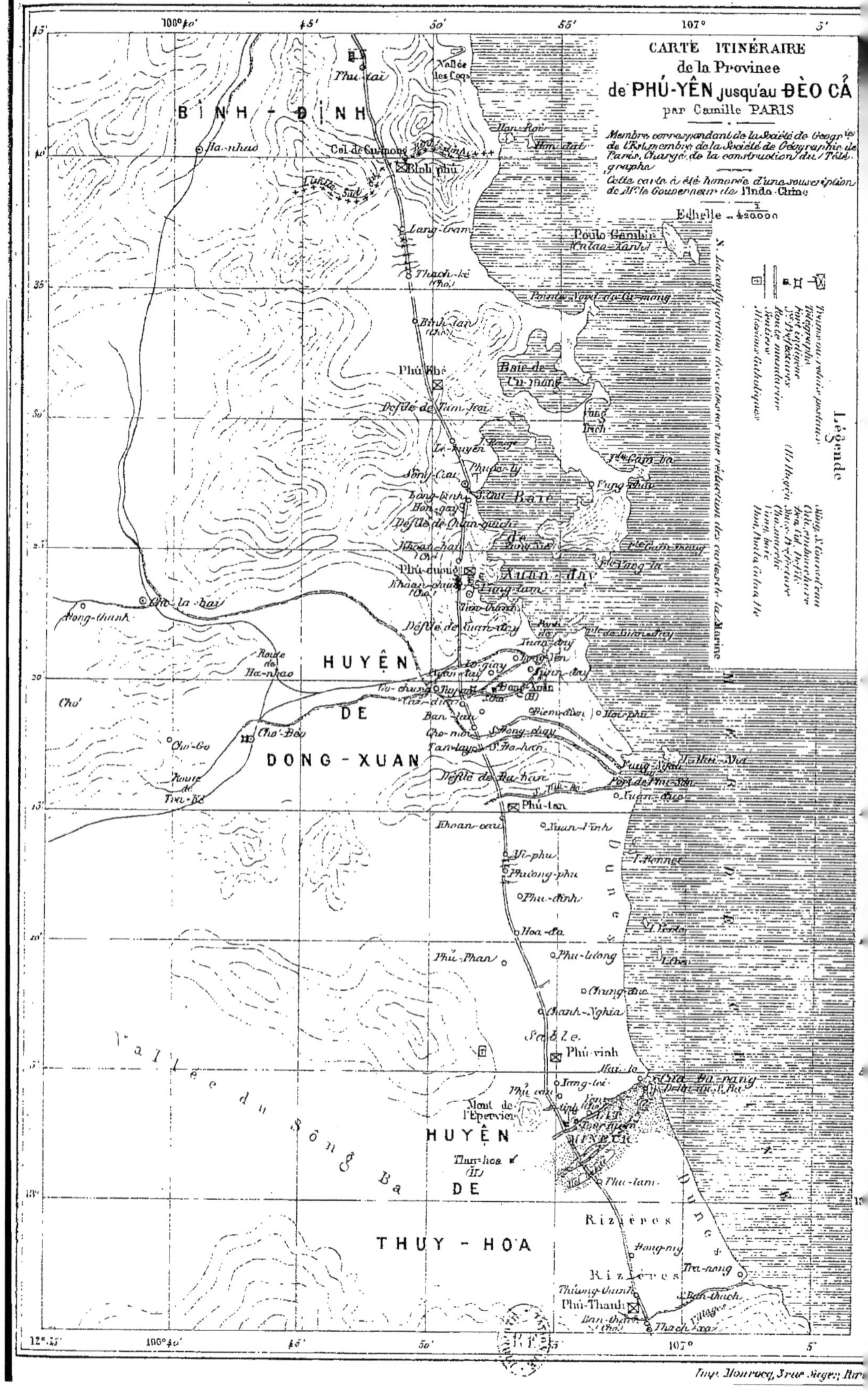
CARTE ITINÉRAIRE
de la Province
de PHÚ-YÊN jusqu'au ĐÈO CẢ
par Camille PARIS
Membre correspondant de la Société de Géogr[ie] de l'Est, membre de la Société de Géographie de Paris, Chargé de la construction du Télégraphe
Cette carte a été honorée d'une souscription de M. le Gouverneur de l'Indo-Chine
Echelle 1/420000
Légende
N. La configuration des côtes est une réduction des cartes de la Marine
BINH - ĐINH
HUYỆN DE DONG-XUAN
HUYỆN DE THUY-HOA
Vallée du Sông Ba
Col de Cu-mong
Binh-phú
Phú-bé
Baie de Cu-mong
Baie de Xuan-day
Phú-duong
Phú-lan
Phú-vinh
Phú-Thanh
Mont de l'Epervier
Thu-hoa
Poulo Gambir
Dunes
Rizières
Sable
Chợ-la-bai
Dong-thanh
Route de Ha-nhao
Route de Tra-Kê
Cua Da-rang
Port de Phu-Sôn
Défilé de Ba-hau
Défilé de Xuan-day
Défilé de Tam-Ioi
107°
50'
55'
45'
Imp. Monrocq, 3 rue Suger, Paris

Le Puy, imp. Marchessou fils, boulevard Saint-Laurent, 23.

www.ingramcontent.com/pod-product-compliance
Ingram Content Group UK Ltd.
Pitfield, Milton Keynes, MK11 3LW, UK
UKHW021844190726
13855UKWH00001B/142